全国高等医药院校药学类专业第六轮规划教材

U0741642

# Python程序设计

主　编　梁建坤

副主编　郑小松　翟　菲　胡树煜

编　者　（以姓氏笔画为序）

王　菲（沈阳药科大学）

王永洋（沈阳药科大学）

王海慧（沈阳药科大学）

佟　欧（沈阳药科大学）

张晓帆（沈阳药科大学）

郑小松（沈阳药科大学）

胡树煜（锦州医科大学）

梁建坤（沈阳药科大学）

翟　菲（沈阳药科大学）

翟玉萱（沈阳药科大学）

中国健康传媒集团

中国医药科技出版社

# 内 容 提 要

　　本教材为"全国高等医药院校药学类专业第六轮规划教材"之一，根据教育部高等学校大学计算机课程教学指导委员会编制的《大学计算机基础课程教学基本要求》中有关"程序设计基础"课程教学基本要求进行编写。本教材的编写宗旨是培养读者的基本程序逻辑思维能力，指导读者短期内快速掌握开发计算机程序，淡化语法、重视解决生活、学习、生产研究中遇到的实际问题。全书共分 12 章及两个附录，主要内容包括 Python 概述、程序设计基础、分支结构、循环结构、列表与元组、字典与集合、函数、数据文件与异常处理、GUI 界面设计、数据可视化、数据分析与应用、爬虫基础及应用。同时，紧密结合教学实践配套编写了《Python 程序设计实验指导与习题解答》。

　　本教材可作为高等学校"Python 程序设计"课程的教材，也可作为广大程序设计爱好者的自学参考书，以及参加全国计算机等级考试二级 Python 语言程序设计的参考书。

## 图书在版编目（CIP）数据

Python 程序设计 / 梁建坤主编. -- 北京：中国医
药科技出版社，2025.3. -- （全国高等医药院校药学类
专业第六轮规划教材）. -- ISBN 978-7-5214-5126-9

　Ⅰ. TP312.8

中国国家版本馆 CIP 数据核字第 2025VB9601 号

美术编辑　陈君杞
版式设计　友全图文

出版　**中国健康传媒集团** | 中国医药科技出版社
地址　北京市海淀区文慧园北路甲 22 号
邮编　100082
电话　发行：010 – 62227427　邮购：010 – 62236938
网址　www.cmstp.com
规格　889mm × 1194mm $\frac{1}{16}$
印张　13 $\frac{3}{4}$
字数　397 千字
版次　2025 年 4 月第 1 版
印次　2025 年 4 月第 1 次印刷
印刷　北京金康利印刷有限公司
经销　全国各地新华书店
书号　ISBN 978-7-5214-5126-9
定价　**49.00 元**

获取新书信息、投稿、
为图书纠错，请扫码
联系我们。

"全国高等医药院校药学类规划教材"于20世纪90年代启动建设。教材坚持"紧密结合药学类专业培养目标以及行业对人才的需求，借鉴国内外药学教育、教学经验和成果"的编写思路，30余年来历经五轮修订编写，逐渐完善，形成一套行业特色鲜明、课程门类齐全、学科系统优化、内容衔接合理的高质量精品教材，深受广大师生的欢迎。其中多品种教材入选普通高等教育"十一五""十二五"国家级规划教材，为药学本科教育和药学人才培养作出了积极贡献。

为深入贯彻落实党的二十大精神和全国教育大会精神，进一步提升教材质量，紧跟学科发展，建设更好服务于院校教学的教材，在教育部、国家药品监督管理局的领导下，中国医药科技出版社组织中国药科大学、沈阳药科大学、北京大学药学院、复旦大学药学院、华中科技大学同济医学院、四川大学华西药学院等20余所院校和医疗单位的领导和权威专家共同规划，于2024年对第四轮和第五轮规划教材的品种进行整合修订，启动了"全国高等医药院校药学类专业第六轮规划教材"的修订编写工作。本套教材共72个品种，主要供全国高等院校药学类、中药学类专业教学使用。

本套教材定位清晰、特色鲜明，主要体现在以下方面。

**1.融入课程思政，坚持立德树人**　深度挖掘提炼专业知识体系中所蕴含的思想价值和精神内涵，把立德树人贯穿、落实到教材建设全过程的各方面、各环节。

**2.契合人才需求，体现行业要求**　契合新时代对创新型、应用型药学人才的需求，吸收行业发展的最新成果，及时体现新版《中国药典》等国家标准以及新版《国家执业药师职业资格考试考试大纲》等行业最新要求。

**3.充实完善内容，打造精品教材**　坚持"三基五性三特定"，进一步优化、精炼和充实教材内容，体现学科发展前沿，注重整套教材的系统科学性、学科的衔接性，强调理论与实际需求相结合，进一步提升教材质量。

**4.优化编写模式，便于学生学习**　设置"学习目标""知识拓展""重点小结""思考题"模块，以增强教材的可读性及学生学习的主动性，提升学习效率。

**5.配套增值服务，丰富学习体验**　本套教材为书网融合教材，即纸质教材有机融合数字教材，配套教学资源、题库系统、数字化教学服务等，使教学资源更加多样化、立体化，满足信息化教学需求，丰富学生学习体验。

"全国高等医药院校药学类专业第六轮规划教材"的修订出版得到了全国知名药学专家的精心指导，以及各有关院校领导和编者的大力支持，在此一并表示衷心感谢。希望本套教材的出版，能受到广大师生的欢迎，为促进我国药学类专业教育教学改革和人才培养作出积极贡献。希望广大师生在教学中积极使用本套教材，并提出宝贵意见，以便修订完善，共同打造精品教材。

# 数字化教材编委会

主　编　梁建坤
副主编　郑小松　翟　菲　胡树煜
编　者　（以姓氏笔画为序）
　　　　王　菲（沈阳药科大学）
　　　　王永洋（沈阳药科大学）
　　　　王海慧（沈阳药科大学）
　　　　佟　欧（沈阳药科大学）
　　　　张晓帆（沈阳药科大学）
　　　　郑小松（沈阳药科大学）
　　　　胡树煜（锦州医科大学）
　　　　梁建坤（沈阳药科大学）
　　　　翟　菲（沈阳药科大学）
　　　　翟玉萱（沈阳药科大学）

# 前　言

本教材是"全国高等医药院校药学类专业第六轮规划教材"之一，也是辽宁省跨校选修平台课程"计算机程序设计（Python）"的配套教材。根据教育部高等学校大学计算机课程教学指导委员会编制的《大学计算机基础课程教学基本要求》中有关"程序设计基础"课程教学基本要求进行编写。

程序设计又称编程，是计算机为解决某个问题按照某种程序设计语言的语法规则编写程序代码的过程。Python 以其"简单易学、免费开源、功能强大"等特点已经成为学习编程的首选入门语言，数量众多、功能强大的第三方库构建了 Python 的"计算生态"，成为数据分析领域的首选工具之一。其丰富的数据处理库（如 NumPy、Pandas）、强大的机器学习库（如 scikit – learn）以及丰富的可视化工具库（如 Matplotlib、pyecharts）等使得 Python 在数据分析和机器学习领域得到了广泛的应用。

本教材的编写宗旨是培养读者对程序逻辑思维的应用能力，指导读者短期内快速掌握开发计算机程序，淡化语法，重视解决生活、学习、生产研究中遇到的实际问题。

本教材包含 12 章及两个附录，分别为第 1 章 Python 概述、第 2 章 Python 程序设计基础、第 3 章选择结构、第 4 章循环结构、第 5 章列表与元组、第 6 章字典与集合、第 7 章函数、第 8 章数据文件与异常处理、第 9 章 GUI 界面设计、第 10 章数据可视化、第 11 章数据分析与应用、第 12 章 Python 爬虫基础及应用，以及附录 A PyCharm 集成开发环境、附录 B Python 程序的打包发布。同时，紧密结合教学实践配套编写了《Python 程序设计实验指导与习题解答》。

本教材主要供高等院校非计算机专业学生和相关工程技术人员使用，也可以作为广大程序自学爱好者的参考学习资料。适合于零基础到初级程序员水平的人员使用，或作为参加全国计算机等级考试二级Python 语言程序设计的教材。

本教材与辽宁省跨校选修平台课程"计算机程序设计（Python）"相配套，教学平台中有完整的教学视频，便于读者自学。此外本教材还提供配套的电子教案、书中源程序代码和素材文件的电子版素材库。使用本书作为教材的老师如有需要可与作者联系，作者邮箱 teacherljk@ 163. com。

全书由梁建坤主编和统稿，参加编写的有梁建坤（第 1 章、第 9 章、第 10 章）、张晓帆（第 2 章）、王永洋（第 3 章）、胡树煜（第 4 章）、翟玉萱（第 5 章）、王海慧（第 6 章）、王菲（第 7 章）、郑小松（第 8 章、第 12 章）、翟菲（第 11 章）、佟欧（附录 A、附录 B）。

感谢董鸿晔教授、于净教授对本教材的编写提出的建议和支持，感谢广大兄弟院校跨校选修本课程的教师长期以来对我们工作的支持和关心，感谢各位编委的辛苦付出。

由于水平与经验有限，疏漏和不妥之处在所难免，恳请各位专家和广大读者批评指正。

编　者

2024 年 11 月

# 目 录

# 第1章 Python 概述

📑 **学习目标**

1. 通过本章学习，掌握 Python 及第三方库的安装方法；熟悉高级编程语言的分类，解释和编译两种运行方式的特点，利用 turtle 库绘图的方法；了解 Python 语言的发展历史和语言特点。

2. 具有独立安装第三方库、选择合适方法将库导入程序并正确调用库中函数、利用 turtle 库绘制基本图形的能力。

3. 通过查阅 Python 官方帮助文件，培养自主学习能力。

## 1.1 计算机程序语言

计算机系统由硬件系统和软件系统两部分组成。硬件系统指能够看得见摸得着的硬件设备，它是计算机系统的物质基础。软件系统指在硬件设备上运行的各种程序及相关文档和数据，它是计算机系统的灵魂，决定着计算机能够执行什么操作。

控制计算机硬件进行操作的最小单位称为指令，由一组特定功能的指令按照特定顺序构成的集合就是程序。计算机的本质就是按照事先编写好的程序自动执行相关指令的机器。

人与人之间通过双方都可以理解的语言进行沟通交流，人与计算机之间的沟通同样需要双方都能够理解的语言，即编写计算机程序的语言，也被称为计算机程序设计语言或编程语言。

### 1.1.1 计算机程序设计语言的分类

计算机程序设计语言分为机器语言、汇编语言和高级语言三种类型，其中机器语言和汇编语言由于晦涩难懂通常被称为低级语言。

（1）机器语言　是第一代语言，它是由按照一定规则排列的 0 和 1 组成的二进制语言，是计算机硬件可以直接识别和执行的程序设计语言。例如执行 2 + 3 的操作，在 16 位计算机上的机器指令为 1101001000111011。

计算机硬件可以识别理解机器语言，机器语言不用翻译就可以直接被计算机执行，因此机器语言的程序执行效率高，但是晦涩难懂、难以编写复杂的程序、容易出错，而且不同类型的计算机可以识别的机器语言不同，因此使得机器语言无法移植。

（2）汇编语言　是第二代语言，本质是一种助记符号语言。例如执行 n = 2 + 3 的操作，汇编语言的指令为 add 2,3,n。由于助记符号不能被计算机硬件直接识别，因此汇编语言必须先被转换为机器语言才能够被执行，这个过程也被称为"汇编"。

这些助记符号与机器语言中的指令一一对应，因此汇编语言也是面向机器的语言，使得其无法移植。与机器语言相比，它容易被理解，可以提高编程效率、增加程序的可读性；与高级语言相比，它编写的程序执行效率高、节省内存。

（3）高级语言　是第三代语言，也被称为算法语言，它接近于人类的自然语言，更容易被理解，因此编程效率高、程序的可读性强、易于大型软件的开发、可维护性强。例如执行 n = 2 + 3 的操作，高级语言的代码就直接书写为 n = 2 + 3。目前我们所熟知的 Python、C、C ++ 、C#、Visual Basic、Java 等都属于高级语言。

高级语言独立于机器，与计算机结构无关，因此通用性和可移植性强。但由于计算机硬件不能够理解高级语言，因此高级语言必须被翻译（转换）为机器语言后才能够被执行。

### 1.1.2 解释和编译

用汇编语言和高级语言编写的程序代码是源程序（源代码），源程序必须被翻译（转换）为计算机能够识别的机器语言程序（目标程序）才可以被执行，执行这个翻译过程的语言处理程序就是翻译程序。不同程序设计语言的翻译程序不通用，甚至同一种程序设计语言的不同版本所需要的翻译程序也不通用（例如 Python2. x 和 3. x）。

（1）汇编　将汇编语言的源程序翻译为目标程序的过程叫作"汇编"。

（2）解释　有些高级语言其源程序被逐语句地分析、翻译，如果该语句没有错误就被执行；如果发现错误就报错并停止运行。整个过程中并不生成目标程序，下次运行该源程序时依然需要再次逐语句进行分析、翻译、执行，这种执行方式被称为解释方式，对应的翻译程序被称为解释器，这种高级语言被称为解释型语言，例如 Visual Basic、Python、MATLAB、JavaScript、VBScript 等。

不同的计算机环境可以拥有不同的解释器，从而使得同一个源程序可以在不同的计算机环境下运行，因此解释型语言具有较高的可移植性（跨平台运行能力）。通常脚本语言都是解释型语言，源代码修改后下次运行时可直接生效。由于每次运行都需要逐语句地分析、翻译、执行，因此解释型语言的运行效率通常较低。

（3）编译　有些高级语言的源程序被逐语句分析、翻译后首先生成一个目标程序（机器语言的程序），再经过连接装配程序与有关程序库组合成一个完整的可执行程序（常见的是 exe 文件），以后直接运行最终的可执行程序即可。这种执行方式被称为编译方式，对应的翻译程序被称为编译器，这种高级语言被称为编译型语言，例如 C、C ++ 、Visual Basic. NET、Delphi 等。

编译型语言产生的可执行文件可以脱离源程序和编译器独立存在，且可以反复运行，执行速度比解释方式快，可以只对外发布可执行文件有利于源程序的知识产权保护，因此大多数高级语言都采用编译方式。缺点是每次修改源代码后都必须重新编译才可以生效，可执行程序是为特定的计算机硬件体系结构和操作系统翻译的，因此可移植性较差。

## 1.2 Python 简介

### 1.2.1 Python 的历史

Python 的创始人是荷兰的 Guido van Rossum（吉多·范罗苏姆），他在 1989 年萌生了利用 C 语言开发一个开源的、比他之前参与开发的 ABC 语言更加简洁的编程语言的想法，并将其新开发的编程语言命名为 Python，宣传标语为 "Life is short, you need Python"。

Python 1.0 于 1991 年发布，其解释器完全开源，也就是其全部源代码都可以从 Python 的官方网站 https://www.python.org 自由免费下载。

Python 2.0 于 2000 年发布，之后由非营利组织 Python 软件基金会（Python Software Foundation, PSF）负责其发展，2.7 是 Python 2. x 系列中的最后一个版本。

Python 3.0 于 2008 年发布，它对 Python 2.x 进行了很多重大改进，其解释器内部采用完全面向对象的方式实现，也导致 3.x 和 2.x 版本不兼容。本教材以 3.x 版本为基础进行阐述。

最初 Python 并没有引起人们的太多关注，后来由于其简单、实用，它在大数据与人工智能领域的应用广泛，迅速走红。根据国际上最权威的 TIOBE 编程语言排行榜显示，Python 在 2001 年时位列第 20 名，到 2021 年已经跃为排行榜榜首。

### 1.2.2　Python 语言的特点

Python 是一种面向对象的、解释型、高级、通用脚本编程语言，具有以下主要特点。

（1）简单易学　简洁是 Python 的突出特点。首先，Python 尽量隐藏了机器层面的操作细节，将之交给解释器处理，使程序员将更多精力用于思考程序的逻辑功能而非具体的实现细节；虽然 Python 是用 C 语言开发的，但它摒弃了 C 语言中复杂难懂的指针操作，大大简化了语法；源代码关键字少、结构和语法简单，对初学者来说更加易于学习。其次，完成相同的任务，用 Python 编写的代码量远小于用 C 语言编写的代码量，从而大大提高了程序的开发效率。

（2）易于维护　优雅是 Python 的另一个突出特点。用 Python 编写的源代码要求必须保持严格的缩进层级关系，程序结构清晰、易读易懂，使得对现有程序的维护和完善变得容易。

（3）免费开源　Python 和 Java 一样是为数不多的开放源代码的高级语言。每个人可以自由下载、阅读、修改、发布，也可以把它的一部分应用于新的自由软件中。

（4）类库丰富　Python 解释器提供了上百个内置类和函数库，此外开源社区还提供了上万个第三方函数库，它们仍在不断快速丰富完善，基本涵盖了各个科技领域而且几乎都是免费的，利用这些函数库可以使得程序的开发事半功倍，尤其是科学处理类问题，这也是越来越多的程序员选择 Python 的重要原因。

（5）可嵌入性　作为脚本语言，Python 可以被嵌入 C 等程序中提供脚本功能。

（6）可移植性　用 Python 语言编写的程序源代码可以在任意安装有 Python 解释器的计算机环境中执行，因此其具有跨平台的可移植性。

（7）面向对象　Python 既支持面向过程的编程，也支持面向对象的编程，支持集成和重载，增强了代码的复用性，提高了编程效率。

（8）支持中文　Python 3.x 解释器采用 UTF-8 编码，可以表达英文、中文等各类语言，使得其在处理中文时更加灵活高效。

## 1.3　Python 的安装和集成开发环境

### 1.3.1　下载和安装 ⓔ 微课 1

在浏览器中搜索"Python 官网"或直接在地址栏中输入 www.python.org 打开 Python 官网，将鼠标滑至菜单栏中的"Downloads"，网站根据用户的操作系统自动给出对应的最新稳定版下载链接，如图1-1 所示，单击 Python 版本号按钮（本例为 Python 3.11.4）下载 Python 安装程序。如果想下载旧版本，可以单击"Downloads"菜单项，根据提示选择合适的操作系统、相应的版本即可。也可以通过 Python 的中文官方网站 http://python.p2hp.com 下载。

双击下载的安装文件，在安装过程中勾选"Add python.exe to PATH"复选框，如图 1-2 所示，单击"Install Now"完成安装。

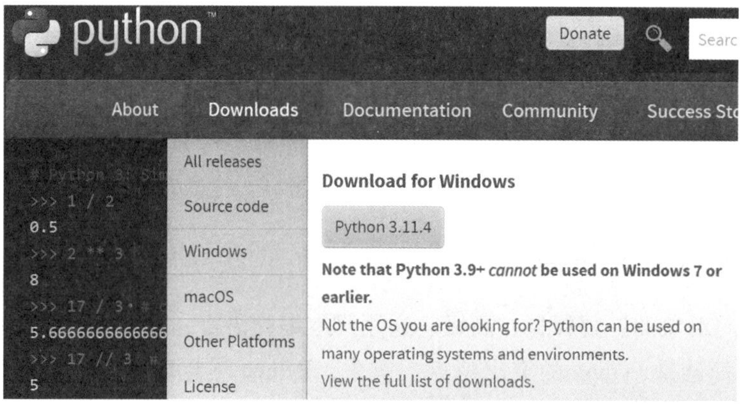

图 1-1    Python 官网

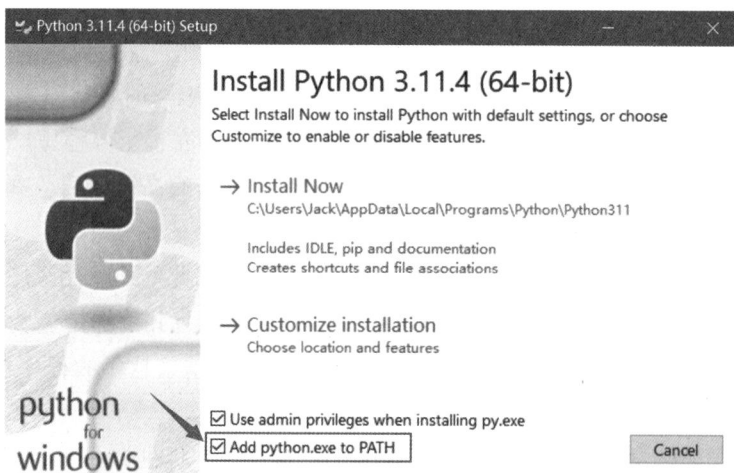

图 1-2    Python 的安装

安装完毕后，打开命令提示符窗口（Windows + R 调出"运行"窗口，输入"cmd"，单击"确定"），输入 python，若显示正确版本号并能够执行相关指令，表示安装成功，如图 1-3 所示。

图 1-3    在命令提示符窗口中运行 Python

## 1.3.2 Python 程序的书写和运行

Python 程序的书写有交互式和文件式两种方式。交互式指 Python 解释器即时响应用户的输入，输入一个语句后回车立即执行，优点是直观、快捷，适用于初学者对某个运算符、函数、方法等简单知识点的学习。由于对已输入的代码不能直接修改，也无法以文件形式保存，所以不适合正式程序的开发。文件式指程序员将代码写入文件，Python 解释器对文件中的代码一次性批量执行，由于其便于保存、测试、修改，因此是最主要的编程方式。

（1）交互式　有两种实现方法。

1）在 Windows 命令提示符窗口中运行 Python，如图 1-3 所示。

2）使用 Python 自带的 IDLE（Integrated Development and Learning Environment）集成开发与学习环境，打开方式为"开始"→"Python 3.11"→"IDLE（Python 3.11 64-bit）"打开 IDLE Shell 窗口，如图1-4 所示，具体信息随 Python 版本的不同而有所差异。

在 IDLE Shell 窗口中，左侧的三个大于号为提示符（从 3.10 版开始这三个大于号移到了代码的左侧，使得右侧代码更加整齐、易读），在提示符后书写 Python 语句，录入完毕回车，Python 解释器会立刻翻译、执行该语句。与 Windows 命令提示符窗口相比，在 IDLE 环境中书写代码不同类型的数据会以不同颜色显示，该特征被称为语法高亮（syntax highlighting），提高了程序的可读性；在录入库中的函数名、对象的方法名等操作时，IDLE 还可以给出智能提示，因此第二种方式比第一种方式应用更为普遍。本教材对于简单知识点的讲述通常采用 IDLE 的交互式环境。

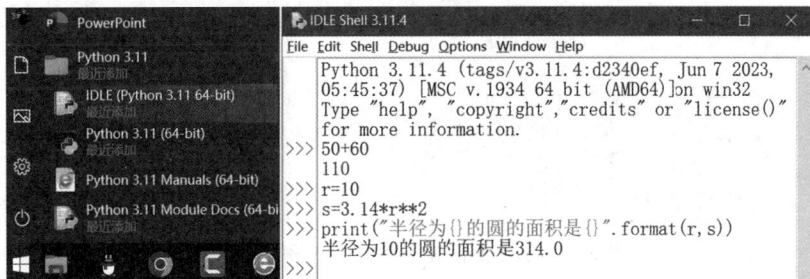

图 1-4　启动 IDLE 环境

（2）文件式　是将符合 Python 语法规则的程序代码保存在扩展名为 py 的文档中，调用 Python 解释器对其进行批量式执行。程序代码可以在任意文本编辑器中书写，例如记事本，但建议在 IDLE 环境中创建、书写、运行。方法为在 IDLE Shell 窗口的 File 下拉菜单中选择 New File，打开 Python 的代码编辑窗口，录入代码后保存（默认扩展名就是 py），如图 1-5 所示，图中以文件名 Area of Circle.py 保存。运行 py 文件的方法有两种。

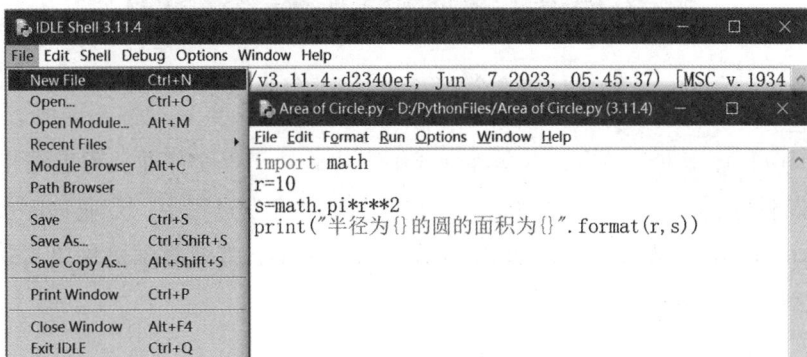

图 1-5　Python 的代码编辑窗口

1）在 IDLE 环境中运行　通过 Run 下拉菜单中的 Run Module 菜单项，或快捷键 F5 运行该文件，结果显示在 IDLE Shell 窗口中，如图 1-6 所示。如果 py 文件已经关闭，在资源管理器窗口中右击该 py 文件，选择"Edit with IDLE"→"Edit with IDLE 3.11（64-bit）"即可在 IDLE 的代码编辑窗口中打开，如图 1-7 所示。

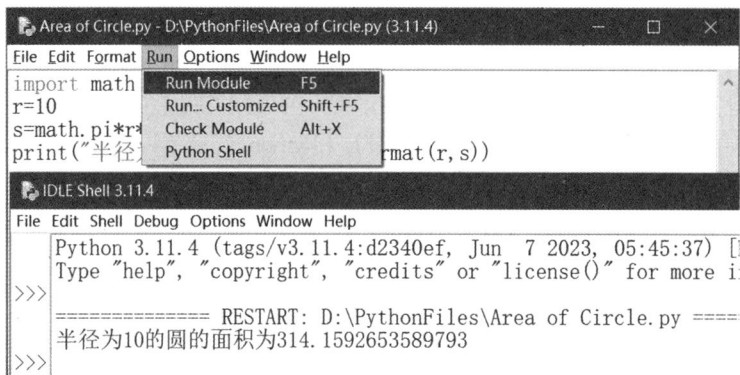

图 1-6　在 IDLE 的代码编辑窗口中运行 py 文件

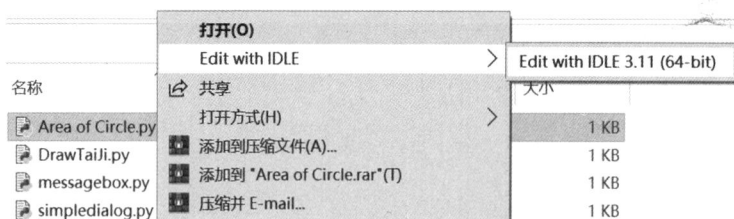

图 1-7　在资源管理器窗口中打开 py 文件

2）在命令提示符窗口中运行　打开命令提示符窗口，在 python 命令后跟随一个空格，然后是 py 文件的完整路径信息（路径和文件名中不能有空格），回车就可以执行并显示其运行结果，如图 1-8 所示。由于此方法操作不友好、不便于代码调试，因此较少使用。

图 1-8　在命令提示符窗口中运行 py 文件

对初学者来说 IDLE 环境易学易用，以文件形式编写代码便于提交作业，程序结构简单（通常只有 1 个 py 文件），可以满足学习 Python 的基本需求。在实际软件开发过程中，专业程序员通常利用功能更加完善的第三方 Python 集成开发环境，例如 PyCharm、Anaconda，专业教学机构更喜欢采用兼有交互式和文件式优点的在线编辑器 Jupyter Notebook。

**知识拓展** ------------------------------------------------------

### 第三方 Python 集成开发环境

PyCharm 是帮助程序员利用 Python 语言高效开发程序的专业集成开发环境，提供了代码录入、语法高亮、智能提示、程序调试、项目管理、单元测试等功能。其官网 https://www.jetbrains.com/pycharm/download 提供 2 个版本：Professional（专业）版和 Community（社区）版，其中社区版免费，可以满足学生的学习需求（详细介绍见附录 A）。

Anaconda 是包含了大量数据科学领域常用 Python 库的专业集成开发环境。安装完 Anaconda 后通常无需再安装第三方库，也使得其安装所需的硬盘空间很大，通常适合专业程序员使用。可以从官网 https://www.anaconda.com 下载免费的个人版。

Jupyter Notebook 本质是一个 Web 应用程序，便于在网页中创建和共享程序文档，支持实时代码的运行和编辑修改。

# 1.4　Python 中库的使用

Python 近年来备受欢迎，除了具有简洁、优雅、可移植性强等特点外，还因为它具有几乎涵盖各数据科学研究领域的丰富函数供程序员直接调用，起到了事半功倍的效果，大大提升了软件的开发效率。

（1）函数　是被命名的用来实现某个特定功能的语句集合，例如求某个自然数的阶乘、求一组数的方差等。可以实现一次定义、多次调用，通过代码重用提升编程效率。

（2）模块　是保存具有相关功能的变量、方法和函数（例如求解矩阵数据的最大值、最小值、平均值、极差、方差、标准差、中位数、四分位数等相关统计函数）的文件（*.py）。程序导入这个 py 文件后，就可以调用该文件中的所有函数、方法和变量。

（3）库　是功能相关的模块的集合（例如对矩阵数据进行统计分析的函数模块、进行矩阵相关运算的函数模块等），库名就是这些模块集合的总称。

## 1.4.1　库的分类

Python 中的库分为标准库、第三方库和自定义库三种。本教材主要对前两种库的使用进行讲解。

（1）标准库（内置库）　在安装 Python 时，同 Python 解释器一起被自动安装到本机的库，例如 turtle、math、random 库等。

（2）第三方库　由其他第三方机构针对某特定功能领域编写开发后通过 Python 社区进行发布的库，需要先下载安装才能使用。

（3）自定义库　用户自己编写的库。

## 1.4.2　库的使用　微课 2

在 Python 语言中，库的使用需要三步操作：下载安装、导入、调用。其中标准库在 Python 安装过程中已经默认安装了，因此只有第三方库需要下载安装（对于 Anaconda 集成开发环境，由于它已经包含了常见的第三方库，因此通常也无需安装）。

**1. 下载安装**　所有公开的第三方库都上传至 Python 官方的扩展库索引（Python Package Index, PyPI）服务器中供所有用户免费下载（网址为 https://pypi.org/simple）。为了提高访问速度，世界各地又创建了 PyPI 的镜像服务器。以下是我国的主要镜像服务器（前两个下载速度较快差异不大，阿里云位列第三）。

中国科技大学（University of Science and Technology of China）https://pypi.mirrors.ustc.edu.cn/simple

清华大学（Tsinghua University）https://pypi.tuna.tsinghua.edu.cn/simple

阿里云 https://mirrors.aliyun.com/pypi/simple

豆瓣网 https://pypi.douban.com/simple

（1）使用 pip 命令直接安装　打开命令提示符窗口，以安装 pandas 库为例，输入命令 pip install pandas 后回车，系统自动从 Python 官方的 PyPI 服务器下载 pandas 库的安装文件（whl 格式），以及

pandas库运行时所依赖的其他库文件（例如 pytz、tzdata、six、numpy、python-dateutil 库）并安装，如图1-9 所示。由于 Python 官方的 PyPI 服务器位于境外导致访问速度较慢，为了提高访问速度，可以指定从国内的镜像服务器安装。以从清华大学镜像服务器安装 Matplotlib 库为例，如图 1-9 底部所示，命令如下。

```
pip install matplotlib -i https://pypi.tuna.tsinghua.edu.cn/simple
```

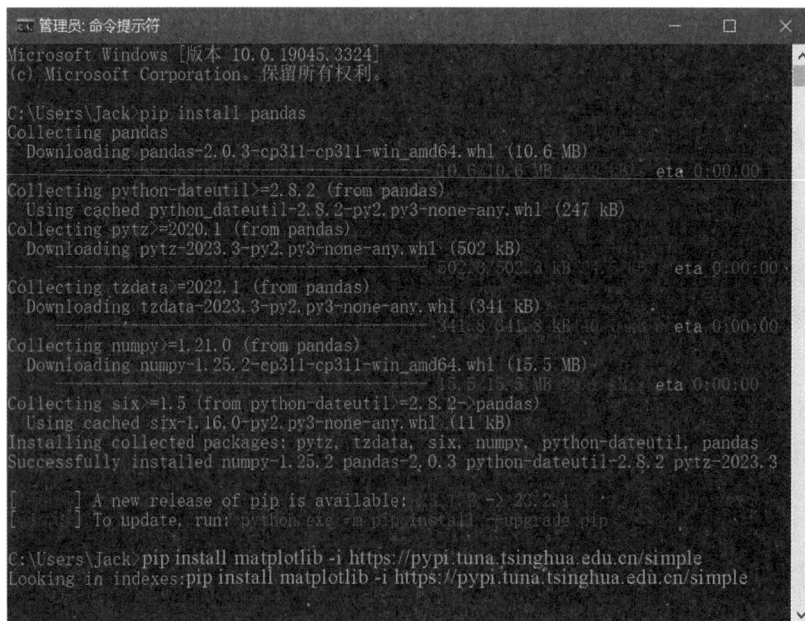

图 1-9　pip 安装第三方库

（2）下载库的安装文件(*.whl)　有些库不能通过 pip 命令直接安装，需要先下载该库对应的 whl 文件然后手动安装。下面以制作词云图的 wordcloud 库为例进行说明。

在 Python 的官方 PyPI 服务器或国内的镜像服务器网址后添加库名 wordcloud，例如 https://pypi.org/simple/wordcloud 或 https://pypi.tuna.tsinghua.edu.cn/simple/wordcloud，找到与本机系统对应的正确版本，如图 1-10 所示，文件名前部的 wordcloud 是该文件对应的库名称，后面的 1.9.2 是该库的版本，cp311 表示该文件和 Python 3.11.x 对应，win/macosx/xxlinux 表示其分别匹配 Windows 操作系统/苹果的 macOS 操作系统/linux 操作系统，win32/win_amd64 表示其分别匹配 32 位/64 位操作系统。由于本机的 Python 版本为 Python3.11.4（查看方法如图 1-3/图 1-4 左侧开始菜单或图 1-5 顶部标题栏所示）、操作系统为 64 位的 Windows10（电脑桌面中右击"此电脑"选择"属性"，在弹出的对话框中查找，如图 1-11 所示），因此下载文件 wordcloud-1.9.2-cp311-cp311-win_amd64.whl，本例中将下载的文件保存到 D 盘根目录下。

图 1-10　下载 wordcloud 的安装文件

图 1-11　查看操作系统信息

（3）安装库文件　打开命令提示符窗口，如图 1-12 所示，输入 D：回车将工作目录调整为 whl 文件所在目录（D:\），然后输入 pip install 库文件 -i https://pypi.tuna.tsinghua.edu.cn/simple 回车。虽然此时 wordcloud 的库文件已经下载无需再访问镜像服务器，但该库依赖的 numpy、pillow、matplotlib 等库仍需要从镜像服务器下载并安装，如果没有 -i 参数指定镜像服务器，默认从境外官方服务器 https://pypi.org/simple 下载的速度会很慢。

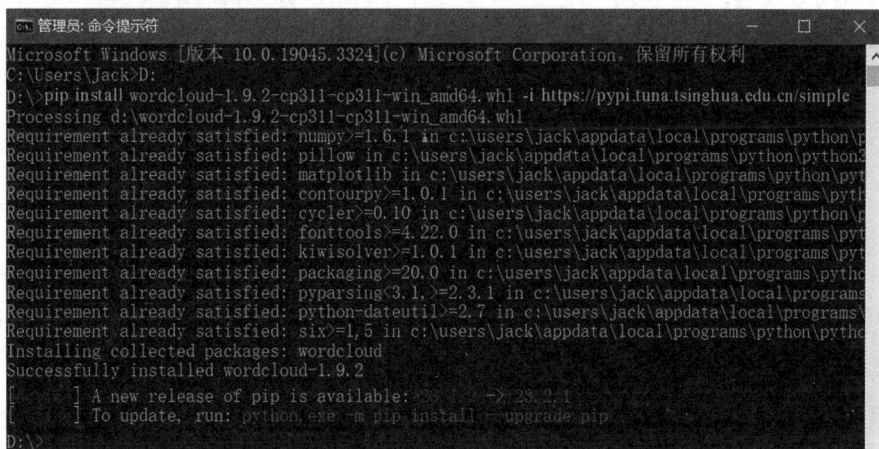

图 1-12　在命令提示符窗口中安装 whl 文件

**2.** 导入和调用　Python 库有三种不同的导入方法，调用库成员的相应方法也不同。

（1）import 库名 [as 别名]　利用 *import 库名* 的方法导入库，代码书写简单，但每次调用库成员（函数、方法、变量）时必须对其进行限定（格式为 *库名.成员名*）。

下面以提供了 $\pi$ 值和开平方根函数的标准库 math 为例，求 $\pi + \sqrt{100}$ 的值并输出。

```
>>> import math
>>> x = math.pi + math.sqrt(100)
>>> print(x)
13.141592653589793
```

有些库名称较长，例如 TextGeneratorRandomMaximun，每次调用都书写完整的库名太烦琐，可以在导入该库时给其设置一个简洁的别名以提高书写效率。例如：

```
>>> import TextGeneratorRandomMaximun as tgrm
>>> import matplotlib as mpl
>>> import math as m
>>> x = m. pi + m. sqrt(100)
```

（2）from 库名 import 成员列表　如果该程序只用到了库中的几个甚至 1 个成员，可以用这种方式导入，多个成员之间用逗号分隔，调用这些函数或变量时无需用库名进行限定。

```
>>> from math import sqrt,pi
>>> x = pi + sqrt(100)
>>> print(x)
13. 141592653589793
```

（3）from 库名 import *　一次性导入该库的所有成员，调用这些成员时也无需库名进行限定。

```
>>> from math import *
>>> x = pi + sqrt(100)
>>> print(x)
13. 141592653589793
```

说明：不同的库中可能存在同名函数，虽然它们同名但其功能或返回值类型可能不同。如果采用后两种方式导入这些库，写程序的人并不清楚调用此函数时系统到底执行的是哪个库中的函数，因此可能会导致不可预见的程序结果。专业的程序员通常都采用 *import 库名 as 别名* 的导入方式，由于初学者一个程序中导入的库较少通常喜欢采用 *from 库名 import ** 的方式。

# 1.5 利用 turtle 库绘图

Python 语言中的 turtle 库是一个用于图形绘制的标准函数库，它最早诞生于 1969 年的 LOGO 语言，由于它直观、易学，非常适合于初学者、幼儿编程所使用，被 Guido 纳入了 Python 的内置库中。turtle 绘图的思想可以理解为一个小海龟在一个直角坐标系的画布中爬动，默认情况下该坐标系如图 1-13 所示，海龟的初始位置在原点(0,0)，头朝向右侧（x 轴正向）。海龟可以根据指令前进、后退、转向、沿直线或圆弧爬动，它的爬行轨迹就是绘制的图形；其身体上和脚上可以蘸有不同颜色的墨水，脚上墨水的颜色就是线条的颜色，对于封闭式图形填充的颜色就是海龟身体的颜色。如果爬行过程中不希望留下爬行轨迹（例如绘制完一个圆后移动到另一个无交叉的独立圆处时）可以将海龟抬起，移动到目的地后再将其放下，继续绘制。

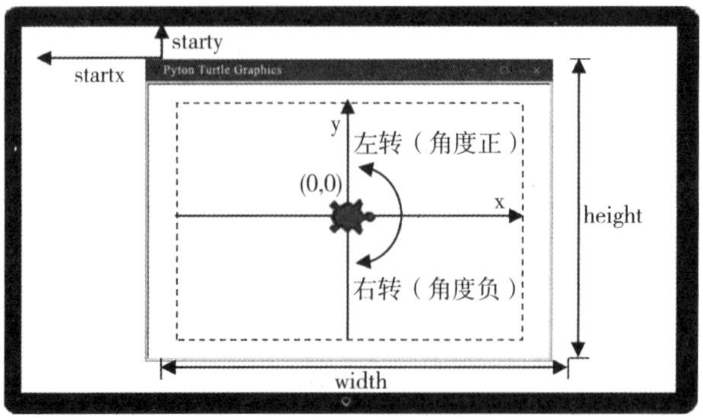

图 1-13　turtle 的坐标系

### 1.5.1 设置画布和绘图窗口

**1. 设置绘图窗口**　画布是绘制图形的纸张（绘制结果可视为一张照片），绘图窗口如同观看照片的画图软件窗口，即 Python Turtle Graphics 窗口，如图 1-13 所示。当绘图窗口的尺寸小于画布的尺寸时，窗口下方/右侧会出现水平/垂直滚动条。设置绘图窗口尺寸的语法为：

$$turtle.\,setup(width = 0.\,5, height = 0.\,75, startx = None, starty = None)$$

其中，width 和 height 分别表示绘图窗口的宽度和高度；当这两个值为小数时分别表示窗口的宽高占屏幕宽高的比例，为整数时单位是像素。(startx, starty) 表示绘图窗口左上角在屏幕中的坐标；如果省略，默认位于屏幕中心。

设置宽 1000 像素、高 600 像素，位于屏幕左上角的绘图窗口：

```
turtle. setup(1000,600,0,0)
```

设置宽 800 像素、高 600 像素，位于屏幕中心的绘图窗口：

```
turtle. setup(800,600)
```

设置宽高均占屏幕 60% 的绘图窗口：

```
turtle. setup(0.6,0.6)
```

**2. 设置画布**　画布是绘制图形的纸张，如图 1-13 中的虚线所示区域，绘制的结果可以理解为一张照片。设置画布尺寸的语法为：

$$turtle.\,screensize(canvwidth = None, canvheight = None, bg = None)$$

三个参数分别为画布的宽、高、背景色（纸张的颜色），其中宽高的单位为像素。

设置宽高分别为 800 和 600、背景为绿色的画布代码为：

```
turtle. screensize(800,600," green")
turtle. screensize()    #生成默认尺寸为(400,300)的画布,本语句也可以省略不写
```

**3. 清空/重置画布**

（1）turtle. clear()　功能为清空画布，海龟的位置和状态不变。

（2）turtle. reset()　功能为重置画布，海龟回到原点并恢复初始状态。

### 1.5.2 设置画笔

（1）turtle. pencolor()　设置画笔的线条颜色（海龟脚上蘸的墨水颜色），值的类型有三种。

1）颜色字符串　例如" darkred"、" red"、" orangered"、" orange"、" yellow"、" green"、" cyan"、" blue"、"lightblue"、"purple"等。

2）(R,G,B)元组　R、G、B 表示构成颜色的三基色。设置 turtle. colormode(255) 后，(R,G,B) 格式颜色的每个分量值的范围是 [0,255]，每个分量是 8 位二进制总共 24 位（即 24 位真彩色），可以表示 $2^{24} = 16,777,216$ 种颜色。例如 (255,0,0) 为红色、(0,255,0) 为绿色、(0,0,255) 为蓝色、(255,255,0) 为黄色、(255,255,255) 为白色、(0,0,0) 为黑色等。默认每个颜色分量值的范围是 [0,1]，此时 (1,0,0) 为红色、(0,1,0) 为绿色、(1,1,0) 为黄色。

3）十六进制字符串　将 (R,G,B) 格式的颜色书写为 24 位的二进制然后再转换为十六进制的形式，例如红色 (255,0,0)→111111110000000000000000→FF0000，那么 "#FF0000" 就是表示红色的十六进制字符串。同理 "#00FF00" 表示绿色，"#0000FF" 表示蓝色等。

（2）turtle. color(pencolor,fillcolor)　同时设置画笔的线条颜色（海龟脚上蘸的墨水颜色）和填充颜色（海龟身体的颜色，即绘制封闭图形时的填充色），值的类型同 turtle. pencolor()。

（3）turtle. pensize(width)　设置画笔的宽度，参数为正整数，如果省略参数则返回当前的线条宽度值。

（4）turtle. speed(n)　设置画笔的速度，整数 n 的取值范围是[0,10]，其中 1 ~ 10 数字越大移动越快，0 表示瞬间完成单次的绘制动作。

（5）turtle. penup()、turtle. pendown()　设置画笔的抬起/落下，画笔被抬起后移动到目的地过程中不绘制。也可以简写为 turtle. up()、turtle. down()。

（6）turtle. shape(shapename)　设置画笔的形状。省略参数时返回当前画笔形状，可选值有"classic"（默认值）、"turtle"、"arrow"、"circle"、"square"、"triangle"。其中"turtle"为常用的海龟形状，为了帮助形象理解，下文中将画笔称为"海龟"。

（7）turtle. hideturtle()、turtle. showturtle()　设置画笔的隐藏和显示。画笔隐藏后只是画笔的形状不可见，绘图操作正常。

## 1.5.3 画笔绘图

turtle 库提供的控制画笔移动绘制图形的命令很多，表 1-1 为常用的基本命令。

表 1-1　画笔移动命令

| 命令 | 功能说明 |
| --- | --- |
| turtle.forward(d)<br>turtle.fd(d) | 海龟向前爬行 d 像素的距离 |
| turtle.backward(d)<br>turtle.bk(d) | 海龟向后倒退 d 像素的距离 |
| turtle.left(angle)<br>turtle.lt(angle) | 海龟原地向左(逆时针)转 angle 度，angle 为负向右(顺时针)转(单位是度而非弧度) |
| turtle.right(angle)<br>turtle.rt(angle) | 海龟原地向右 (顺时针) 转 angle 度，angle 为负向左转 (单位是度而非弧度) |
| turtle.setheading(angle)<br>turtle.seth(angle) | 海龟朝向 angle 角度方向，正为 x 轴正向的左手侧，负为 x 轴正向的右手侧(单位是度而非弧度) |
| turtle.goto(x, y) | 海龟移动到坐标为(x, y)的位置，头部朝向不变 |
| turtle.home() | 海龟移到原点(0,0)位置，头部朝向 x 轴正向 |
| turtle.circle(r, extent = None,<br>steps = None) | 绘制半径为 r 的圆，r 为正表示左手侧绘制，为负右手侧绘制；<br>extent 省略画整圆，否则画圆心角为 extent 度的圆弧；<br>steps 省略画圆(弧)，否则画边数为 steps 的内接正多边形；<br>同时提供 extent 和 steps，在该圆弧内画非封闭的正多边形 |
| turtle.dot(D, color) | 以 turtle 所在位置为圆心，绘制一个直径为 D、颜色为 color 的实心圆(点)，color 省略时采用当前的线条颜色 |
| turtle. write(s, align = "left",<br>font= ("Arial", 8, "normal")) | 书写内容为 s 的文本，align 表示文字相对于画笔当前坐标的位置，font 为定义字体格式的元组 |
| turtle.begin_fill() | 开始记录海龟的轨迹，准备绘制实心填充的图形 |
| turtle.end_fill() | 停止记录轨迹，以开始到结束所行走的轨迹为轮廓、用 fillcolor 进行填充，如果起始点位置不同就在这两点间连线构成封闭图形 |
| turtle.undo() | 撤销上一个操作 |

【例 1-1】如图 1-14 所示，绘制边长为 100 的正三角形、正方形。说明：图中的坐标系和坐标点是为了帮助读者理解而额外添加的。

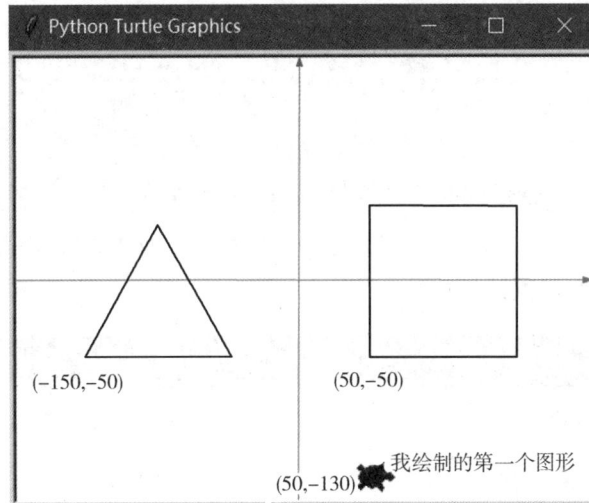

图 1-14 绘制正三角形和正方形

```
import turtle as t
t.shape("turtle")
#移动到正三角形左下顶点
t.penup()
t.goto(-150,-50)
t.pendown()
#绘制边长为 100 的正三角形
t.forward(100)
t.left(120)
t.forward(100)
t.left(120)
t.forward(100)
t.left(120)    #海龟又重新朝向 x 轴正向
#移动到正方形左下角
t.penup()
t.goto(50,-50)
t.pendown()
#绘制边长为 100 的正方形
t.forward(100)
t.left(90)
t.forward(100)
t.left(90)
t.forward(100)
t.left(90)
t.forward(100)
t.left(90)    #海龟又重新朝向 x 轴正向
```

```
#移动到书写文字的位置,书写文字
t. penup()
t. goto(50,-130)
t. pendown()
t. write("我绘制的第一个图形",font = ("黑体",12,"normal"))
```

【例 1-2】 如图 1-15 所示,绘制半径为 50 的圆、半圆,以及内接正五边形。说明:图中的坐标系和坐标点是为了帮助读者理解而额外添加的。

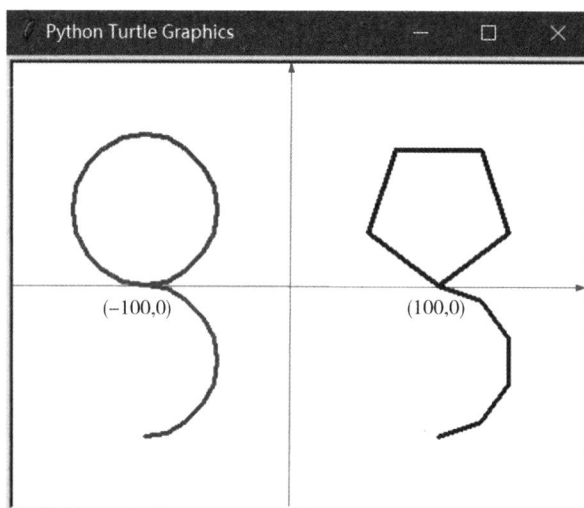

图 1-15　绘制圆和内接正多边形

```
import turtle as t
t. shape("turtle")
t. pensize(3)
#沿 x 轴左移,准备绘制圆和半圆(弧)
t. penup()
t. backward(100)
t. pendown()
t. pencolor("red")    #用颜色字符串设定画笔颜色
#分别绘制半径为 50 的圆和半圆
t. circle(50)
t. circle(-50,180)    #此时海龟朝向 x 轴负向
#移到(100,0)的位置,准备绘制圆的内接正多边形
t. penup()
t. goto(100,0)
t. setheading(0)
t. pendown()
#用 RGB 元组设置画笔颜色
t. colormode(255)
t. pencolor(0,0,255)
```

```
#在半径为 50 的圆内绘制内接正五边形
t.circle(50,steps = 5)
#在半圆内绘制(不封闭的)内接正五边形
t.circle(-50,180,5)    #或 t.circle(-50,extent = 180,steps = 5)
t.hideturtle()
```

除了以上主要功能外，turtle 库还提供了 delay、stamp 等命令，可以在 IDLE 环境中按下快捷键 F1，通过 Python 自带的帮助了解更多功能。

书网融合……

微课 1　　　　微课 2

# 第 2 章　Python 程序设计基础

### 📖 学习目标

1. 通过本章学习，掌握 Python 语言的基础语法、基本运算符与表达式；熟悉基本输入输出；了解数据类型与变量。

2. 具有编写简单的 Python 程序、调试与测试、阅读和理解 Python 代码的能力。

3. 培养计算思维能力，自主学习能力及提升问题解决能力。

## 2.1 Python 程序的书写规则

每种程序设计语言的代码都必须遵守该语言特定的书写规则，以便于相应的解释器/编译器能够正确理解。Python 代码的层级隶属关系靠缩进级别进行划分，因此对代码的缩进有严格的格式要求，这也提升了程序的可读性。Python 代码的主要书写规则如下。

（1）大小写敏感　Python 是一种大小写敏感的语言，这意味着在编写代码时，变量名、函数名等标识符的大小写必须严格一致。例如，student 和 Student 会被视为两个不同的变量。

（2）缩进　是 Python 代码"优雅"特性的保证，Python 通过缩进来控制代码的逻辑从属关系（例如选择结构、循环结构、函数定义等），同一级别的代码必须具有相同的缩进量，通常使用 4 个空格进行缩进（Python 本身对空格数量没有要求），不建议利用 Tab 键进行缩进。

（3）语句分行

1）单行语句　通常每行只写一条语句，以提高代码的可读性。

2）长语句换行　如果语句过长，可以使用反斜杠(\)作为续行符或利用小括号进行换行。续行符（反斜杠)位于运算符之前或之后，在续行符后回车换行；用小括号换行时，括号内可以包含多行，无需换行符。

下面代码中 str1、str2、str3 的值是相同的。

```
>>> str1 = "北国药苑" +"沈阳药科大学" +"欢迎你!"
>>> print(str1)
北国药苑沈阳药科大学欢迎你!
>>> str2 = "北国药苑"+\
    "沈阳药科大学"+"欢迎你! "
>>> str3= ("北国药苑"+
    "沈阳药科大学"+"欢迎你!")
```

3）多语句一行　如果在一行内书写多条（较短的）语句，语句间用英文分号（；）进行分隔。

（4）空行和空格　为了提高程序的可读性，在不同功能的代码块之间通常增加 1 个空行。

为了增加表达式的可读性，通常在运算符的两端增加 1 个空格。

注意：字符形式的运算符（例如 not、and、or、in 等）两端必须保留空格。

（5）注释

1）单行注释　使用井号#作为注释符。既可以位于行首也可以位于中间，#后的内容视为注释信息，程序运行时被忽略。

2）多行注释　使用成对的三个单引号（'''）或三个双引号（"""）作为注释符，可以将连续的多行内容转换为注释块。在调试程序过程中，屏蔽某些代码时经常使用这种注释方式。

```
#注释语句示例
print("欢迎学习 Python 程序设计")    #注释符后面部分都是注释
''' print("Python 程序的特点是简洁、优雅")
print("贵在坚持")'''
print("祝你取得好成绩!")
```

这里共有三个注释，在程序运行时都被忽略了。运行结果如下：

```
欢迎学习 Python 程序设计。
祝你取得好成绩!
```

（6）符号使用　Python 中所有具有语法功能的符号（例如运算符、括号、引号、逗号、分号等）都必须使用英文半角字符。

表示字符串(str)时，两端用单引号或双引号都行，但成对的引号必须一致。

# 2.2 标识符及命名规则

标识符指程序中用户为变量、函数等定义的名称，其命名规则如下。

（1）标识符只能包含字母、数字、下划线，且以字母或下划线(_)开头。Python 3.x 支持中文标识符且允许汉字开头，但为了提升录入效率不建议采用。

例如，class3、class_3、_stutype 都是合法的标识符，100_meter_race、land area、land – area 都是非法的标识符。

（2）标识符区分大小写，因此 StuName 和 stuName 被视为不同的变量名。

（3）标识符不能使用 Python 的关键字。关键字又称保留字，指 Python 中保留的具有特定用途的单词，在 IDLE 环境中关键字默认以橙色显示。下面的代码可以列出当前 Python 版本中的关键字。

```
>>> import keyword    #导入 keyword 库
>>> print( keyword. kwlist)    #输出 Python 3.12 版中的 35 个关键字
['False','None','True','and','as','assert','async','await','break','class','continue','def','del','elif','else',
'except','finally','for','from','global','if','import','in','is','lambda','nonlocal','not','or','pass','raise','return','try',
'while','with','yield']
```

（4）标识符的命名要避免使用 Python 内置的函数名、数据类型名等具有特定意义的名称。例如 int、tuple、max、input、print 等以免发生混淆。在 IDLE 环境中这些内置名称默认以紫色显示。

# 2.3 变量与赋值语句

## 2.3.1 变量

Python 属于动态类型语言，变量无需显式声明即可直接使用，Python 解释器根据为变量赋值的类型自动确定该变量的数据类型，换言之，当为变量赋值的数据类型发生改变时，变量自身的类型也随之改变。函数 type(变量名)可以返回指定变量当前的数据类型。

下面的代码展示了变量 m 的类型随赋值数据类型的改变而改变。

```
>>> m = 2    #为变量 m 赋整型数值 2
>>> type(m)
< class'int' >    #变量 m 为整型
>>> m = 3.4    #为变量 m 赋浮点型数值 3.4
>>> type(m)
< class'float' >    #变量 m 为浮点型
>>> m = "China"    #为变量 m 赋字符串型(str)数据"China"
>>> type(m)
< class'str' >    #变量 m 为字符串型(str)
```

Python 中变量属于动态类型，因为变量本身与变量值之间采用的是引用方式，换言之，变量本身记录的不是变量的值而是变量值在内存中的存储地址。当给不可变对象类型（例如数值型、字符串型）的变量重新赋值时，赋值语句修改的是变量引用对象的存储地址。id(变量名)用于返回变量当前引用对象在内存中的存储地址。

```
>>> x = 10;y = 10    #变量 x 和 y 被赋以相同的值
>>> type(x);type(y)
< class'int' >    #变量 x 和 y 都是整型
< class'int' >
>>> id(x);id(y)
4304680    #变量 x 和 y 在内存中指向同一个存储地址(具体值每次运行都不同)
4304680
>>> x = "China"    #为变量 x 赋新值
>>> type(x);id(x)
< class'str' >    #变量 x 的类型由 int 变为 str
32299155    #变量 x 指向内存中的一个新地址
```

## 2.3.2 赋值语句

Python 规定变量在使用之前必须先赋值，也就是该变量必须有引用的对象，否则程序运行时会提示变量未被定义的错误。Python 为变量赋值的常用方法如下。

**1. 简单赋值**　是最常见、最简单的一种赋值方法，语法格式为：

变量名 = 表达式

赋值号（=）左侧只能是变量名，不能是表达式或常数；赋值号右侧的表达式可以是简单的常数、变量、函数，也可以是复杂的表达式。Python 首先计算表达式的值并保存到内存中，然后左侧的变量引用该值的地址。

```
>>> x = 10 ; y = 20
>>> 5 = x + y
SyntaxError:cannot assign to literal    #不能为常量赋值
>>> a = x + z
Traceback(most recent call last):
File" < pyshell#22>",line 1,in <module>
    a = x + z
NameError:name'z' is not defined   #变量 z 未定义,变量 z 在使用前未被赋值
```

**2. 链式赋值**    可以将 1 个值同时赋给多个不同变量，语法格式为：

$$变量 1 = 变量 2 = \cdots\cdots = 变量 n = 表达式$$

```
>>> x = y = z = 200
>>> print(x, y, z)
200 200 200    #变量 x,y,z 的值均为 200
```

**3. 解包赋值**    将赋值符合右侧的序列类型数据解包，然后将解出的数据依次赋值给等号左侧的变量，包中数据的值和类型可以不同。语法格式为：

$$变量 1,变量 2,\cdots\cdots,变量 n = 序列数据$$

注意：采用解包赋值时，等号左侧的变量个数与等号右侧序列数据中的元素个数必须一致！

```
>>> a, b, c = "Zhangjie",20,1.85   #"Zhangjie"赋给 a,20 被赋值给 b,1.85 被赋值给 c
>>> print(a, b, c)
Zhangjie 20 1.85
>>> n = [10,15,20,25]   #n 为包含四个元素的列表
>>> a,b,c,d = n   #列表 n 中的四个元素被解包出来,依次赋值给 a,b,c,d 四个变量
>>> print(a, b, c, d)
10 15 20 25
>>> a,b = 100,200,300   #变量个数与赋值元素的个数不一致,解包错误
Traceback(most recent call last):
 File"< pyshell#5 >",line 1,in <module>
    a,b = 100,200,300
ValueError:too many values to unpack(expected 2)
```

利用解包赋值可以实现其他大部分编程语言不能完成的工作：直接交换变量 x 和 y 的值，无需借助第三个变量，原理如图 2-1 所示，程序代码如下：

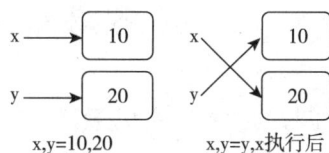

图 2-1　解包赋值实现两个变量值的直接交换

```
>>> x,y = 100,200    #10 赋值给变量 x,20 赋值给变量 y
>>> print("x = ",x," y = ",y)
x = 10 y = 20
>>> x,y = y,x    #变量 y 指向原来 x 引用的地址,变量 x 指向原来变量 y 引用的地址
>>> print("x = ",x," y = ",y)
x = 20 y = 10    #解包赋值后 x 和 y 交换了原有的值
```

# 2.4 数据的输入与输出

程序通过数据的输入和输出实现与用户的人机交互。Python 提供了用于数据输入和输出的函数以实现与用户交互,并提供对输出数据进行格式控制。

## 2.4.1 输入语句

input 函数用于实现数据的输入,语法格式为:

$$变量 = input([提示字符串])$$

注意:

1）input 函数的返回值类型为 str,无论用户输入什么类型的值。

2）eval、int、float 等函数可以将用户的输入内容转换为相应的类型。

3）eval() 可以将输入内容视为表达式,返回值为表达式的结果,返回的类型为表达式结果的类型（整型、浮点型、布尔型等）。

4）int() 将整型字符串转换为整型。

5）float() 将数值型字符串转换为浮点型。

以下是没有进行格式转换的操作。

```
>>> m = input("请输入第一个数:")
请输入第一个数:20
>>> n = input("请输入第二个数:")
请输入第二个数:8
>>> m-n
Traceback(most recent call last):
    File" < pyshell#40 >",line 1,in <module>
      m-n
TypeError:unsupported operand type(s) for-:'str' and 'str'    #不支持字符串的减法操作
```

为了解决该问题,可以利用 eval()、int()、float() 等函数将用户的输入结果转换为数值再做减法操作。程序代码如下:

```
>>> m = eval(input("请输入第一个数:"))    #将"20"转换为整型 20
请输入第一个数:20
>>> n = eval(input("请输入第二个数:"))    #将"8.0"转换为浮点型 8.0
请输入第二个数:8.0
>>> m-n
```

12.0

>>> IsBoy = eval(input("你是男生吗(True/False):"))　　#将"True"转换为布尔型 True

你是男生吗(True/False):True

#由于 Python 大小写敏感,如果用户录入 true/false/T/F 等形式就无法正确转换了

eval()函数的功能非常强大,除了以上简单的字符串还可以对更复杂的字符串进行格式转换。

>>> m = eval(input("请输入一个数:"))　#将字符串"3 +5"转换为 8

请输入一个数:3 +5

>>> m = eval(input("请输入一个数:"))　#将字符串"3 >5"转换为 False

请输入一个数:3 >5

>>> m = eval(input("请输入一个数:"))　#将字符串"3.0 + abs(-5)"转换为 8.0

请输入一个数:3.0 + abs(-5)

>>> m = eval(input("请输入一个数:"))　#将字符串"0x1a"视为十六进制转换为 26

请输入一个数:0x1a

>>> m = eval(input("请输入一个数:"))　#将字符串"2.3e2"视为科学计数法转换为 230

请输入一个数:2.3e2

相较于 eval()函数 int()、float()的功能相对简单,只能将数值型字符串转换为相应的数值类型,而不能处理复杂的表达式。

>>> m = int(input("请输入一个数:"))　#将字符串"8"转换为整数型 8

请输入一个数:8

>>> m = int(input("请输入一个数:"))　#报错。字符串"8.0"的内容不是整数型

请输入一个数:8.0

>>> m = int(input("请输入一个数:"))　#报错。字符串"3 +5"的内容不是简单的整数型

请输入一个数:3 +5

>>> m = float(input("请输入一个数:"))　#将字符串"8.2"转换为浮点型 8.2

请输入一个数:8.2

>>> m = float(input("请输入一个数:"))　#将字符串"8"转换为浮点型 8.0

请输入一个数:8

>>> m = float(input("请输入一个数:"))　#报错。字符串"3 +5"的内容不是简单的数值

请输入一个数:3 +5

## 2.4.2 输出语句

**1. print 函数**　可以实现程序的输出,如图 2-2 所示,语法格式为:

$$print([输出项][,sep = 分隔符][,end = 结束符])$$

1) 输出项之间用英文半角逗号分隔。

2) 各输出项之间默认用空格分隔,可以通过 sep 参数进行修改。

3) 如果输出项为表达式,先计算表达式的值再输出运算结果。

4) 默认结束符是" \n"(回车),因此无参数的 print 函数相当于输出回车。常用的结束符:end = " "

不换行，end = " \t"制表位，end = " \n"回车换行(省略不写)。

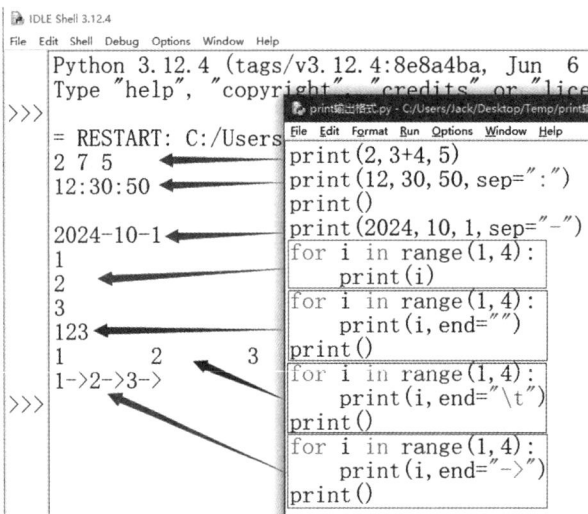

图 2-2    print 函数的参数

**2. 格式化输出**    print 函数无法实现输出结果的格式化，例如控制输出项的对齐方式、指定保留的小数位数等。为此，Python 提供了 3 种格式化输出方法。🄴微课 1

（1）用 format()进行格式化输出    format()是 Python 中的字符串格式化方式，语法格式为：

格式字符串 . format(输出项)

其中，格式字符串中使用‖作为格式占位符，‖称为格式区（format field）或槽（slot），在格式区‖中可以设置 5 种格式化字符，其含义和顺序如下。说明：这 5 种格式化字符可以都用，也可以只用其中一部分，甚至全部省略；这些格式化字符的前后顺序不能颠倒；无论是否省略输出项序号，只要出现后面 4 种格式化字符中的任意一个，输出项序号后面的英文半角冒号就不能省略。

‖输出项序号:填充字符对齐方式输出宽度数字格式‖

输出项为实际输出内容的列表，用英文半角逗号分隔，各项的索引编号从 0 开始。

1）输出项序号

①顺序填充：当格式区‖和输出项的个数与顺序都完全一致时，可以省略输出项序号，输出项的内容依次替代格式区进行显示。例如：

> >>> print(" ‖年‖首飞成功". format(2011," 歼-20"))
> 2011 年歼-20 首飞成功

②下标填充：当格式区‖和输出项的个数或顺序不一致时，每个格式区中都需要指明一个输出项的索引编号。例如：

> >>> print(" ‖1‖年‖0‖首飞成功,我为‖0‖感到骄傲!". format(" 歼-20",2011))
> 2011 年歼-20 首飞成功,我为歼-20 感到骄傲!

2）输出宽度    希望以每列具有相同宽度的表格形式输出结果时，需要为每个格式区指定输出宽度，如图 2-3 所示。说明：输出宽度为字符个数，不区分中英文；默认字符型左对齐，数值型右对齐。

3）对齐方式    对齐方式格式化字符有三种：<、^、> 分别对应左对齐、居中对齐、右对齐，如图 2-4 所示。

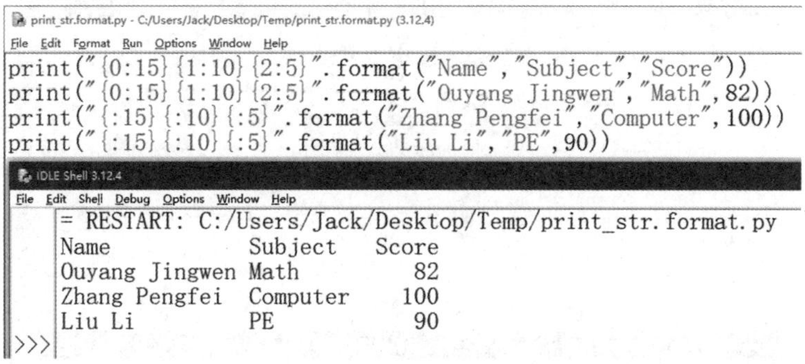

```
print("{0:15}{1:10}{2:5}".format("Name","Subject","Score"))
print("{0:15}{1:10}{2:5}".format("Ouyang Jingwen","Math",82))
print("{:15}{:10}{:5}".format("Zhang Pengfei","Computer",100))
print("{:15}{:10}{:5}".format("Liu Li","PE",90))
```

```
= RESTART: C:/Users/Jack/Desktop/Temp/print_str.format.py
Name           Subject   Score
Ouyang Jingwen Math         82
Zhang Pengfei  Computer    100
Liu Li         PE           90
>>>
```

图 2-3　**str.format** 输出中的输出宽度

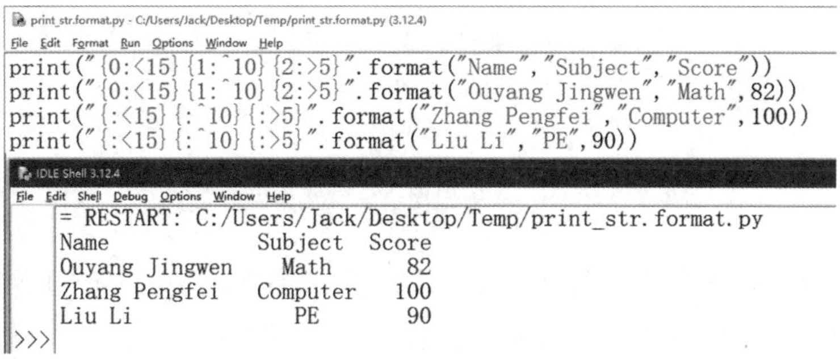

```
print("{0:<15}{1:^10}{2:>5}".format("Name","Subject","Score"))
print("{0:<15}{1:^10}{2:>5}".format("Ouyang Jingwen","Math",82))
print("{:<15}{:^10}{:>5}".format("Zhang Pengfei","Computer",100))
print("{:<15}{:^10}{:>5}".format("Liu Li","PE",90))
```

```
= RESTART: C:/Users/Jack/Desktop/Temp/print_str.format.py
Name            Subject  Score
Ouyang Jingwen    Math      82
Zhang Pengfei   Computer   100
Liu Li             PE       90
>>>
```

图 2-4　**str.format** 输出中的对齐方式

4）填充字符　将上图中的内容替换为中文时，其显示结果如图 2-5 所示（垂直竖线为后添加的辅助线）。姓名格式区的宽度设定为 5 个字符，输出项不足 5 个字符默认用英文空格填充，因此“姓名”后有 3 个英文空格、“欧阳婧雯”后有 1 个英文空格，……，而 1 个汉字的宽度和 2 个英文空格的宽度相等，因此造成科目格式区无法对齐。

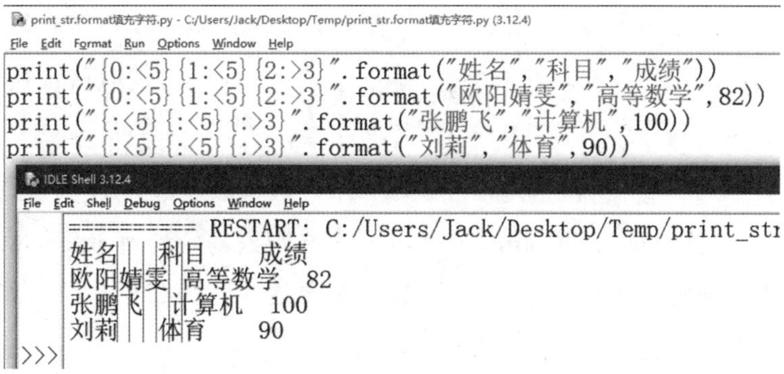

```
print("{0:<5}{1:<5}{2:>3}".format("姓名","科目","成绩"))
print("{0:<5}{1:<5}{2:>3}".format("欧阳婧雯","高等数学",82))
print("{:<5}{:<5}{:>3}".format("张鹏飞","计算机",100))
print("{:<5}{:<5}{:>3}".format("刘莉","体育",90))
```

```
=========== RESTART: C:/Users/Jack/Desktop/Temp/print_str
姓名   科目   成绩
欧阳婧雯 高等数学  82
张鹏飞  计算机  100
刘莉   体育    90
>>>
```

图 2-5　**str.format** 输出中的默认填充字符

解决方法是将填充字符设置为与汉字等宽的全角字符或半个破折号，如图 2-6 所示，图中各格式区采用不同的填充字符以便展示其隶属关系。第一行的“成绩”列设置宽度为 3，三个汉字相当于 6 个英文字符；从第二行开始成绩内容为数字与英文字母等宽，因此列宽设置为 6，填充字符设为 ~（可见的半角字符）。图 2－6 中的两根竖线是为了理解而后添加的辅助线。

此时各列按照表格的形式对齐了，但填充字符影响阅读体验，将前两列中的全角波浪线和半破折号全部替换为全角空格，将第三列中的半角波浪线替换为半角空格（默认值可以省略），如图 2-7 所示。

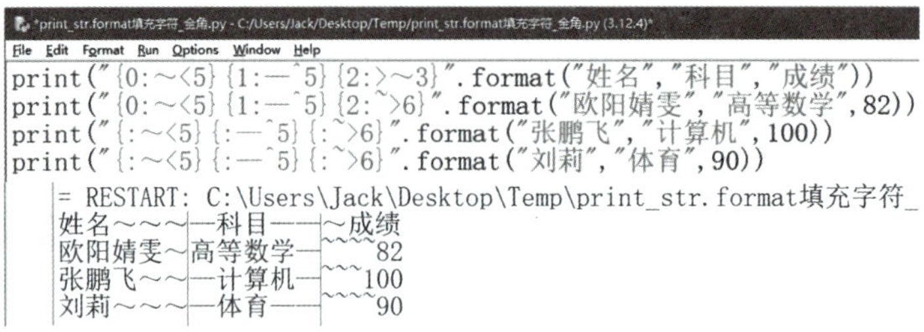

```
*print_str.format填充字符_全角.py - C:/Users/Jack/Desktop/Temp/print_str.format填充字符_全角.py (3.12.4)*
File Edit Format Run Options Window Help
print("{0:～<5}{1:—^5}{2:>～3}".format("姓名","科目","成绩"))
print("{0:～<5}{1:—^5}{2:~>6}".format("欧阳婧雯","高等数学",82))
print("{:～<5}{:—^5}{:~>6}".format("张鹏飞","计算机",100))
print("{:～<5}{:—^5}{:~>6}".format("刘莉","体育",90))
= RESTART: C:\Users\Jack\Desktop\Temp\print_str.format填充字符_
姓名～～～—科目——～成绩
欧阳婧雯～高等数学—~~~~82
张鹏飞～～—计算机—~~~100
刘莉～～～—体育——~~~~90
```

图 2-6　str.format 输出用全角字符作为填充字符

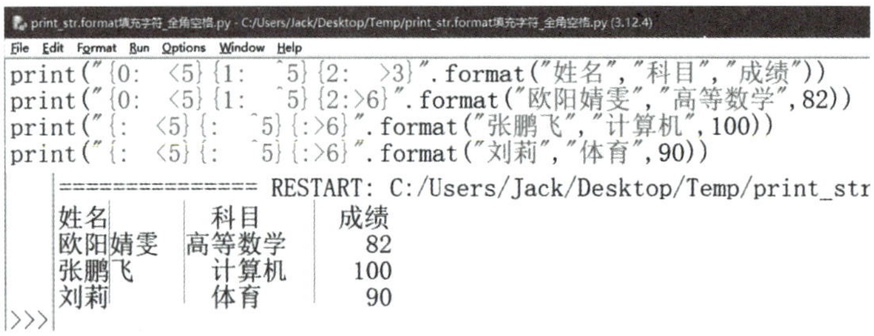

```
print_str.format填充字符_全角空格.py - C:/Users/Jack/Desktop/Temp/print_str.format填充字符_全角空格.py (3.12.4)
File Edit Format Run Options Window Help
print("{0:　<5}{1:　^5}{2:　>3}".format("姓名","科目","成绩"))
print("{0:　<5}{1:　^5}{2:>6}".format("欧阳婧雯","高等数学",82))
print("{:　<5}{:　^5}{:>6}".format("张鹏飞","计算机",100))
print("{:　<5}{:　^5}{:>6}".format("刘莉","体育",90))
=============== RESTART: C:/Users/Jack/Desktop/Temp/print_str
姓名　　　　　　科目　　　成绩
欧阳婧雯　　高等数学　　　82
张鹏飞　　　　计算机　　　100
刘莉　　　　　体育　　　　90
>>>
```

图 2-7　str.format 输出用全角空格作为填充字符

5）数字格式　数字格式字符用于设置整型(b,d,o,x,X,c)和浮点型(e,E,f,%)数值的输出格式。在浮点型格式字符前可以用“.n”限定小数位数（默认为6位）。例如：

```
>>> print("{0}的二进制为{0:b}、八进制为{0:o}、十进制为{0:d}、十六进制为{0:x}或{0:X}、对应 ASCII 字符为{0:c}".format(90))
90 的二进制为 1011010、八进制为 132、十进制为 90、十六进制为 5a 或 5A、对应 ASCII 字符为 Z
>>> print("{0}的科学计数法为{0:e}或{0:E}、浮点形式为{0:f}、百分比形式为{0:%}".format(12.3))
12.3 的科学计数法为 1.230000e+01 或 1.230000E+01、浮点形式为 12.300000、百分比形式为 1230.000000%
>>> print("我的身高{:.2f}米,体重{:.1f}千克,超过了班里{:.2%}男生的身高".format(1.785,75,0.726))
我的身高 1.78 米,体重 75.0 千克,超过了班里 72.60% 男生的身高
```

（2）用 f-string 进行格式化输出　f-string 是 Python 3.6 引入的一种对 strformat()进行简化的格式化输出方法。①在格式区{}中将*输出项序号*替换为变量或表达式；②在格式字符串前添加英文字符 f；③在格式区中直接显示变量或表达式的值。如图 2-8 所示。 微课 2

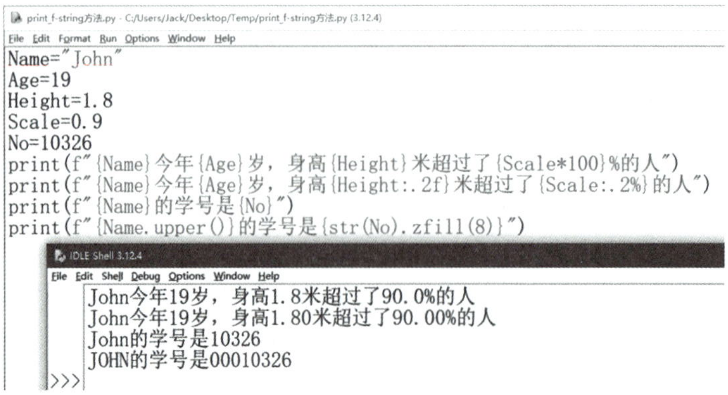

```
print_f-string方法.py - C:/Users/Jack/Desktop/Temp/print_f-string方法.py (3.12.4)
File Edit Format Run Options Window Help
Name="John"
Age=19
Height=1.8
Scale=0.9
No=10326
print(f"{Name}今年{Age}岁，身高{Height}米超过了{Scale*100}%的人")
print(f"{Name}今年{Age}岁，身高{Height:.2f}米超过了{Scale:.2%}的人")
print(f"{Name}的学号是{No}")
print(f"{Name.upper()}的学号是{str(No).zfill(8)}")

IDLE Shell 3.12.4
File Edit Shell Debug Options Window Help
John今年19岁，身高1.8米超过了90.0%的人
John今年19岁，身高1.80米超过了90.00%的人
John的学号是10326
JOHN的学号是00010326
>>>
```

图 2-8　f-string 格式化输出

（3）用%占位符进行格式化输出　%占位符是 Python 内置的类似传统 C 语言的格式化输出方法，语法如下：🔲微课 3

格式字符串%（输出项）

其中，格式字符串是输出格式的模板，包含固定显示的字符串和动态显示的格式说明符，常见格式说明符如表 2-1 所示。

输出项是格式字符串中占位符实际显示的内容，多个输出项之间用英文半角逗号分隔，各输出项与对应格式说明符的顺序和数量要保持一致，当只有一个输出项时()可省略不写。

表 2-1　常用格式说明符

| 格式说明符 | 对应输出数据类型 | 格式说明符 | 对应输出数据类型 |
|---|---|---|---|
| %s | 字符串 | %% | 百分比 |
| %d | 整数 | %c | 单个字符 |
| %f 或%F<br>%.nf 或%.nF | 浮点数（保留 6 位小数）<br>浮点数（保留 n 位小数） | %o | 八进制数 |
| %e 或%E | 指数 | %x 或%X | 十六进制数（小写或大写） |

```
>>> name = "歼-20"
>>> weight = 37
>>> speed = 2.2
>>> print("我国第五代隐身战斗机%s 成功研制"%name)    #只有一个输出项 name
我国第五代隐身战斗机歼-20 成功研制
>>> print("%s 的最大起飞重量%d 吨,最高速度%f 马赫"%(name,weight,speed))    #有三个输出
项 name,weight,speed
歼-20 的最大起飞重量 37 吨,最高速度 2.200000 马赫
>>> print("%s 的最高速度为%.2f 马赫"%(name,speed))    #限定 2 位小数
歼-20 的最高速度为 2.20 马赫
>>> print("本次竞选%s 的得票率为百分之%.2f"%("张鹏飞",25/32 * 100))
本次竞选张鹏飞的得票率为百分之 78.12
>>> print("本次竞选%s 的得票率为%.2f%%"%("张鹏飞",25/32 * 100))
本次竞选张鹏飞的得票率为 78.12%
```

【例 2-1】中药材甘草中富含黄酮类化合物，如表 2-2 所示，它们具有抗肿瘤、抗炎、抗病毒等多种药理作用。利用 input 函数输入甘草中光甘草定（glabridin）、甘草素（liquiritigenin）和异甘草苷（isoliquiritin）的分子质量（MW）和口服生物利用度（OB）数据，并用 str.format 方法进行格式化输出，结果如图 2-9 所示。

要求：成分名称占 15 个字符左对齐；分子质量占 8 个字符居中对齐，保留 1 位小数；口服生物利用度占 6 个字符右对齐，保留 2 位小数。

表 2-2　黄酮类活性成分信息

| Molecule Name | MW | OB （%） |
|---|---|---|
| glabridin | 324.4 | 53.3 |
| liquiritigenin | 256.27 | 32.7 |
| isoliquiritin | 418.43 | 8.61 |

```
name1 = "glabridin"
name2 = "liquiritigenin"
name3 = "isoliquiritin"
mw1 = eval(input("请输入"+name1 +"的分子质量:"))
ob1 = eval(input("请输入"+name1 +"的口服生物利用度:"))
mw2 = eval(input("请输入"+name2 +"的分子质量:"))
ob2 = eval(input("请输入"+name2 +"的口服生物利用度:"))
mw3 = eval(input("请输入"+name3 +"的分子质量:"))
ob3 = eval(input("请输入"+name3 +"的口服生物利用度:"))
print("{:<15}{:^8}{:>8}".format("Molecule Name","MW","OB(%)"))
print("{:<15}{:^8.1f}{:>8.2f}".format(name1,mw1,ob1))
print("{:<15}{:^8.1f}{:>8.2f}".format(name2,mw2,ob2))
print("{:<15}{:^8.1f}{:>8.2f}".format(name3,mw3,ob3))
```

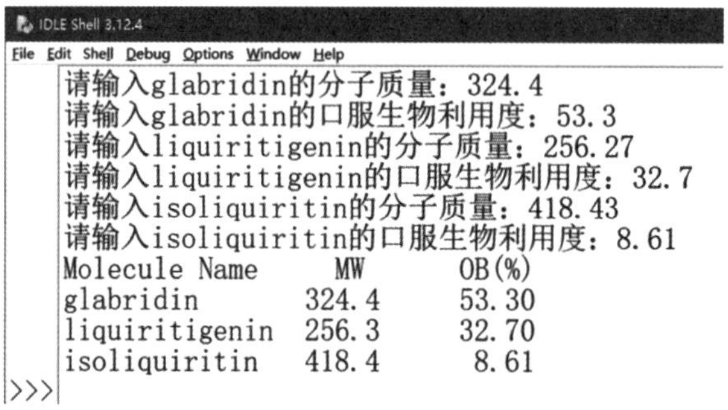

图 2-9    str.format 格式化输出结果

# 2.5 数值

## 2.5.1 数据的分类和类型

计算机处理的对象称为数据，包括数值、字符串、列表等。程序设计语言根据不同数据的特点将其定义为不同的数据类型，支持不同的运算。Python 的数据类型包括内置数据类型和用户自定义数据类型。内置数据类型可以在程序中直接使用，常见的内置数据类型如表 2-3 所示。本节主要学习数值与字符串类型数据的运算与操作。

表 2-3    内置数据类型

| 分类 | 数据类型 | 关键字 | 示例 |
|---|---|---|---|
| 数值 | 整型 | int | 123，-456 |
| | 浮点型 | float | 123.0，456.78，1.1E10，-3e-4 |
| | 复数型 | complex | 3+4j，-2+3.4j |
| | 布尔型 | bool | 取值 True 或 False（在算术运算中 True 和 False 分别视为 1 和 0；在条件表达式中数值 0、空字符串、空列表等空对象视为 False，非零、非空对象视为 True） |

续表

| 分类 | 数据类型 | 关键字 | 示例 |
|------|---------|--------|------|
| 有序序列 | 字符串型 | str | "A","123","Hello Python!","歼 – 20" |
| | 列表 | list | [23,46]，["李明",19,True] |
| | 元组 | tuple | (23,46)，("李明",19,True) |
| 无序组合 | 集合 | set | {23,46}，{"China","America"}，{"李明",19,True} |
| | 字典 | dict | {24101:"李明",24102:"赵颖"} |

说明：①整型数据的大小（值域）没有限制（只受本机内存大小的控制）。
　　　②浮点型数据的精度与系统有关（按 IEEE754 标准可达 17 位有效数字）。
　　　③复数型数据的虚部用 j（或 J）标识，不能使用 i 或 I。

## 2.5.2 内置的算术运算

Python 提供了丰富的算术运算功能，常用的算术运算符如表 2-4 所示。

表 2-4　Python 内置的算术运算

| 运算符 | 描述 | 优先级 | 示例 | 备注 |
|--------|------|--------|------|------|
| ** | 乘方（幂运算） | 1 | 3 ** 2 返回 9<br>3.0 ** 2 返回 9.0 | 结果的数据类型取两个操作数中精度较高的一个 |
| – | 负号 | 2 | 若 a = 3，–a 返回 –3<br>–3 ** 2 返回 –9 | 单目运算符，对操作数正负取反 |
| * | 乘 | 3 | 2 * 3 返回 6<br>2 * 3.0 返回 6.0 | 结果的数据类型取两个操作数中精度较高的一个 |
| / | 除（实数除） | 3 | 11/4 返回 2.75<br>8/4 返回 2.0<br>–11/4 返回 –2.75 | 结果一律为浮点型 |
| // | 整除 | 3 | 11//4 返回 2<br>11//4.0 返回 2.0<br>–11//4 返回 –3 | 结果的数据类型取两个操作数中精度较高的一个；结果为实数除法的商退位取整 |
| % | 取余 | 3 | 11 % 4 返回 3<br>23.25 % 7 返回 2.25<br>–11 % 4 返回 1 | 结果的数据类型取两个操作数中精度较高的一个；x%y 的结果和 y 的符号相同 |
| + | 加 | 4 | 3 +4.5 返回 7.5<br>3 +4 返回 7 | 结果的数据类型取两个操作数中精度较高的一个 |
| – | 减 | 4 | 12–1.4 返回 10.6<br>12–2 返回 10 | 结果的数据类型取两个操作数中精度较高的一个 |

Python 中所有的双目运算符（ + 、 – 、 * 、/ 、// 、% 、 ** ）都可以和赋值运算符结合，构成复合赋值运算符实现简化书写，如表 2-5 所示。

注意：复合赋值运算符的两个运算符中间不能有空格！

表 2-5　常用的复合赋值运算符

| 运算符 | 描述 | 示例 |
|--------|------|------|
| += | 加法赋值 | a+= b 等效于 a = a + b |
| –= | 减法赋值 | a –= b 等效于 a = a – b |
| *= | 乘法赋值 | a *= b 等效于 a = a * b |
| /= | 除法赋值 | a/= b 等效于 a = a/b |
| //= | 整除赋值 | a//= b 等效于 a = a//b |
| %= | 取模赋值 | a%= b 等效于 a = a%b |
| **= | 幂运算赋值 | a **= b 等效于 a = a ** b |

书写算术运算表达式时，需要注意以下几点。

1）表达式中乘号不能省略。a = 1*2、b = 12；x = a*b、x = ab 这些写法具有不同的含义。当乘号被省略时，12 是一个整数，ab 是一个变量名。

2）算术运算符具有优先级，优先级顺序如表 2-4 所示。相同优先级的运算符自左向右依次计算。

3）小括号可以改变表达式中运算符的优先级，小括号的优先级比所有运算符都高。左右括号必须成对出现，小括号可以多层嵌套。

【例 2-2】营业员需找给用户 x 元，目前只有 50 元、5 元、1 元三种面值的纸币。哪种面值的组合找给用户的纸币数量最少？运行结果如图 2-10 所示。

分析：先用最大面值的纸币进行支付，然后再用稍小面值的支付，如此反复可以达到纸币数量最少的目的。因此本题就转换为 x 包含多少个 50 的倍数，余数中包含多少个 5 的倍数，余数包含多少个 1 的倍数。

```
x = eval(input("输入需要找给用户的金额:"))    #假如用户输入 287
m50 = x//50    #变量 m50 表示 50 元面额的纸币数量 5
x = x%50    #剩余金额 37
m5 = x//5    #变量 m5 表示 5 元面额的纸币数量 7
x = x%5    #剩余金额 2
m1 = x    #变量 m1 表示 1 元面额的纸币数量 2
print("50 元面额的张数:",m50)
print("5 元面额的张数:",m5)
print("1 元面额的张数:",m1)
```

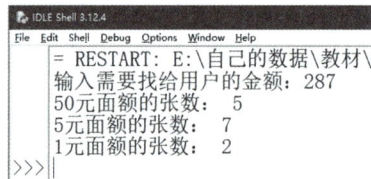

图 2-10　用最少纸币数量找钱

### 2.5.3 常用的内置数值函数

程序设计语言是否功能完善、易用，一定程度上取决于其提供的函数数量和功能。Python 除了可以调用的海量第三方库函数，还提供了基本的内置函数，表 2-6 列出了重要的内置数值函数，可以通过 help(函数名)查看某个函数的功能说明和具体用法。

表 2-6　内置数值函数

| 函数 | 描述 | 示例 |
| --- | --- | --- |
| abs(x) | 返回 x 的绝对值 | abs(−3.4)返回 3.4 |
| pow(x,y[,z]) | 返回(x ** y)% z,z 省略时就是 x ** y | pow(5,2)返回 25<br>pow(5,2.0)返回 25.0<br>pow(5,2,7)返回 4<br>pow(5,2,−7)返回 −3 |

右上角：续表

| 函数 | 描述 | 示例 |
|---|---|---|
| round(x[,n]) | 对 x 四舍五入（保留 n 位小数），n 省略时四舍五入取整数<br>取整时遇到 .5 遵循"向偶数靠拢、奇进偶不进"的原则，<br>但保留小数位时此原则不适用 | round(1.49999) 返回 1<br>round(2.50001) 返回 3<br>round(1.5) 返回 2<br>round(2.5) 返回 2<br>round(3.45,1) 返回 3.5<br>round(3.65,1) 返回 3.6 |
| int(x) | 截取整数部分取整<br>直接丢弃小数部分 | int(2.9) 返回 2<br>int(−2.9) 返回 −2 |
| sum(literable[,start]) | 返回求和结果。iterable 为列表、集合等可迭代对象；start<br>为累加器初始值（默认为 0） | sum([1,2,3]) 返回 6<br>sum(range(1,6,2),10) 返回 19 |
| max(x₁,⋯,xₙ[,key=func]) | 返回可迭代对象或多参数列表中的最大值，func 为排序<br>依据 | max(6,−7,4) 返回 6<br>max(6,−7,4,key=abs) 返回 −7<br>max(range(−4,4,2)) 返回 2 |
| min(x₁,⋯;xₙ[,key=func]) | 返回可迭代对象或多参数列表中的最小值，func 为排序<br>依据 | min(6,−7,4,key=abs) 返回 4<br>min(range(−4,4,2)) 返回 −4<br>min(range(−4,4,2),key=abs) 返回 0 |
| divmod(x,y) | 返回由(x//y,x%y)构成的元组 | divmod(20,6) 返回(3,2)<br>divmod(−20,6) 返回(−4,4)<br>divmod(30.5,6) 返回(5.0,0.5)<br>divmod(−30.5,6) 返回(−6.0,5.5) |

## 2.5.4 math 库

Python 将常用的数学计算功能汇总到了内置的 math 库中，它提供了表 2-7 所示的数学常数和几十个函数（包括表 2-8 所示的数值运算函数，表 2-9 所示的数值表示函数，表 2-10 所示的幂对数函数，表 2-11 所示的三角对数函数、高等函数等）。在程序中使用 math 库中的常数或函数之前，需要先通过关键字 import 将 math 库导入。

注意：math 库只支持整数和浮点数运算，不支持复数运算。如果涉及复数作为参数，请导入 cmath 库后使用该库中的同名函数。

表 2-7　math 库中主要的数学常数

| 常数 | 数学形式 | 描述 |
|---|---|---|
| pi | $\pi$ | 圆周率，值为 3.141592653589793 |
| e | e | 自然常数，值为 2.718281828459045 |
| inf | $\infty$ | 正无穷大，负无穷大为-inf |
| nan | | 没有数值的浮点数标记(Not a Number)<br>例如身高为 float 类型，某人的身高未知，未录入时应该是 nan（浮点型空值）而不能是""（字符型空值）<br>可以通过 isnan() 函数判断是否为 nan |

表 2-8　math 库中常用的数值运算函数

| 函数 | 数学形式 | 描述 | 示例（前提 from math import ∗） |
|---|---|---|---|
| fabs(x) | \|x\| | 返回 x 的绝对值<br>返回值为浮点型 | fabs(−6.2) 返回 6.2<br>fabs(−6) 返回 6.0 |
| ceil(x) | $\lceil x \rceil$ | 向上取整<br>返回≥x 的最小整数 | ceil(3.1)、ceil(3.9)均返回 4<br>ceil(−3.5)返回 −3，ceil(3)返回 3 |

续表

| 函数 | 数学形式 | 描述 | 示例（前提 from math import ＊） |
|---|---|---|---|
| floor(x) | $\lfloor x \rfloor$ | 向下取整<br>返回≤x 的最大整数 | floor(3.1)、floor(3.9)均返回 3<br>floor(−3.5)返回 −4，floor(3)返回 3 |
| trunc(x) | | 截取整数部分取整<br>直接丢弃小数部分 | trunc(2.9)返回 2<br>trunc(−2.9)返回 −2 |
| modf(x) | | 返回 x 的小数部分和整数部分构成的元组<br>元组的元素为浮点型 | modf(2.3)返回(0.2999999999999998,2.0)<br>modf(2.75)返回(0.75,2.0)<br>modf(5)返回(0.0,5.0) |
| fmod(x,y) | | 返回 x 除以 y 的浮点型余数。 | fmod(11,4)返回 3.0<br>fmod(−11,4)返回 −3.0 |
| factorial(x) | x! | 返回整数 x 的阶乘，类型为整型 | factorial(5)返回 120 |
| gcd(x,y) | | 返回整数 x、y 的最大公约数，类型为整型 | gcd(12,18)返回 6 |
| fsum([x,y,…]) | x + y + ⋯ | 求可迭代对象元素的和，类型为浮点型 | fsum([2,4,6])返回 12.0<br>fsum(range(2,5,2))返回 6.0 |

说明：fmod(x,y)与 x%y 虽然都是除法取余，但计算方法不同。fmod(−11,4)通过 trunc(−2.75)得到商的整数部分 −2，然后取余数为 −3.0；−11%4 通过 floor(−2.75)得到商的整数部分 −3，然后取余数为 1。

表 2−9　math 库中常用的数值表示函数

| 函数 | 描述 | 示例（前提 from math import ＊） |
|---|---|---|
| isclose(a,b) | 比较 a、b 从计算机精度层级上判断是否相等，返回 True 或 False；<br>允许两数差值的级别为 1e-10；<br>浮点数计算误差级别通常为 1e-16 | 2.3−2 = 0.2999999999999998<br>isclose(2.3−2,2)返回 True<br>isclose(0.2,0.200000001)返回 False<br>isclose(0.2,0.2000000001)返回 True |
| isfinite(x) | x 为有限值返回 True，x 为无限大返回 False | isfinite(1234567890)返回 True<br>isfinite(float("inf"))返回 False |
| isinf(x) | x 为正无穷大或负无穷大返回 True | isinf(1234567890)返回 False<br>isinf(float("inf"))返回 True |
| isnan(x) | x 是 NaN(Not a Number)返回 True,否则返回 false | 通常用 isnan()判断数值字段是否为空<br>用 isnull()判断字符型字段是否为空 |

表 2−10　math 库中常用的幂对数函数

| 函数 | 数学形式 | 描述 | 示例（前提 from math import ＊） |
|---|---|---|---|
| pow(x,y) | $x^y$ | 返回 x 的 y 次幂，类型为浮点型 | math 库中的 pow(2,3)返回 8.0<br>内置函数中的 pow(2,3)返回 8<br>math 库导入后，math.pow()优先执行 |
| sqrt(x) | $\sqrt{x}$ | 返回 x(x≥0)的浮点型平方根 | sqrt(25)返回 5.0 |
| log2(x) | $\log_2 x$ | 返回以 2 为底 x 的对数，类型为浮点型 | log2(16)返回 4.0 |
| log10(x) | lgx | 返回以 10 为底 x 的对数，类型为浮点型 | log10(100)返回 2.0 |
| log(x[,base]) | $\log_{base} x$ | 返回以 base 为底 x 的对数（默认以 e 为底） | log(10) = 2.302585092994046<br>log(9,3) =2.0 |
| exp(x) | $e^x$ | 返回 e 的 x 次幂(e 为自然常数) | exp(2)返回 7.38905609893065 |

表 2-11　math 库中常用的三角函数

| 函数 | 数学形式 | 描述 | 示例（前提 from math import ＊） |
|---|---|---|---|
| degrees(x) | | 返回弧度 x 对应的角度值，浮点型 | degrees(pi) 返回 180.0 |
| radians(x) | | 返回角度 x 对应的弧度值，浮点型 | radians(180) 返回 3.141592653589793 |
| sin(x) | sinx | 返回弧度值为 x 的正弦函数值 | sin(30/180 ＊ pi) 返回 0.5 |
| cos(x) | cosx | 返回弧度值为 x 的余弦函数值 | cos(60/180 ＊ pi) 返回 0.5 |
| tan(x) | tanx | 返回弧度值为 x 的正切函数值 | tan(45/180 ＊ pi) 返回 1.0 |
| asin(x) | arcsinx | 数值 x 的反正弦函数值（结果为弧度） | asin(0.5) 返回 0.5235987755982989(π/6) |
| acos(x) | arc cosx | 数值 x 的反余弦函数值（结果为弧度） | acos(0.5) 返回 1.0471975511965979(π/3) |
| atan(x) | arc tanx | 数值 x 的反正切函数值（结果为弧度） | atan(1) 返回 0.7853981633974483(π/4) |
| hypot(x,y,[z]) | $\sqrt{x^2+y^2+z^2}$ | 坐标点(x,y,z)到原点(0,0,0)的距离 | hypot(3,4) 返回 5.0<br>hypot(3,4,12) 返回 13.0 |

【例 2-3】输入三角形的三个边长（假定输入的边长满足构成三角形的条件），计算三角形的面积、周长、最长边和最短边。计算结果保留 2 位小数。

分析：如果 a，b，c 为三角形的三个边长，则三角形的面积计算公式为：

$$S = \sqrt{p(p-a)(p-b)(p-c)}，其中 p = \frac{a+b+c}{2}$$

```python
from math import  ＊
a = eval(input("请输入三角形的边长 a:"))
b = eval(input("请输入三角形的边长 b:"))
c = eval(input("请输入三角形的边长 c:"))
p = (a + b + c)/2
s = sqrt(p * (p - a) * (p - b) * (p - c))
print(f'三角形的三条边长为 a = {a:.2f},b = {b:.2f},c = {c:.2f}')
print(f'三角形的面积为 S = {s:.2f}')
print(f'三角形的周长为 L = {a + b + c:.2f}')
print(f'三角形的最长边为:{max(a,b,c):.2f}')
print(f'三角形的最短边为:{min(a,b,c):.2f}')
```

# 2.6 字符串

## 2.6.1 字符串的概念

字符串是指使用引号（单引号或双引号）括起来的内容，本质是字符序列（有序的字符集合）。例如："Python 程序设计基础"，'19491001'等。字符串的定义有多种方法，以适应字符串中包含各种字符的情况。

**1. 用单引号(')定义**　字符串内可以包含双引号及换行符、制表符等特殊字符。

```python
>>> a = '中国 China '
>>> print(a)
中国 China
```

```
>>> b ='单引号字符串中可包含"英文"双引号,"中文标点"无语法意义随便使用'
>>> print(b)
单引号字符串中可包含"英文"双引号,"中文标点"无语法意义随便使用
>>> c ='单引号字符串中不能再有'英文'单引号'
SyntaxError:invalid syntax
```

**2. 用双引号（""）定义**　字符串内可以包含单引号及换行符、制表符等特殊字符。

```
>>> c ="双引号字符串中可以包含'英文'单引号"
>>> print(c)
双引号字符串中可以包含'英文'单引号
>>> c ="双引号字符串中不能再有"英文"双引号"
SyntaxError:invalid syntax
```

**3. 用三个单引号（''' '''）定义**　字符串内可以包含单引号、双引号、三双引号、换行符、制表符等特殊字符，还可以跨行。

**4. 用三个双引号（""" """）定义**　字符串内可以包含单引号、双引号、三单引号、换行符、制表符等特殊字符，还可以跨行。

```
>>> a ='''众所周知,'黄河'是我们的"母亲河",历史悠久。'''
>>> print(a)
众所周知,'黄河'是我们的"母亲河",历史悠久。
>>> b ='''单双三引号中可以包含制表符\t 换行符\n 等转义字符'''
>>> print(b)
单双三引号中可以包含制表符　　换行符
等转义字符
>>> c ="""单双三引号也可以
包含多行信息
直接回车即可"""
>>> print(c)
单双三引号也可以
包含多行信息
直接回车即可
```

## 2.6.2 索引和切片

**1. 索引**　序列是指可迭代的、元素有序排列的容器类型数据，常见的序列包括字符串（str）、列表（list）、元组（tuple）等。序列中的每个元素都有标识自己位置的编号，称为索引（index）。

Python 提供两种对序列中的元素进行索引的方式：正向递增索引和反向递减索引。正向递增的索引值左侧从 0 开始，反向递减的索引值右侧从 –1 开始。如图 2–11 所示。

字符串索引的语法格式为：

字符串变量[索引值]

利用字符串索引可以访问字符串序列中的任意元素，例如：

```
>>> s ="I like Python"
>>> print(s[0],s[-1],s[7],s[-6])
I n P P
```

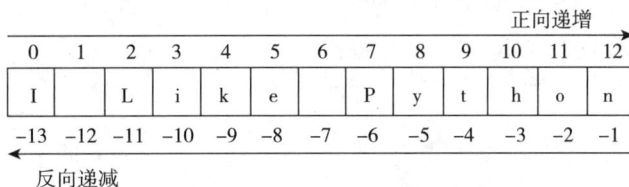

图 2-11　字符串索引的两种排序方式

**2. 切片**　利用索引对字符串中部分字符进行区间访问的方式称为"切片"，语法为：

$$字符串变量[start:end:step]$$

（1）start 和 end 分别代表切片开始位置的索引值和结束位置的索引值。

（2）切片结果中包含 start 不包含 end，即[start,end)。

（3）start 缺省表示从头开始取，end 缺省表示取到最后，两者均缺省表示取整个字符串。

（4）step 代表步长，不能为 0，默认值为 1。

（5）当 step > 0 时，切片内容自左向右取，start 必须位于 end 的左侧；当 step < 0 时，切片内容自右向左取，start 必须位于 end 的右侧；否则切片结果为空。

```
>>> s = "I like python"
>>> print(s[3:4])
i
>>> print(s[2:6:1],s[2:6],s[-11:-7],s[2:-7],s[-11:6])
like like like like like
>>> print(s[3:2],s[-7:-11],s[3:3])    #切片结果均为空

>>> print(s[:6])   #start 缺省代表从头开始取
I like
>>> print(s[2:])   #end 缺省代表取到字符串末尾
like python
>>> print(s[:])    #start 和 end 同时缺省代表取出全部内容
I like python
>>> print(s[5:1:-2])   #步长为负,从右向左;每隔一个字符取一个
ei
>>> print(s[::-1])    #从右向左取出所有字符,可实现字符串的"逆序"
nohtyp ekil I
>>> print(s[0:10:2])   #依次取索引值为 0,2,4,6,8 的 5 个字符,不包含 10
Ilk y
```

【例 2-4】用户输入 1 ~ 12 之间的整数，系统自动输出该月 3 个字母的英文缩写。

分析：构造变量 months = "JanFebMarAprMayJunJulAugSepOctNovDec"，该字符串由 12 个月份的缩写

构成；月份 n 和对应切片起始字符索引值的对应关系为 1~0、2~3、3~6……，归纳得出 n 与切片起始字符索引值之间的对应规律为：n~(n-1)∗3。即：月份 n 对应的切片为 months[p:p+3]，其中 p=(n-1)∗3。

```
months = "JanFebMarAprMayJunJulAugSepOctNovDec"
n = eval(input("请输入 1~12 之间的一个整数:"))
p = (n-1)*3
abbr = months[p:p+3]
print(abbr)
```

程序运行结果为：

```
请输入 1~12 间的一个整数:2
Feb
```

## 2.6.3 内置的字符串运算符

Python 提供了 3 种字符串运算符，如表 2-12 所示，实现字符串的拼接、复制等操作。

表 2-12　字符串基本运算符

| 运算符 | 描述 | 示例 |
| --- | --- | --- |
| + | 字符串拼接 | "AB"+"123" 返回'AB123' |
| * | 字符串复制 | "Dog"*3 或 3*"Dog"，返回'DogDogDog' |
| in | 判断是否为子串<br>注意区分大小写 | "arm" in "Pharmaceutical" 返回 True<br>"mice" in "Pharmaceutical" 返回 False<br>"ph" in "Pharmaceutical" 返回 False |

字符串不能参与算数运算，由纯数字构成的数值型字符串也不能。如果想对数值型字符串（例如用户通过 input 函数录入的年龄、身高等信息）执行算数运算，需要先通过 eval()、int()、float()等函数转换为数值型。

## 2.6.4 内置的字符串处理函数

Python 提供了用于字符串处理功能的内置函数，常用的函数如表 2-13 所示。

表 2-13　常用内置字符串处理函数

| 函数 | 描述 | 示例 |
| --- | --- | --- |
| len(x) | 返回字符串 x 的长度(字符个数) | len("Beagle") 返回 6 |
| str(x) | 将任意类型 x 转换为字符串类型 | str(253) 返回"253"<br>str(True) 返回'True' |
| chr(x) | 返回 Unicode 编码 x 对应的字符 | chr(65) 返回"A" |
| ord(x) | 返回字符 x 对应的 Unicode 编码值 | ord("A") 返回 65<br>ord("国") 返回 22269 |
| hex(x) | 将十进制整数 x 转换为"0x"开头的十六进制字符串 | hex(26) 返回'0x1a' |
| oct(x) | 将十进制整数 x 转换为"0o"开头的八进制字符串 | oct(26) 返回'0o32' |
| bin(x) | 将十进制整数 x 转换为"0b"开头的二进制字符串 | bin(20) 返回'0b10100' |
| int(x,base) | 将 base 进制的 x 转换为十进制的整数(x 为数值型字符串不能包含小数) | int("1A",16) 返回 26 |

## 2.6.5 内置的字符串处理方法

Python 为字符串对象提供了大量的内置方法，用于字符串的检测、替换和排版等操作。与数值对象一样，字符串对象也属于不可变对象。所谓对字符串进行修改，本质是原字符串不变，返回操作结果的新字符串。字符串方法调用的语法格式为：

字符串变量 . 方法名(参数)

**1. 字符串查找类方法**　常见的字符串查找类方法如表 2-14 所示，假设 s = "Pharmaceutical"。可选参数表示在切片 str[start,end] 中操作。

表 2-14　字符串查找类方法

| 方法 | 描述 | 示例 |
|---|---|---|
| str.find(sub[,start[,end]]) | 返回 sub 在 str 中首次出现位置的索引值，不存在时返回-1 | s.find("arm") 返回 2<br>s.find("Arm") 返回-1 |
| str.rfind(sub[,start[,end]]) | 返回 sub 在 str 中最后一次出现位置的索引值，不存在返回-1 | s.rfind("a") 返回 12<br>s.rfind("a",1,6) 返回 5 |
| str.index(sub[,start[,end]]) | 功能同 find() 方法<br>区别：不存在时抛出异常 | s.index("arm") 返回 2<br>s.index("a",3,13) 返回 5<br>s.index("Arm") 抛出异常 |
| str.rindex(sub[,start[,end]]) | 功能同 rfind() 方法<br>区别：不存在时抛出异常 | s.rindex("a") 返回 12<br>s.rindex("a",1,6) 返回 5 |
| str.count(sub[,start[,end]]) | 返回 sub 在 str 中出现的次数，<br>不存在返回 0 | s.count("a") 返回 3<br>s.count("M") 的返回 0<br>s.count("a",1,6) 返回 2 |

**2. 字符串分隔与连接类方法**　常见的字符串分隔与连接类方法如表 2-15 所示，假设 s = "Pharmaceutical"。

表 2-15　字符串分隔与连接类方法

| 方法 | 描述 | 示例 |
|---|---|---|
| str. split([delimiter[,maxsplit]]) | 根据指定分隔符（默认为空格）和最大分隔次数（默认值-1 表示次数不限），将 str 从左向右分隔为列表 | 'I loveChina'.split() 返回['I','love','China']<br>'2,4,6,8'.split(',') 返回['2','4','6','8']<br>'2,4,6,8'.split(',',2) 返回['2','4','6,8'] |
| str.rsplit([delimiter[,maxsplit]]) | 根据指定分隔符（默认为空格）和最大分隔次数（默认值-1 表示次数不限），将 str 从右向左分隔为列表 | 'I love China'.rsplit() 返回['I','love','China']<br>'2,4,6,8'.rsplit(',') 返回['2','4','6','8']<br>'2,4,6,8'.rsplit(',',2) 返回['2,4','6','8'] |
| str. splitlines([keepends = True]) | 用换行符对 str 进行分隔，每行作为列表的一个元素，keepends = True 时，保留换行符"\n" | s='豚鼠\n 大鼠\n 小鼠'<br>s.splitlines() 返回['豚鼠','大鼠','小鼠']<br>s.splitlines(keepends = True) 返回['豚鼠\n ','大鼠\n ','小鼠'] |
| delimiter. join(iterable) | 将列表等可迭代对象的元素，用指定分隔符拼接为一个大字符串。可迭代对象的元素必须为 str 型，否则抛出异常 | ':'.join(['8','5','30']) 返回'8:5:30'<br>':'.join([8,5,30]) 报错（非 str 型元素） |
| str. partition(delimiter) | 从左端第 1 个分隔符处分隔，返回由分隔符之前、分隔符、分隔符之后三部分构成的元组。分隔符不存返回(str,"","") | '2,4,6'.partition(',') 返回('2',',','4,6')<br>'2,4,6'.partition(':') 返回('2,4,6',''," ") |
| str. rpartition(delimiter) | 从右端第 1 个分隔符处分隔,返回由分隔符之前、分隔符、分隔符之后三部分构成的元组。分隔符不存返回("","",str) | '2,4,6'.rpartition(',') 返回('2,4',',','6')<br>'2,4,6'.rpartition(':') 返回("","",'2,4,6') |

说明：

1）split 和 rsplit 方法中省略 delimiter 参数时，以空格为分隔符，此时连续的空格视为一个空格，且忽略首尾的空格。例如：
" 2 4　　8　". split() 采用系统默认参数返回['2','4','8']

" 2    4    8    ".split(" ")采用指定的空格作为参数返回['','2','4','','8','','']

2）没有 maxsplit 参数时，split 和 rsplit 功能相同，有分隔次数限制时，split 从左端开始分隔，rsplit 从右端开始分隔。

3）分隔符 delimiter 既可以是 1 个字符，也可以是字符组合，还可以是转义字符（\t、\n、\r 等）。例如：

"2—>4—>8".split("—>")用字符组合"—>"进行分隔返回['2','4','8']

"2\n4\n8".split("\n")用回车符"\n"进行分隔返回['2','4','8']

**3. 字符串大小写转换类方法**  常见的字符串大小写转换类方法如表 2-16 所示，假设 s = " i LIKE python"。

表 2-16  字符串大小写转换类方法

| 方法 | 描述 | 示例 |
| --- | --- | --- |
| str.lower() | 将 str 全部转换为小写 | s.lower()返回'i like python' |
| str.upper() | 将 str 全部转换为大写 | s.upper()返回'I LIKE PYTHON' |
| str.capitalize() | 将 str 的第一个字符转换为大写，其余均小写 | s.capitalize()返回'I like python' |
| str.title() | 将 str 中每个单词的首字符大写，其余均小写 | s.title()返回'I Like Python'<br>"a 5-year-old girl".title()返回'A 5-Year-Old Girl' |
| str.swapcase() | 将 str 中所有字符进行大小写转换 | s.swapcase()返回'I like PYTHON' |

**4. 字符串删除与替换类方法**  常见字符串删除与替换类方法如表 2-17 所示。

表 2-17  字符串删除与替换类方法

| 方法 | 描述 | 示例 |
| --- | --- | --- |
| str.strip([chars]) | 返回将字符串 str 首尾部指定字符（默认为空格）去除后的结果；当 chars 包含多个字符时，删除首尾部 chars 中的所有字符 | '  2  4  8  '.strip()返回'2  4  8'<br>',,2,4,8,,,'.strip(',')返回'2,4,8'<br>y = 'www.sohu.com'<br>y.strip('om.wc')返回'sohu' |
| str.rstrip([chars]) | 返回将字符串 str 尾部指定字符（默认为空格）去除后的结果。其余规则同 strip 方法 | '  2  4  8  '.rstrip()返回'  2  4  8'<br>',,2,4,8,,,'.rstrip(',')返回',,2,4,8' |
| str.lstrip([chars]) | 返回将字符串 str 首部指定字符（默认为空格）去除后的结果。其余规则同 strip 方法 | ',,2,4,8,,,'.lstrip(',')返回'2,4,8,,,'<br>y = 'www.sohu.com'<br>y.lstrip('om.wc')返回'sohu.com' |
| str.replace(old,new[,count]) | 将字符串 str 中原有子字符串 old 用新子字符串 new 替换；count 为替换次数 | s = "DaDa"<br>s.replace("D","P")返回'PaPa'<br>s.replace("D","P",1)返回'PaDa' |

**5. 字符串内容判断类方法**  常见字符串内容判断类方法如表 2-18 所示。

表 2-18  字符串内容判断类方法

| 方法 | 描述 | 示例 |
| --- | --- | --- |
| str.islower() | 若 str 非空且英文字母均为小写返回 True，否则返回 False，非英文字母忽略 | "20 boys".islower()返回 True<br>"密码 fy@6.x".islower()返回 True |
| str.isupper() | 若 str 非空且英文字母均为大写返回 True，否则返回 False，非英文字母忽略 | "20 BOYS".isupper()返回 True<br>"20 Boys".isupper()返回 False |
| str.isspace() | 若 str 非空且所有字符均为空格返回 True，否则返回 False | "   ".isspace()返回 True<br>" A BC ".isspace()返回 False |
| str.istitle() | 若 str 非空且所有单词首字母均大写返回 True，否则返回 False，忽略独立的数字 | "I Like Python".istitle()返回 True<br>"A 5-Year Plan".istitle()返回 True<br>"A 5-year Plan".istitle()返回 False<br>"5 Years Old".istitle()返回 True |
| str.isdecimal() | 若 str 非空且所有字符都是十进制数字（包括半角和全角的 0 ~ 9）返回 True，否则返回 False。包含小数点不行 | "12345".isdecimal()返回 True<br>"12.3".isdecimal()返回 False |

续表

| 方法 | 描述 | 示例 |
|---|---|---|
| str.isdigit() | 若 str 非空且所有字符都是数字返回 True，否则返回 False。包括十进制数字（全半角 0~9）和单字节数字（bytes 类型）。包含小数点不行 | "12345".isdigit() 返回 True<br>str1 = b"123"（str1 为 bytes 类型）<br>str1.isdigit() 返回 True<br>"12.3".isdigit() 返回 False |
| str.isnumeric() | 若 str 非空且所有字符都是数字返回 True，否则返回 False。包括十进制数字（全半角 0~9）、罗马数字（Ⅱ）、中文数字（一二壹贰拾佰仟）。bytes 类型和小数点不行 | "12345".isnumeric() 返回 True<br>"Ⅲ四伍佰仟万".isnumeric() 返回 True<br>"12.3".isnumeric() 返回 False |
| str.isalpha() | 若 str 非空且由 Unicode 字符数据库中定义为字母的字符构成返回 True，否则返回 False。包括 26 个英文字母大小写、汉字、法语的 à 等。数字和标点符号不在其中 | "汉字 abAB 以及法语字符 à 等都是字母字符".isalpha() 返回 True<br>"歼 20 飞机".isalpha() 返回 False<br>"A,B".isalpha() 返回 False<br>"A，B".isalpha() 返回 False |
| str.isalnum() | 若 str 非空且所有字符都属于 isalpha 或 isnumeric 认可的字符返回 True，否则返回 False。小数点不行 | "歼 20 飞机".isalnum() 返回 True<br>"12Ⅲ四伍佰仟万".isnumeric() 返回 True<br>"12.3".isalnum() 返回 False |
| str.startswith(prefix [,start[,end]]) | 当 str 或 str[start,end] 以 prefix 开头时返回 True，否则返回 False | s = "神州 16 号飞船"<br>s.startswith("神州") 返回 True |
| str.endswith (suffix [,start[,end]]) | 当 str 或 str[start,end] 以 suffix 结尾时返回 True，否则返回 False | s = "神州 16 号飞船"<br>s.endswith("飞机") 返回 False |

**6. 字符串排版类方法**　常见字符串排版类方法如表 2-19 所示。

表 2-19　字符串排版类方法

| 方法 | 描述 | 示例 |
|---|---|---|
| str.center(width [,fillchar]) | 返回宽度为 width、两端由 fillchar 填充（默认为空格）、中间为 str 的新字符串；width≤len（str）时返回 str 本身 | "abc".center(7,"*") 返回'** abc **'<br>"abc".center(6,"*") 返回'* abc **'<br>"abc".center(6) 返回'  abc  '<br>"abcdef".center(3) 返回'abcdef' |
| str.ljust(width [,fillchar]) | 返回宽度为 width、右端由 fillchar 填充（默认为空格）、左端为 str 的新字符串；width≤len（str）时返回 str 本身 | "abc".ljust(6," * ") 返回'abc ***'<br>"abc".ljust(6) 返回'abc   '<br>"abcdef".ljust(3) 返回'abcdef' |
| str.rjust(width [,fillchar]) | 同 ljust，区别为 str 位于右侧 | "abc".rjust(6," * ") 返回'*** abc' |
| str.zfill(width) | 返回宽度为 width、左端由数字 0 填充、右端为 str 的新字符串；负号位于最左端，width≤len(str)时返回 str 本身 | "abc".zfill(6) 返回'000abc'<br>"123".zfill(6) 返回'000123'<br>"-123".zfill(6) 返回'-00123' |

# 2.7 应用案例

【例 2-5】天天向上的力量

《荀子·劝学》中有"不积跬步，无以至千里，不积小流，无以成江海"的经典名言。通过数值运算，将"天天向上的力量"进行量化。

以一年中第 1 天的能力值为基数，记为 1.0，每年按 365 天计算。如果努力学习，能力值提升前一天的 1‰；如果放任躺平，由于遗忘等因素导致能力值降低前一天的 1‰；计算每天都坚持努力和每天都放任躺平，一年后（第二年的第一天）能力值相差多少？如果每天能力值提升或下降的比率为 5‰，那么一年后能力值又会相差多少？要求能力值输出结果保留两位小数。

分析：由用户输入能力值每天提升或下降的比率，利用幂运算计算 365 天后的能力值，输出结果保留 2 位小数。本例分别采用不同方法输出。

```
rate = eval(input('请输入能力值每天提升或下降的比率(‰):'))
dayup = (1+rate/1000)**365
daydown = (1-rate/1000)**365
print('每天变化比率为{:.2f}‰时,努力学习 365 天后能力值为{:.2f}'. format(rate,dayup))
print(f'每天变化比率为{rate:.2f}‰时,放任躺平 365 天后能力值为{daydown:.2f}')
print('两种状态下的能力值相差%.2f 倍'% (dayup/daydown))
```

运行结果:

```
请输入能力值每天提升或下降的比率(‰):1
每天变化比率为1.00‰时,努力学习 365 天后能力值为1.44
每天变化比率为1.00‰时,放任躺平 365 天后能力值为0.69
两种状态下的能力值相差2.08 倍
>>>
请输入能力值每天提升或下降的比率(‰):5
每天变化比率为5.00‰时,努力学习 365 天后能力值为6.17
每天变化比率为5.00‰时,放任躺平 365 天后能力值为0.16
两种状态下的能力值相差38.48 倍
>>>
```

【例 2-6】地震预警

2011.03.11 日本发生 9.0 级地震,引发海啸造成福岛核电站泄露。2023.02.06 土耳其发生 7.8 级地震,导致 4.8 万人遇难。地震预警的研究工作迫在眉睫。

目前的地震预报技术只能在震源发生地震后,由观测站根据接收到的不同类型地震波的方位和时间差,计算震源位置,进而向更远的城市发出地震预警。

地震发生时震源向外发出三种波:纵波(P 波)、横波(S 波)和面波(L 波),其传播速度与途中的地质构造有关。纵波(P 波)为推进波,速度为 5.5~7.0km/s(可近似取 6.2km/s),它使地面上下振动,破坏性较弱;横波(S 波)为剪切波,速度为 3.2~4.0km/s(近似取 3.6km/s),它使地面前后、左右抖动,破坏性较强;面波(L 波)是 P 波与 S 波在地表相遇激发产生的混合波,破坏性最强。

由于 P 波与 S 波的传播速度不同,根据地震观测站接收到首个 P 波和首个 S 波的时间差、地震波的传播方向、震动烈度就可以确定地震发生地(震源)的确切位置和震级,进而向更远的城市发出抗震防灾预警。接收到预警信息后,L 波到达的时间就是 S 波到达的时间(它们同时到达),S 波到达前的时间就是人员的逃生应对时间。

假设 AB 两地间的距离为 Dkm,P 波到达所需时间为 D/6.2 秒,S 波到达所需时间为 D/3.6 秒,其时间差为 t 秒,则:

$$D/6.2+t = D/3.6 \rightarrow t = D/3.6-D/6.2 = D(1/3.6-1/6.2) \rightarrow D = t/(1/3.6-1/6.2)$$

编程实现以下功能。

(1)用户输入 P 波和 S 波从震源 A 到达地震观测点 B 的时间间隔(秒),分别输入 2、10、20。

(2)计算并输出震源 A 与观测点 B 间的距离(km)。

(3)城市 C(ABC 位于同一直线)与观测点 B 距离 100km(图 2-12),观测点接收到 S 波后立即向城市 C 发出地震警报(忽略警报的传输时间),那么城市 C 收到警报后 P 波还有几秒到达? 破坏力最强的面波 L 波还有几秒到达?

（4）城市 D 和 AB 不在一条直线上，AD 距离为 200km（图 2-12），观测点向城市 D 发出地震警报后，P 波还有几秒到达? S 波几秒后到达?

（5）如果收到地震警报时 P 波已经到达，此次警报还有意义吗?

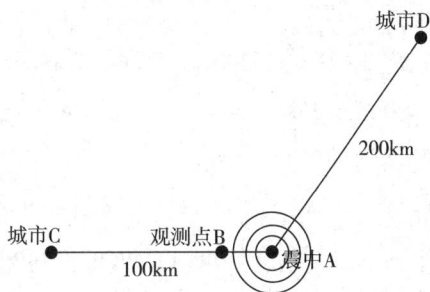

图 2-12　地震预报城市位置示意图

```
t = float(input("观测点 B 接收到震源 A 发出的纵波 P 和横波 S 的时间差为（秒）:"))
D = t/(1/3.6-1/6.2)     #A 和 B 之间的距离
print("震源 A 距离观测点 B 大约为{:.2f}千米。".format(D))
Pbc = 100/6.2-t
Sbc = 100/3.6
print("城市 C 在{:.1f}秒后可以感觉到地震波,{:.1f}秒后强震到达。".format(Pbc,Sbc))
Pd = (200-D)/6.2-t
Sd = (200-D)/3.6
print("城市 D 在{:.1f}秒后可以感觉到地震波,{:.1f}秒后强震到达。".format(Pd,Sd))
```

运行结果:

```
观测点 B 接收到震源 A 发出的纵波 P 和横波 S 的时间差为（秒）:2
震源 A 距离观测点 B 大约为 17.17 千米。
城市 C 在 14.1 秒后可以感觉到地震波,27.8 秒后强震到达。
城市 D 在 27.5 秒后可以感觉到地震波,50.8 秒后强震到达。
>>>
```

**【例 2-7】元音字母统计**

输入任意英文句子，统计其中元音字母（'a'，'e'，'i'，'o'，'u'，不区分大小写）出现的次数和频率（频率保留 2 位小数），并输出。

分析：为了方便统计元音字母出现的次数，可以用 upper() 方法或者 lower() 方法将输入的英文句子统一转换成大写或者小写，然后再进行元音字母的统计；为了计算元音字母出现的频率，需要用 len() 函数先计算出输入句子的字符串总长度。

```
s = input('请输入一个英文句子:'). upper()
countall = len(s)
counta = s.count(' A ')
```

```
counte = s.count('E')
counti = s.count('I')
counto = s.count('O')
countu = s.count('U')
print(f'该句子中含有{countall}个字符')
print('A 出现{0}次,出现频率为{1:.2%}'.format(counta, counta/countall))
print('E 出现{0}次,出现频率为{1:.2%}'.format(counte, counte/countall))
print('I 出现{0}次,出现频率为{1:.2%}'.format(counti, counti/countall))
print('O 出现{0}次,出现频率为{1:.2%}'.format(counto, counto/countall))
print('U 出现{0}次,出现频率为{1:.2%}'.format(countu, countu/countall))
```

运行结果：

```
请输入一个英文句子：The Shenzhou 16 manned spacecraft was successfully launched.
该句子中含有60 个字符
A 出现5 次,出现频率为8.33%
E 出现6 次,出现频率为10.00%
I 出现0 次,出现频率为0.00%
O 出现1 次,出现频率为1.67%
U 出现4 次,出现频率为6.67%
>>>
```

**【例 2-8】水仙花数判断**

水仙花数是各位数的立方和等于自身的三位数，例如：$153 = 1^3 + 5^3 + 3^3$。利用字符串切片方法，判断某三位数是否是水仙花数。

```
n = input("请输入一个三位的正整数：")
b = n[0]       #三位正整数的百位数字
s = n[1]       #三位正整数的十位数字
g = n[2]       #三位正整数的个位数字
print(f"{n}的百位是{b}，十位是{s}，个位是{g}")
if int(b)**3 + int(s)**3 + int(g)**3 == int(n):
    print(f"{n}是水仙花数")
else:
    print(f"{n}不是水仙花数")
```

运行结果：

```
请输入一个三位的正整数：153
153 的百位是1，十位是5，个位是3
153 是水仙花数
>>>
```

　　思考：不用字符串切片，运用算术运算的方法如何实现水仙花数判断？

---

书网融合……

微课 1

微课 2

微课 3

# 第3章 选择结构

1. 通过本章学习，掌握条件语句的使用；熟悉单分支、双分支和多分支结构的应用；了解分支结构的嵌套结构。
2. 具有利用分支结构，解决实际问题中进行决策判断的能力。
3. 培养自主学习能力，构建计算思维和创新思维。

在结构化程序设计语言中，无论多么复杂的程序都可以利用三种基本结构来实现：顺序结构、选择结构和循环结构。顺序结构中所有语句自上而下依次执行，既无跳跃也无重复。选择结构中程序根据判断条件的真假有选择性地执行某些语句块。循环结构中程序根据循环条件决定是否重复执行循环体。

# 3.1 条件表达式

条件表达式是利用关系运算符、逻辑运算符构成的结果为布尔类型的表达式。在选择结构和循环结构中，根据条件表达式的值决定程序的运行。

## 3.1.1 关系运算符

关系运算符用于对两个操作数进行大小比较，结果为布尔类型（True 或 False）。操作数可以是简单的数值或字符串，也可以是复杂的列表或元组，但参与比较的对象必须为同一类型，例如无法对一个字符串和一个数值进行大小比较。Python 语言中的关系运算符如表 3–1 所示。

表 3–1 Python 语言中的关系运算符

| 运算符 | 含义 | 实例 | 结果 |
| --- | --- | --- | --- |
| == | 等于 | "ABC" == "abc" | False |
| != | 不等于 | "ABC" != "abc" | True |
| > | 大于 | "ABC" > "AB" | True |
| >= | 大于或者等于 | "ABC" >= "ABC" | True |
| < | 小于 | 23 < 3 | False |
| <= | 小于或者等于 | "23" <= "3" | True |

**1. 说明**

（1）这些关系运算符的优先级相等，同一个表达式中从左向右依次执行。

（2）如果操作数是数值型，则按其值的大小进行比较。

（3）如果操作数是字符型，则根据字符的 Unicode 编码值从左到右逐一比较，即首先比较两个字符串中第一个字符的 Unicode 编码；如果相等，则再比较第二个字符的 Unicode 编码；如此反复；如果都相同，则两个字符串相等。

（4）Python 语言中允许关系运算符连用。写法和含义都与数学表达式一致。

```
>>> a,b = 10,20
>>> 0<a<b    #表示 a >0 并且 a<b
True
```

**2. 注意**

（1）等号"＝＝"与赋值号"＝"的区别

x＝100　#将 100 赋值给变量 x

x＝＝100　#判断变量 x 的值与 100 是否相等，结果为布尔类型

（2）比较浮点数是否相等　由于计算机无法精确表达所有的浮点数，因此对于浮点数的计算可能会存在精度误差，导致对浮点数是否相等的判断结果失真。

```
>>> 2. 8–2. 4 ==0. 4
False
>>> 2. 8–2. 4 ==2. 7–2. 3
False
```

原因是由于计算误差 2.8–2.4 和 2.7–2.3 都不等于 0.4，而且这二者也不等。

```
>>> 2. 8–2. 4
0. 3999999999999999
>>> 2. 7–2. 3
0. 4000000000000036
```

解决方法：采用 math. isclose(a,b)函数比较浮点数 a、b 是否相等。

```
>>> import math
>>> math. isclose(2. 8–2. 4,2. 7–2. 3)
True
>>> math. isclose(2. 8–2. 4,0. 4)
True
```

（3）当运算符连用时，只有每个关系运算符构成的独立表达式均为真时，结果才为真。即只有 0 < a 和 a < b 同时为 True 时，0 < a < b 才 True。因此：

```
>>> a,b = 10,20
>>> a < b == True
False
>>> (a < b) == True
True
```

在这个例子中，表达式"a < b==True"的含义是"a<b 且 b==True"，而非"a < b 的结果为 True"。这与其他编程语言几乎都不一样。

## 3. 1. 2 逻辑运算符

关系运算只能进行简单的大小比较，对于复杂的逻辑判断则需要采用逻辑运算符，Python 语言中主要的逻辑运算符如表 3-2 所示。

表 3-2　Python 语言中的逻辑运算符

| 运算符 | 含义 | 优先级 | 实例 | 说明 |
|---|---|---|---|---|
| not | 取反 | 1 | not x | x 为真返回假，x 为假返回真 |
| and | 与 | 2 | x and y | x 和 y 同时为真返回真，否则返回假 |
| or | 或 | 3 | x or y | x 和 y 同时为假返回假，否则返回真 |

判断给定的三条边长是否能构成三角形。

>>> a,b,c = eval(input("请输入 a,b,c:"))
请输入 a,b,c:1,2,5
>>> a + b > c and b + c > a and a + c > b　　　　#任意两边和大于第三边
False

## 3.1.3 条件表达式

使用关系运算符、逻辑运算符构成的结果为布尔类型的表达式被称为条件表达式。在 Python 语言中，条件表达式内常见运算符的优先级由高到低如表 3-3 所示。

表 3-3　运算符号优先级

| 优先级 | 运算符 | 运算 |
|---|---|---|
| 1 | () | 括号 |
| 2 | ** | 幂运算 |
| 3 | 负号 | 负号运算 |
| 4 | *、/、//、% | 乘除类运算 |
| 5 | +、- | 加减运算 |
| 6 | <、<=、>、>=、==、!= | 关系运算 |
| 7 | not | 逻辑非运算 |
| 8 | and | 逻辑与运算 |
| 9 | or | 逻辑或运算 |
| 10 | =、+=、-=、**=、/=、//=、%=、…… | 赋值运算 |

【应用举例】

（1）判断整数 x 的奇偶性。

$$x \% 2 == 0$$

（2）判断整数 x 是否是 3 的倍数且个位数字为 5。

$$x \% 3 == 0 \text{ and } x \% 10 == 5$$

（3）判断边长 a、b、c 能否构成三角形。

$$a + b > c \text{ and } b + c > a \text{ and } a + c > b$$

（4）判断 year 是否为闰年。若 year 是 4 的倍数但不是 100 的倍数，或 year 是 400 的倍数，那么 year 为闰年。

$$(year \% 4 == 0 \text{ and } year \% 100 != 0) \text{ or } (year \% 400 == 0)$$

（5）判断是否符合小学某年级评选三好学生的某些指标。指标条件有很多，其中三个为：① 年龄小于 10 岁；② 三门课的总分大于 285；③ 至少有一科满分。

$$age < 10 \text{ and } total > 285 \text{ and } (mark1 == 100 \text{ or } mark2 == 100 \text{ or } mark3 == 100)$$

# 3.2 选择结构

引例：根据三角形的三个边长求面积。利用前面所学知识，书写代码如下：

```
import math
a,b,c = eval(input("请输入三角形的三条边长 a,b,c:"))
s = (a + b + c)/2
area = math. sqrt(s * (s-a) * (s-b) * (s-c))
print(f"三角形的面积为:{area:.2f}")
```

第一次运行：

```
请输入三角形的三条边长 a,b,c:1,1,1
三角形的面积为:0.43
```

本例中 a，b，c 可以构成三角形。

第二次运行：

```
请输入三角形的三条边长 a,b,c:1,1,5
Traceback (most recent call last):
   File " C:/Users/Lenovo-PC02/Desktop/3.6.py",line 5,in  <module>
      area = math. sqrt(s * (s-a) * (s-b) * (s-c))
ValueError:math domain error
```

错误原因是三条边长 a，b，c 不能构成三角形。很显然在求解三角形面积之前，需要先判断 a、b、c 能否构成三角形。若是可以构成三角形就正常求解，否则提示用户"输入的三条边长不能构成三角形"。这种根据条件真假来决定后续执行哪些语句的结构称为分支结构或者选择结构。

## 3.2.1 单分支结构 [e] 微课1

单分支结构是最简单的一种分支结构，其程序流程图如图 3-1 所示，语法格式如下：

if 条件表达式：<br>
    语句块

图 3-1 中虚框内的部分是单分支结构，它只有一个入口、一个出口；当条件为 True 时执行语句块，若条件为 False 则跳过语句块（在单分支结构中什么也不执行）；无论条件真假，分支结构后面的"后续语句"都执行。

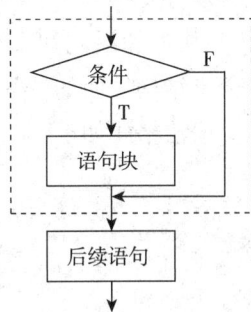

图 3-1　单分支结构流程图

说明：

（1）条件表达式的结果为 True 或 False，条件表达式后的"："不可省略。

① 如果表达式的值是 bool 类型，直接按结果执行。

② 如果表达式的值是数值型，0 视为 False、非零视为 True。

③ 如果表达式的值是字符串、列表、range()等序列对象，空字符串、空列表等空序列视为 False、非空视为 True。

（2）在 Python 语言中，缩进是控制代码从属关系的方式，务必保证语句块相对 if 语句要有缩进（默认缩进 4 个空格）。

【例3-1】利用单分支结构编写付款程序。如果购物金额达到100元就打九折，否则原价。

| 程序 | 运行结果 |
| --- | --- |
| x = eval(input("请输入购物金额:"))<br>if x >= 100:<br>    x = 0.9 * x<br>print(f"应付金额为{x}元") | 第一次运行:<br>  请输入购物金额(元):80<br>  应付金额为80元<br>第二次运行:<br>  请输入购物金额(元):200<br>  应付金额为180.0元 |

【例3-2】利用单分支结构求分段函数 $\begin{cases} \sin x + \sqrt{x^2+1} & x \neq 0 \\ \cos x - x^3 + 3x & x = 0 \end{cases}$

| 代码1 | 代码2 |
| --- | --- |
| import math<br>x = eval(input("x = "))<br>y = math.cos(x) - x ** 3 + 3 * x<br>if x != 0:<br>    y = math.sin(x) + math.sqrt(x * x + 1)<br>print(f"y = {y:.2f}") | import math<br>x = eval(input("x = "))<br>if x != 0:<br>    y = math.sin(x) + math.sqrt(x * x + 1)<br>y = math.cos(x) - x ** 3 + 3 * x<br>print(f"y = {y:.2f}") |

对照单分支结构的流程图可以发现代码1正确，代码2错误。因为在代码2中，语句 y = math.cos(x) - x ** 3 + 3 * x 相当于流程图中的"后续语句"，无论条件是否为真都会被执行，因此代码2的结果一定是按 x = 0 的情况求解的。

### 3.2.2 双分支结构 🔲 微课2

在双分支结构中，条件为真时执行语句块1，否则执行语句块2；语句块1和语句块2两者有且只能有一个被执行；无论条件真假，分支结构后面的"后续语句"都执行。其程序流程图如图3-2所示，语法格式如下：

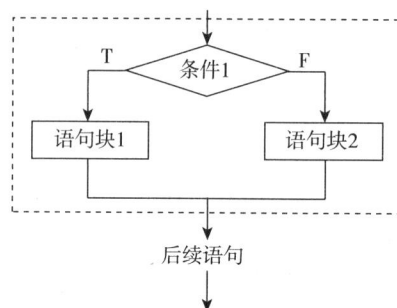

图3-2 双分支结构流程图

```
if 条件表达式:
    语句块 1
else:
    语句块 2
```

【例3-3】编写程序，用户录入三角形的三条边长，求其面积。

```
import math
a, b, c = eval(input("请输入三角形的三个边长 a,b,c:"))
if a + b > c and b + c > a and a + c > b:
    s = (a + b + c) / 2
    area = math.sqrt(s * (s-a) * (s-b) * (s-c))
    print(f"三角形的面积为:{area:.2f}")
else:
    print("三条边长无效,无法构成三角形!")
```

第一次运行：

> 请输入三角形的三个边长 a,b,c:3,4,5
> 三角形的面积为:6.00

第二次运行：

> 请输入三角形的三个边长 a,b,c:2,3,9
> 三条边长无效,无法构成三角形!

对于双分支结构，Python 语言还提供了简洁的单行书写形式（不建议初学者使用，以免出错）。语法格式如下：

语句 1 if 条件表达式 else 语句 2

例如，商场购物时，购物金额达到 100 元打 9 折，否则原价。

> x = eval(input(" 请输入购物金额:"))
> y = 0.9 * x　if x >=100 else x
> print(f" 应付金额为{y}元")

## 3.2.3　多分支结构 📱微课 3

针对具有更多判断条件的复杂问题，Python 提供了多分支结构，流程图如图 3-3 所示，语法格式如下：

```
if 条件表达式 1:
    语句块 1
elif 条件表达式 2:
    语句块 2
…
[elif 条件表达式 n:
    语句块 n
[else:
    语句块 n +1]]
```

图 3-3　多分支结构流程图

说明：

（1）在多分支结构中依次判断每个条件，发现第一个结果为 True 的条件后，执行该条件对应的语句块，然后直接跳出整个多分支结构（图 3-3 中虚线区域）执行后续语句。

（2）如果所有条件均不成立而且提供了 else 分支（else 为可选分支），则执行 else 分支对应的语句块，然后执行后续语句。

（3）由于执行某个语句块后，后续的条件分支将被忽略，因此在多分支结构中各条件的书写顺序非常重要。

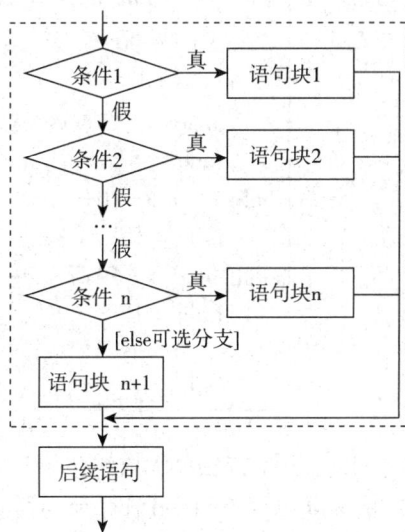

### 知识拓展

算法的描述方式

算法是解题的思路，程序是将算法按照某种编程语言的语法规则书写的代码。

算法常用的描述方式主要有三种：自然语言、流程图和伪代码。

**1. 自然语言**　描述方式是直接使用人类语言进行描述，优点是灵活自然、通俗易懂，缺点是容易出现歧义，即相同的描述可能存在多种不同的理解。

**2. 流程图** 描述是准确、直观的专业表达方式，常用的有 ANSI 图和 N–S 图等。优点是直观、清晰，缺点是绘制烦琐耗时。

**3. 伪代码** 是介于自然语言与标准程序之间的一种算法描述方式。它不拘泥于任何编程语言，也不要求在具体某种编程语言环境下运行，对算法运行过程的描述最接近自然语言。伪代码在保持程序结构的情况下对算法进行描述，结构清晰、代码简单，可读性强。

---

【例3–4】编写程序，将百分制成绩 mark 转换为五级制评定等级，评定条件如下：

$$grade = \begin{cases} A & mark \geq 90 \\ B & 80 \leq mark < 90 \\ C & 70 \leq mark < 80 \\ D & 60 \leq mark < 70 \\ E & mark < 60 \end{cases}$$

| 方法一 | 方法二 | 方法三 |
|---|---|---|
| if mark >=90:<br>　grade ='A'<br>elif mark >= 80:<br>　grade ='B'<br>elif mark >=70:<br>　grade ='C'<br>elif mark >=60:<br>　grade ='D'<br>else:<br>　grade =' F' | if mark >=60:<br>　grade ='D'<br>elif mark >=70:<br>　grade ='C'<br>elif mark >=80:<br>　grade ='B'<br>elif mark >=90:<br>　grade ='A'<br>else:<br>　grade ='F' | if mark <60:<br>　grade ='F'<br>elif mark <70:<br>　grade ='D'<br>elif mark <80:<br>　grade ='C'<br>elif mark <90:<br>　grade ='B'<br>else:<br>　grade ='A' |

以上三种方法都无语法错误，但是运行结果却迥然不同。方法一和方法三正确；方法二错误，因为只要 mark 大于等于 60 评定等级就是 D 档，除非 mark <60 时评定为 F 档，也就是说方法二的结果只有两种：D 档或 F 档。由此可以看出，在多分支结构中各条件的书写顺序非常重要。

### 3.2.4 分支结构的嵌套 微课4

分支结构的嵌套是指在分支结构的某个分支中又包含了另一个完整的分支结构。无论是外部的分支结构还是内部被嵌套的分支结构，都可以是单分支结构、双分支结构、多分支结构，也就是这三种结构可以相互混合嵌套使用。

以双分支结构的第一个分支中又嵌套一个双分支结构为例，其语法格式如下：

```
if 表达式1:
    if 表达式2:
        语句块1
    else:
        语句块2
else:
    语句块3
```

　　在使用分支结构的嵌套时，务必要正确控制不同层级语句块的缩进量，它决定了这些语句块间的从属关系，也是 Python 能否正确理解和执行的关键。

　　【例 3-5】编写程序，利用嵌套型分支结构，求商场促销期间顾客的应付金额。促销方案为：不超过 100 元不打折，消费大于 100 元九折，消费大于 1000 元八折，消费大于 5000 元七五折。

| 程序 | 运行结果 |
| --- | --- |
| ```x = eval(input("请输入购物金额(元):"))if x > 1000:    if x > 5000:        y = 0.75 * x    else:        y = 0.8 * xelse:    if x > 100:        y = 0.9 * x    else:        y = xprint(f"应付金额为{y:.2f}元")``` | 第一次运行：请输入购物金额(元):70应付金额为 70.00 元第二次运行：请输入购物金额(元):120应付金额为 108.00 元第三次运行：请输入购物金额(元):2000应付金额为 1600.00 元第四次运行：请输入购物金额(元):10000应付金额为 7500.00 元 |

# 3.3　应用案例

【例 3-6】图书馆藏书位置查询

编写程序，根据用户录入的图书编号报告该图书的存放位置。馆藏图书的位置信息如表 3-4 所示。

表 3-4　馆藏图书位置

| 图书编号 | 存放位置 |
| --- | --- |
| 100～199 | 地下室 |
| 200～500 及 900 以上 | 一楼展厅 |
| 501～900（不含 700～750） | 二楼展厅 |
| 700～750（不含 715 和 725～730） | 档案室 |
| 715 及 725～730 | 馆长室 |

| 程序 | 运行结果 |
| --- | --- |
| ```n = input("请输入图书编号:")if not n.isdecimal():    print("图书编号必须为数字")else:    n = eval(n)    location = ""    if n == 715 or 725 <= n <= 730:        location = "馆长室"    elif 700 <= n <= 750:        location = "档案室"``` | 第一次运行：请输入图书编号:one hundred图书编号必须为数字第二次运行：请输入图书编号:80本馆没有 100 以内的图书编号第三次运行：请输入图书编号:725该图书位于馆长室 |

续表

| 程序 | 运行结果 |
|---|---|
| ```<br>    elif 501<= n <=900 :<br>        location = " 二楼展厅"<br>    elif 200<= n <=500 or n >900 :<br>        location = " 一楼展厅"<br>    elif 100 <= n <=199 :<br>        location = " 地下室"<br><br>if location == " " :<br>    print(" 本馆没有 100 以内的图书编号")<br>else :<br>    print(f" 该图书位于{location}")<br>``` | 第四次运行：<br>请输入图书编号:740<br>该图书位于档案室<br>第五次运行：<br>请输入图书编号:150<br>该图书位于地下室 |

在多分支结构中：

（1）若分支条件的范围有包含关系，必须把被包含的条件分支写在前面。例如：

① 本例中图书编号 501~900 包含 700~750，需要先写 700~750 的分支；

② 例 3-4 中的 mark >=60 包含 mark >=90，需要先写 mark >=90 的分支。

（2）若分支条件的范围属于并列关系（无包含），这些条件分支的顺序可以随意。

例如，三个分支的条件分别为：x <=100、100 < x <=1000、x >1000。

书网融合……

| 微课 1 | 微课 2 | 微课 3 | 微课 4 |

# 第4章 循环结构

## 学习目标

1. 通过本章学习，掌握遍历循环和无限循环的格式和基本用法；熟悉循环嵌套、break 和 continue 语句的用法。

2. 培养使用循环结构解决实际问题的能力；逐步树立逻辑思维、计算思维、实验思维能力。

3. 树立积极探索、勇于创新的科学精神、迭代优化的意识和终生学习的理念。

循环结构用于解决重复性问题，实际上是一行或多行程序代码的重复执行。被反复执行的程序行称为循环体。循环结构一般由两部分组成：循环条件和循环体。循环条件用于判断是否继续执行循环体内的操作，循环体则是需要重复执行的操作。

通过循环结构，计算机可以对数据进行高效的处理和计算。例如，按照人口增长率计算未来人口数，或者根据课程的学分绩点和学生的成绩统计每个学生的平均绩点、平均分等问题。

在编程过程中，我们经常会遇到需要重复执行的操作，例如需要录入 100 个学生成绩并输出其平均分。如果使用下面传统的逐条语句编写方法，如图 4-1 所示，不仅会耗费大量的时间和精力，还容易出错。因此，我们需要一种能够简化重复性操作的方法，而循环结构正是解决这类问题的最佳选择。

```
ct.py - C:/Users/DELL/Desktop/ct.py (3.11.4)
File Edit Format Run Options Window Help
score1=float(input("请输入第1个成绩："))
score2=float(input("请输入第2个成绩："))
score3=float(input("请输入第3个成绩："))
score4=float(input("请输入第4个成绩："))
……
score98=float(input("请输入第98个成绩："))
score99=float(input("请输入第99个成绩："))
score100=float(input("请输入第100个成绩："))
s=score1+score2+score3+score4+……+score98+score99+score100
aver=s/100
print("这100个成绩的平均值是{:.2f}。".format(aver))
                                              Ln: 12  Col: 0
```

图 4-1 传统方法计算求和

这类问题的基本特征是：①需要做一系列的重复性操作；②这些重复性操作有规律，可以说得清楚。

上面的程序中，每个语句执行一次，输入工作被"重复"性地书写了 100 次。Python 能够提供解决重复性问题的快捷方法：循环结构，如图 4-2 所示，可以看到，使用循环结构轻松地解决了重复性问题。

```
*xh.py - C:/Users/DELL/Desktop/xh.py (3.11.4)*
File Edit Format Run Options Window Help
for i in range(1,101):
    s+=float(input("请输入第{}个成绩：".format(i)))
print("这100个成绩的平均值是{:.2f}。".format(s/100))
                                              Ln: 2  Col: 0
```

图 4-2 循环结构解决问题

Python 提供了两种类型的循环：遍历循环（for 循环）和无限循环（while 循环）。for 循环常用于已知循环次数的情况，例如对列表中的元素进行遍历；while 循环则常用于未知循环次数的情况，例如根据给定的计算精度求 π 的近似值。下面分别介绍这两种结构。

# 4.1 for 循环

for 循环对循环条件中给定的可迭代对象中的元素依次访问，并对每个元素都重复执行相同的操作，因此又称为迭代循环。

## 4.1.1 for 循环的语法结构

在 Python 语言中，利用 for 语句可以遍历可迭代对象中的元素。语法为：

for var in 序列:
    循环体
    后续语句 1
    后续语句 2

作用是将可迭代对象中的元素逐一赋值给控制变量 var，每次赋值后都执行一次语句块（循环体）。当可迭代对象被遍历完毕后，循环结束，接着执行 for 结构之后的后续语句。

说明：

（1）由关键字 for 开始的行称为循环的头部，语句块称为循环体。

（2）语句块需要缩进，且块中各个语句的缩进量必须相同。

（3）for 循环是固定循环次数的循环结构，循环多少次是已知的（即可迭代对象中元素的个数）。

（4）循环索引/控制变量（var）依次取后面可迭代对象中的所有值。var 每取一个值，循环体（loop body）就会被执行一遍。

（5）整个循环结构执行完毕后，后续语句才开始执行。

## 4.1.2 常见的可迭代对象类型

可迭代对象既可以是序列数据（例如列表、字符串、range 序列）也可以是无序数据（例如集合、字典）。

**1. 列表（list）/元组（tuple）**

【例 4-1】求给定列表中数值的平均值。

```
s = 0
count = 0
for i in [10,20,30,40,50]:
    s += i
    count += 1
print("这{}个数值的平均值是{:.1f}".format(count,s/count))
```

运行结果为：

这 5 个数值的平均值是 30.0

**2. 字符串（string）** 控制变量依次取字符串中的每个字符。

【例 4-2】以 2 为秘钥，对给定的字符串进行凯撒加密（此处不考虑 y、z 加密后超出范围的情况）。

```
miwen = ""
for c in "china":
    newchar = chr(ord(c) + 2)
    miwen += newchar
print("以 2 为秘钥进行凯撒加密的结果为'{}'。". format(miwen))
```

运行结果为：

以 2 为秘钥进行凯撒加密的结果为' ejkpc '。

**3. range([m,] n[, step])序列**　　Python 的内置函数 range()返回一个整数序列。其三个参数分别为初始值 m（默认值为 0）、终值 n（结果中不包含 n）和步长 step（默认值为 1）。step > 0 时 m 需要小于 n，step < 0 时 m 需要大于 n，否则返回的序列为空。例如：

range(5)返回的序列为 0,1,2,3,4

range(3,6)返回的序列为 3,4,5

range(1,10,2)返回的序列为 1,3,5,7,9

range(10,1,-2)返回的序列为 10,8,6,4,2

range(6,3)返回的序列为空

【例 4-3】　输出 1 ~ 30 间所有能被 3 整除但不能被 5 整除的偶数。

```
for i in range(2,31,2):
    if i%3 == 0 and i%5 != 0:
        print(i)
```

运行结果为：

```
6
12
18
24
```

**4. 文件**　　当文件作为迭代对象时，在 for line in 文件对象：结构中，每轮循环 line 的值就是文件中的一行内容（类型为 str）。

【例 4-4】　文件 OneNumberPerLine. txt 中存放着一批期末成绩，每行只有 1 个成绩，如图 4-3 所示。读取该文件并求这些成绩的平均值。

```
txtfile = open("OneNumberPerLine. txt" ,"r")        #r 表示 read
s = 0
count = 0
for line intxtfile:
    s += float(line)
    count += 1
print(f"这{count}个成绩的平均分是{s/count:.1f}")
```

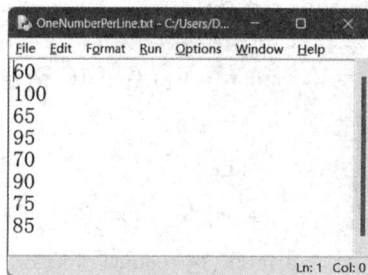

图 4-3　OneNumberPerLine. txt

运行结果为：

这 8 个成绩的平均分是 80.0

说明：如果 txt 文件中有中文字符，一定要采用 ANSI 编码方式，否则打开文件的语法比较复杂。

# 4.2 while 循环

while 循环又称条件循环，适用于未知循环次数的情况。在 while 循环中只要循环条件为真就会一直保持循环，直到循环条件为假为止。

while 循环的流程图如图 4-4 所示，语法为：

> while 条件：
> 　循环体
> 后续语句

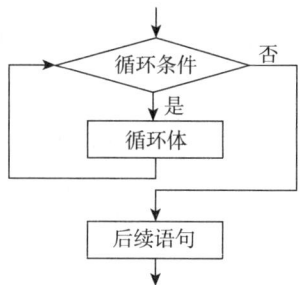

## 结束 while 循环的常用方法

图 4-4　while 语句结构流程图

**1. 利用累积器（accumulator）** 当累积器的值达到某个阈值时结束。

【例 4-5】求使得表达式 $1+2+3+\cdots+n$ 的和大于 100 的最小 n 值是多少？

```
s = 0
i = 0
while s <= 100:
  i += 1
  s += i
print(f"从 1 开始累加到{i},其累计和达到{s}开始大于 100")
```

运行结果为：

```
从 1 开始累加到 14,其累计和达到 105 开始大于 100
```

说明：变量 s 用于记录累积计算的结果，被称为累积器；变量 i 用于记录某种情况的发生次数，被称为计数器。

**2. 利用交互循环（interactive loop）** 每次循环都询问用户是否再继续。

【例 4-6】编写程序，由用户录入本班级的学生成绩，并计算平均分。每个班级的人数不固定。用户每录入 1 个成绩后，都需要回复系统是否还有更多成绩。

```
s = 0
count = 0
moredata = "Y"
while moredata == "Y":
  score = float(input("请输入下一个成绩:"))
  s += score
  count += 1
  moredata = input("还有吗(Y/N)？").upper()
print(f"这{count}个成绩的平均分是{s/count:.1f}")
```

运行结果为：

```
请输入下一个成绩:90
还有吗(Y/N)？Y
请输入下一个成绩: 85
```

还有吗(Y/N)？Y

请输入下一个成绩:78

还有吗(Y/N)？N

这 3 个成绩的平均分是 84.3

说明：程序中 s 为累积器，count 为计数器。只要用户响应 "Y" 或 "y" 程序就会继续循环，直到用户输入 "N" 或 "n" 为止。

**3. 利用哨兵循环（sentinel loop）**　通过哨兵变量的值决定是否结束。

【例 4-7】编写程序，由用户录入本班级的学生成绩，并计算平均分。每个班级的人数不固定。用户逐个录入成绩，输入负数（通常为 -1）表示结束。

```
s = 0
count = 0
score = float(input("请输入新成绩(-1 表示结束):"))
while score >= 0:
    s += score
    count += 1
    score = float(input("请输入新成绩(-1 表示结束):"))
print(f"这{count}个成绩的平均分是{s/count:.1f}")
```

运行结果为：

请输入新成绩(-1 表示结束):80

请输入新成绩(-1 表示结束):90

请输入新成绩(-1 表示结束):70

请输入新成绩(-1 表示结束):-1

这 3 个成绩的平均分是 80.0

说明：所谓哨兵报警就是哨兵变量遇到了在该程序的正常运行中不应该取到的特殊值。例如本例中录入的成绩范围是 0 ~ 100，不可能有 <0 的情况，因此就可以把录入负值（-1）作为程序结束的条件（"吹响"警戒哨）。如果正常录入的数据本身包含正负值（例如录入每天的最低气温），就不能用负数（例如-1）作为哨兵值了，可以通过录入字符串"无"或空字符串表示结束。

# 4.3 循环结构的嵌套

循环结构的嵌套指在一个循环体内又包含另一个完整的循环结构。既适用于 for 结构的嵌套也适用于 while 结构的嵌套，还适用于 for 结构和 while 结构的相互嵌套。通常用于处理二维数组或多层数据结构。

【例 4-8】打印九九乘法口诀表。

```
for i in range(1,10):    #外循环中 i 控制行
    for j in range(1,i+1):    #内循环中 j 控制列
        print(f"{j}×{i}={i*j}",end='\t')    #构造短乘法表达式并输出，用'\t'控制下一列的对齐
    print()    #每行中的所有列输出完毕后，换行
```

运行结果为：

```
1 ×1 =1
1 ×2 =2    2 ×2 =4
1 ×3 =3    2 ×3 =6    3 ×3 =9
1 ×4 =4    2 ×4 =8    3 ×4 =12   4 ×4 =16
1 ×5 =5    2 ×5 =10   3 ×5 =15   4 ×5 =20   5 ×5 =25
1 ×6 =6    2 ×6 =12   3 ×6 =18   4 ×6 =24   5 ×6 =30   6 ×6 =36
1 ×7 =7    2 ×7 =14   3 ×7 =21   4 ×7 =28   5 ×7 =35   6 ×7 =42   7 ×7 =49
1 ×8 =8    2 ×8 =16   3 ×8 =24   4 ×8 =32   5 ×8 =40   6 ×8 =48   7 ×8 =56   8 ×8 =64
1 ×9 =9    2 ×9 =18   3 ×9 =27   4 ×9 =36   5 ×9 =45   6 ×9 =54   7 ×9 =63   8 ×9 =72   9 ×9 =81
```

说明：

（1）多重循环的循环次数等于每一层循环次数的乘积。

（2）内循环变量与外循环变量不能同名。

【例4-9】文件 MultiNumbersPerLine. txt 中存放着一批期末成绩，每行中的成绩数量不一致，如图4-5 所示。编写程序读取文件中的内容，并求平均成绩。

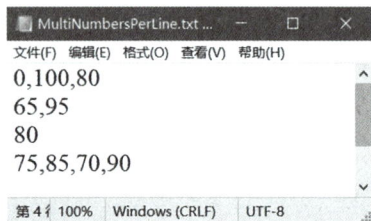

图 4-5　MultiNumbersPerLine. txt

```
datafile = open("MultiNumbersPerLine. txt"," r")
s = 0
count = 0
strN = ""
for line in datafile:　　#外层循环控制从文件中逐行读取
    for strN in line. split(","):　#内层循环对每行中的数据进行分隔、统计
        if strN! = " \n":　#避免空行导致 float() 转换失败的错误
            s = s + float(strN)
            count += 1
print(f"这{count}个成绩的平均分是{s/count:.1f}")
```

运行结果为：

```
这10个成绩的平均分是74.0
```

# 4.4 循环结构中的常见错误

## 4.4.1 浮点数精度导致的错误 📧 微课1

【例4-10】求序列（$0.01 + 0.02 + 0.03 + \cdots + 0.99 + 1.00$）的值，步长为 0.01。

期望结果为：$(0.01+1.00)+(0.02+0.99)+\cdots+(0.50+0.51)=1.01\times50=50.5$

| 程序代码 | 运行结果 |
| --- | --- |
| s = 0<br>i = 0.01<br>while i <= 1：<br>   print(i)　#为展示错误原因而添加<br>   s += i<br>   i += 0.01<br>print(f"The sum is{s}") | 0.02<br>0.03<br>0.04<br>0.05<br>0.06000000000000005<br>……版面原因，此处省略<br>0.9900000000000007<br>1.0000000000000007<br>The sum is 49.50000000000003 |

说明：

（1）计算机无法精确表达浮点数，因此存在计算误差。

（2）累加到第 99 次时，i 值不是 0.99 而是 0.9900000000000007；再次累加时 i 值不是 1.0 而是 1.0000000000000007，由于 i>1 循环结束，因此 i=1.00 没有加进来，导致实际结果比预期结果小了约 1.0。

解决方法：

| 方法 1：采用 for 循环，指定循环次数 | 方法 2：采用 while 循环，指定循环次数 |
| --- | --- |
| s = 0<br>i = 0.01<br>for count in range(100)：　#执行循环 100 次<br>   s += i<br>   i += 0.01<br>print(f"The sum is{s}")<br>运行结果为：<br>The sum is 50.50000000000003 | s = 0<br>i = 0.01<br>count = 1　#该进行第几轮循环了<br>while count <= 100：<br>   s += i<br>   i += 0.01<br>   count += 1<br>print(f"The sum is{s}")<br>运行结果为：<br>The sum is 50.50000000000003 |
| **方法 3：放大 100 倍，用整数解决（推荐）** | **说明** |
| s = 0<br>i = 1　#将累加因子放大 100 倍<br>while i <= 100：<br>   s += i<br>   i += 1<br>s = s/100　#将累积结果再缩小 100 倍<br>print(f"The sum is{s}")<br>运行结果为：<br>The sum is 50.5 | 1. 虽然方法 1、2 都累加了 100 次，但由于浮点数的非精确处理，结果仍然不精确。<br>2. 方法 3 循环了 100 次，由于累积因子为整数，结果也是精确的——推荐方法。<br>3. for 循环和 while 循环都可以编写已知循环次数和未知循环次数的程序，但 for 循环用于已知循环次数、while 用于未知循环次数时，两者更能发挥各自的优势。 |

## 4.4.2 错误的布尔表达式 ⓔ 微课 2

【例 4-11】用交互循环的 while 结构编程，用户录入成绩后回复"Y"或"y"通知系统继续录入。

| 程序代码 | 运行结果 |
|---|---|
| s = 0<br>count = 0<br>moredata = " Y"<br>while moredata == " Y" or" y":<br>   score = float(input(" 请输入新成绩: "))<br>   s += score<br>   count += 1<br>   moredata = input("还有新成绩吗(Y/N)?")<br>print(f" 这{count}个成绩的平均分是{s/count:.1f}") | 请输入新成绩: 80<br>还有新成绩吗(Y/N)? y<br>请输入新成绩: 90<br>还有新成绩吗(Y/N)? Y<br>请输入新成绩: 88<br>还有新成绩吗(Y/N)? N<br>请输入新成绩: 77<br>还有新成绩吗(Y/N)? n<br>请输入新成绩: |

错误分析:在 Python 语言中,为了加快运算速度,如果 or 运算符左侧的表达式结果为 True 则忽略 or 右侧的表达式直接返回 True;如果 or 左侧的表达式结果为 False 再计算右侧表达式的值,右侧为真返回真、右侧为假返回假。

本例中的循环条件可以改写为( moredata == " Y") or ("y");右侧的"y"是非空字符串,在 Python 语言中非空字符串被判断为 True;因此无论 or 左侧的( moredata == " Y")是否为真,这个循环条件的结果恒真。

解决方法是将循环条件修改为 "while moredata == " Y" or moredata == " y":"。

### 4.4.3 死循环 📱 微课 3

【例 4-12】求 10 以内偶数的和。左侧错误代码中由于没有在循环体中更新 i 的值,导致 i 值不变,循环条件恒真,造成了死循环。

| 错误代码 | 正确代码 |
|---|---|
| s = 0<br>i = 2<br>while i < 10:<br>   s += i<br>print(f" The sum is{s}") | s = 0<br>i = 2<br>while i < 10:<br>   s += i<br>   i += 2<br>print(f" The sum is{s}") |

【例 4-13】求 100 以内奇数的和。左侧错误代码中 while 结构的循环条件是 i! = 100,i 初值为 1,每次累加值为 2,导致 i 从 99 跳过 100 变为 101,使得循环条件恒真。

| 错误代码 | 正确代码 |
|---|---|
| s = 0<br>i = 1<br>while i! = 100:<br>   s += i<br>   i += 2<br>print(f"The sum is{s}") | s = 0<br>i = 1<br>while i < 100:<br>   s += i<br>   i += 2<br>print(f"The sum is{s}") |

【例 4-14】求 1 + 1.1 + 1.2 + … + 9.9 的和。

错误代码 1 中由于浮点数的非精确处理,i 不能精确取值 10 导致循环条件恒真。

错误代码 2 中想当然地认为存在误差的值比真实值大，其实本例中 10 的非精确值为 9.999999999999982，因此导致最终把这个"10"累加到了 s 中。

| 错误代码 1 | 错误代码 2 |
| --- | --- |
| ```s = 0 i = 1 while i! = 10:     s += i     i += 0.1 print(f" The sum is{s}")``` | ```s = 0 i = 1 while i < 10:     s += i     i += 0.1 print(f" The sum is{s}")``` |
| | 运行结果 The sum is 500.49999999999966 |
| **正确代码 1** | **正确代码 2** |
| ```import math s = 0 i = 1 while not math.isclose(i,10):     s += i     i += 0.1 print(f" The sum is{s}")``` 运行结果 The sum is 490.49999999999966 | ```s = 0 i = 1 for n in range(90):   #循环90次     s += i     i += 0.1 print(f" The sum is{s}")``` 运行结果 The sum is 490.49999999999966 |
| **正确代码 3（推荐）** | **说明** |
| ```s = 0 i = 10   #放大10倍变为整数 while i! = 100:     s += i     i += 1 print(f" The sum is {s/10}")``` 运行结果 The sum is 490.5 | 1. 方法 1 采用 isclose(i,10)，只要 i 达到 10 的近似值（相对计算机的处理精度）就终止。 2. 方法 2 强制循环 90 次。 3. 方法 3 将小数放大 10 倍，变为整数进行处理，得到准确值。 |

# 4.5 循环结构中的重要语句和分支

## 4.5.1 break 语句和 continue 语句

在 Python 语言中，break 和 continue 是两种用于改变循环体语句执行流程的关键字，适用于 for 循环和 while 循环，如图 4-6 所示。

**1. break** 该关键字用于跳出循环体，结束循环。对于嵌套的循环结构，内循环中的 break 语句用于跳出内循环中的循环体，但外循环继续执行；外循环中的 break 语句用于跳出外循环中的循环体，结束整个循环结构。即 break 语句只能结束自身所处层级的循环。

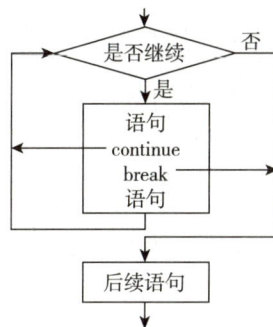

图 4-6　break 和 continue

**2. continue** 该关键字用于结束本轮循环，忽略循环体中 continue 之后的语句直接开始下一轮循环。

| **break 语句示例** | **continue 语句示例** |
|---|---|
| for i in range(1,10):<br> if i % 3 == 0:<br> break<br> print(i, end = ' ')<br>运行结果<br>1 2 | for i in range(1,10):<br> if i % 3 ==0:<br> continue<br> print(i, end = ' ')<br>运行结果<br>1 2 4 5 7 8 |
| 当 i = 3 时执行 break 语句，不但忽略本轮循环中的后续语句 print，而且忽略 i = 4 ~ 9 的 6 轮循环，直接结束这个 for 循环。 | 当 i = 3 时执行 continue 语句，忽略本轮循环中的后续语句 print，直接进行 i = 4 的循环。i = 6、9 时同理。因此输出结果中没有 3、6、9。 |

【例 4-15】 文件 OneNumber_PerLine. txt 中存放的是一批期末成绩，存在空行、缓考、缺考等情况，如图 4-7 所示。编写程序，读取文件并求正常参加考试人员的平均分。

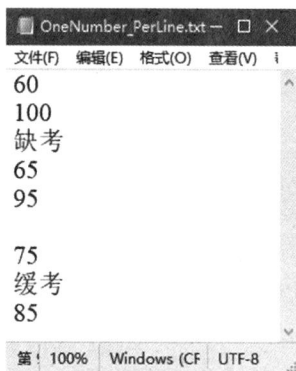

图 4-7　OneNumber_ PerLine. txt

```
datafile = open("OneNumber_PerLine. txt","r",encoding = 'utf-8')
s = 0
count = 0
for line in datafile:    #逐行读取
    line = line. strip(" \n")    #去除每行结尾的回车符" \n"
    if line. isdecimal() == False:    #如果本行内容不是数值型字符串,直接读取下一行内容
        continue
    s += float(line)    #如果是数值型字符串,则将其转换为数值后累加
    count += 1
print(f"The average of the{count} scores is{s/count:. 1f}")
```

运行结果为：

The average of the 6 scores is 80. 0

【例 4-16】编写程序，找出能够同时被 3、5、7 整除的最小整数。

```
n =7   #从 7 开始尝试,7 以内的数都不满足条件
while True:   #循环条件恒真,直到 break 跳出才可结束循环
  if n%3 ==0 and n%5 ==0 and n%7 ==0:
    break
  n += 1
print(f"能够同时被3、5、7 整除的最小整数是{n}")
```

运行结果为：

能够同时被 3、5、7 整除的最小整数是 105

【例 4-17】编写程序，由用户输入一个不小于 2 的正整数，判断其是否为素数。素数又称质数，指除了 1 和其自身以外，不能被其他整数整除的自然数。

```
n = int(input("请输入一个正整数(≥2):"))
prime = True   #假设 n 是素数,即 2~n-1 都不能整除
for i in range(2,n):
  if n%i ==0:
    prime = False
    break   #已经发现 n 不是素数,无需再继续(可以对非素数的判断进行提速)
if prime:
  print(f"{n}是素数")
else:
  print(f"{n}不是素数")
```

## 4.5.2 else 分支

在 Python 语言中，else 分支可以出现在选择结构中，也可以出现在循环结构中，还可以出现在异常处理结构中（见第 8 章）。其语法结构和流程图如图 4-8 所示。

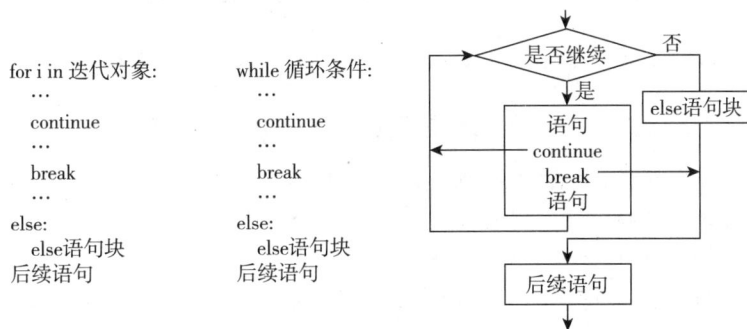

```
for i in 迭代对象:          while 循环条件:
    …                          …
    continue                   continue
    …                          …
    break                      break
    …                          …
else:                        else:
    else语句块                  else语句块
后续语句                     后续语句
```

图 4-8 循环结构中的 else 分支

【例 4-18】编写程序，利用带有 else 分支的循环结构判断用户输入的正整数 n(n >=2)是否为素数。

```
n = int(input("请输入一个正整数 n(n >=2):"))
for i in range(2,n):
  if n %i ==0:
    print(n,"不是素数")
```

```
        break
    else:
        print(n,"是素数")
```

# 4.6 random 库

random 库是 Python 自带的标准库之一，用于生成随机数。下面介绍一些关于 random 库的基础知识。

## 4.6.1 随机数的用途

随机数在计算机应用中十分常见，例如生成模拟仿真数据、游戏开发、数据分析、密码学等领域。Python 内置的 random 库主要用于生成各种分布的伪随机数序列。

## 4.6.2 random 库的原理

random 库采用梅森旋转算法（Mersenne Twister）生成伪随机数序列。梅森旋转算法是一种基于 Mersenne 素数的伪随机数生成算法，具有较长的周期和较好的均匀分布性能。但是，由于计算机本身的限制，该算法生成的随机数序列并不是真正意义上的随机数，而是伪随机数。

## 4.6.3 random 库的使用

random 库提供了不同类型的随机数生成函数，所有函数都是基于最基本的 random. random() 函数扩展实现的。

**1. 随机数的定义**　随机数或随机事件是不确定性的产物，其结果是不可预测、产生之前不可预见的。在实际应用中，人们通常使用伪随机数来代替真正的随机数，因为计算机没有真正的随机数生成器。

**2. 伪随机数和真随机数的区别**　计算机生成的伪随机数与真正意义上的随机数是不同的。伪随机数是按照一定算法产生的不确定数字序列，其结果对于该算法来说是"确定的、可预见的"，因此称为"伪随机数"。而真正意义上的随机数绝对不可预测、不可预见、无法用算法生成。

**知识拓展**

### 能判断一个随机数是真随机数还是伪随机数吗？

答案是否定的。因为如果存在一种方法可以判断一个数是真正的随机数，那么这个随机数就不再是真正的随机数，因为它具有了确定性。因此，我们无法评价一个数是否是真正的随机数。

表 4-1 列出了常用的 random 库函数，在使用这些函数之前需要先导入 random 库，常用的语法为：

import random 　或　 from random import *

表 4-1　random 库常用函数

| 函数 | 功能描述 |
| --- | --- |
| random() | 返回[0.0,1.0)间的一个随机浮点数，包含 0，不包含 1 |
| uniform(m,n) | 从[m,n]间返回一个随机浮点数，包含 m 和 n |
| randint(m,n) | 返回[m,n]间的一个随机整数，包含 m 和 n |
| randrange(m,n,step) | 返回 range(m,n,step)序列中的一个随机数，包括 m 不包括 n |
| normalvariate(mean,std) | 返回以 mean 为均值、std 为标准差的正态分布数据集中的 1 个随机浮点数 |

续表

| 函数 | 功能描述 |
|---|---|
| seed(n) | 设置随机数生成器的种子值为 n，默认以系统时钟为种子值<br>采用相同的种子值，random 库中的同一个函数每次运行时返回相同的随机序列 |
| shuffle(s) | 将序列 s 中元素的顺序随机打乱，不生成新序列，原地修改 |
| choice(s) | 从序列 s 中随机返回一个元素 |
| choices(s, k = n) | 从序列 s 中随机抽取 n 个元素并以列表形式返回（属于带放回方式的抽取，返回结果中可能存在重复元素） |
| sample(s, n) | 从序列 s 中随机抽取 n 个样本并以列表形式返回（无放回、无重复） |

书网融合……

微课 1　　　　微课 2　　　　微课 3

# 第 5 章　列表与元组

📖 **学习目标**

1. 通过本章学习，掌握列表的创建、元素基本操作，元组的特性并能够正确创建和使用元组；熟悉列表的高级操作，如排序、合并以及列表推导式的应用，元组与列表的主要区别及适用场景；了解列表推导式的高级用法。

2. 根据实际需求选择合适的数据结构来存储和操作数据的能力、通过使用列表或元组等数据结构优化程序的能力。

3. 树立创新思维，主动探索更简洁、更高效的方法，树立持续学习的态度。

前述章节介绍了多种数据类型，包括整型、浮点型、字符型等，它们都是表示单一数据的基本数据类型。实际工作中通常需要将一组数据作为整体进行处理，此时需要利用能够存储多个数据的数据结构来解决。在 Python 语言中内置的数据结构有列表、元组、字典和集合等。本章介绍列表（list）和元组（tuple）这两种内置数据结构。

列表和元组都是序列型数据结构，每个元素都具有唯一的索引。列表是可变的有序结构，其元素数量、元素顺序、元素的值都可以更改；元组是不可变的有序结构，被创建后，其元素数量、元素顺序、元素的值都不能再被修改。

# 5.1 列表

## 5.1.1 列表的概念

列表是可以存储多个数据的有序的可迭代对象，没有长度限制，可以随时增删或修改元素。列表类似于其他编程语言中的数组（array），但数组通常只能存储相同数据类型的元素，而列表可以存储不同类型的元素。

【例 5-1】提取月份。已知 1~12 月的英文分别为 January、February、March、April、May、June、July、August、September、October、November 和 December。编写程序，根据用户输入的月份数字，输出该月份对应的英文全称。 🅴 微课1

**分析：** 利用字符串的切片方法，我们已经能够得到指定月份的月份缩写（3 个字母）名称，例如：1-Jan，9-Sep。但本例中各月份首字符出现位置毫无规律，且各月份全称的长度不同。

**提示：** 列表作为有序型数据结构，仍然可以使用在字符串章节学到的索引、切片等方法。

```
lstMonth = [" January"," February"," March"," April"," May"," June"," July"," August"," September",
            " October"," November"," December"]
n = int(input("请输入月份(1 ~ 12): "))
MonthName = lstMonth[n - 1]
print(MonthName)
```

程序运行结果如下：

请输入月份(1~12):2
February

【例5-2】编写程序，将用户录入的10个成绩存放于数组中，列出平均分以及高于平均分的成绩。　微课2

```
n = 10
marks = []    #创建空列表,用于存放成绩
for i in range(n):
    score = int(input("请输入第{}个成绩:".format(i + 1)))
    marks.append(score)    #将录入的成绩添加到列表中
aver = sum(marks) / n
print(f"这{n}个成绩是{marks}")
print(f"这{n}个成绩的平均分是{aver:.1f}")
print("其中高于平均分的成绩是:", end = "")
for i in range(n):
  if marks[i] > aver:
      print(marks[i], end = " ")
```

程序运行结果如下：

请输入第1个成绩:99
…
请输入第10个成绩:93
这10个成绩是[99,84,78,96,73,85,76,80,97,93]
这10个成绩的平均分是86.1
其中高于平均分的成绩是:99 96 97 93

从以上两例可以看出，列表的特点如下。

（1）外观上，列表的所有元素用一对方括号包围，相邻元素用英文逗号分隔。

（2）内容上，元素可以是相同类型，也可以是不同类型。例如：list1 = ["张鹏",19,[172,81.3]]，该学生信息列表有3个元素，分别是 str、int 和 list。

（3）与字符串类似，作为有序的数据结构，列表中的元素也具有正向索引和反向索引，如图5-1所示。利用索引和切片可以灵活地访问列表中的元素。

图 5-1　列表的索引

## 5.1.2 创建列表

**1. 使用"[]"创建**　在 Python 语言中，可以通过"[]"创建任意形式的列表，当"[]"不包含元素将产生空列表，以逗号分隔多个元素将产生包含数据的列表。

```
>>> EmptyList = []    #创建空列表
>>> EmptyList
[]
>>> StrList = ["Python"]    #创建仅有一个元素的列表
>>> StrList
['Python']
>>> UnName = ["Python",1990,["简洁","优雅"]]    #创建元素类型不同的列表
>>> UnName
['Python',1990,['简洁','优雅']]
```

**2. 使用 list() 函数**　利用 list() 函数也可以创建空列表，但更多时候用于将其他类型数据转换成列表。

```
>>> EmptyList = list()    #创建空列表
>>> EmptyList
[]
>>> NumList = list((3,5,7,9))    #将元组转换成列表
>>> NumList
[3,5,7,9]
>>> CharList = list("Python")    #创建元素为单个字符的列表
>>> CharList
['P','y','t','h','o','n']
>>> OrdList = list(range(1,5))    #创建有序数值型列表
>>> OrdList
[1,2,3,4]
```

**3. 使用 input() 函数**　input() 函数可以从用户处获取信息，此时录入信息整体是一个字符串，可以结合字符串拆分分隔方法将元素存入列表，示例如下。

```
>>> StuNames = input("请输入姓名(用逗号分割):")
请输入姓名(用逗号分割):Jack,Leo,Tom,Philip
>>> StuNames
'Jack,Leo,Tom,Philip'
>>> NameList = StuNames.split(",")
>>> NameList
['Jack','Leo','Tom','Philip']
```

用 input() 函数录入数值列表时，也可以搭配使用 eval() 函数，将录入的数值直接转换为数值类型列表。

```
>>> Ages = eval(input("请输入年龄(带[]并用逗号分割):"))
请输入年龄(带[]并用逗号分割):[19,21,20,19]
>>> Ages
[19,21,20,19]
```

思考：下述代码存储的 Ages 与上述结果有何区别？

```
>>> Ages = input("请输入年龄(用逗号分割):")
请输入年龄(用逗号分割):[19,21,20,19]
```

**4. 使用列表推导式** 列表推导式也叫列表生成式,它提供了将有规律的序列数据转变为列表的快捷方法。列表推导式最外层是中括号,中括号内首先是一个表达式,表达式后面是一个 for 语句,表达式即传统 for 循环的循环体,这个 for 循环每次迭代的结果就是列表的一个元素。

```
>>> n = [x for x in range(1,10,2)]
[1,3,5,7,9]
>>> m = [x ** 2 for x in range(1,10,2)]
[1,9,25,49,81]
```

**5. 使用文件** Python 支持从文件中读取数据并存入列表,结合循环可以实现逐行读取并把每行内容存储为列表的一个元素。更多文件的相关操作在第八章介绍。

【例 5-3】请读取"中国航天英雄.txt"文件中的英雄姓名至列表 HeroName。

```
datafile = open("中国航天英雄.txt","r")
HeroName = []
for line in datafile:
    HeroName. append(line. strip(" \n"))
print(HeroName)
```

输出结果为:

```
['杨利伟','费俊龙','翟志刚','景海鹏','聂海胜','刘伯明','刘旺','张晓光','陈冬','王亚平','刘洋','汤洪波','叶光富','蔡旭哲','邓清明','张陆','朱杨柱','桂海潮','唐胜杰','江新林']
```

## 5.1.3 列表的操作

列表支持对元素进行增删、修改、排序、统计等操作,如表 5-1 所示。

表 5-1 列表基础操作的方法、语句、函数

| 方法名称 | 方法功能描述 |
| --- | --- |
| list1. append(n) | 在列表尾部增加元素 n |
| list1. insert(i, n) | 在指定索引位置 i 的前面插入新元素 n |
| list1. extend(list2) | 将 list2 中的元素依次添加到 list1 的末尾 |
| list1. pop([i]) | 删除并返回指定索引 i 的元素<br>当索引 i 省略时删除并返回最后 1 个元素,若 i 不存在则报错 |
| list1. remove(x) | 删除第 1 个值为 x 的元素,若 x 不存在则报错 |
| del list1[索引] | 删除列表中指定索引的元素或切片 |
| del list1[切片] | 若指定的索引不存在则报错,若指定的切片不存在则忽略不报错 |
| list1. clear() | 清空列表 |
| del list1[:] | 清空列表(删除列表中的所有元素) |
| list1. copy() | 复制生成另外一个列表 |
| list1. sort() | 对列表 list1 进行原地排序(不生成新列表) |
| sorted(list1) | 对列表 list1 进行排序,list1 不变,返回按指定顺序排列的新列表 |
| list1. reverse() | 对列表 list1 进行原地逆序(不生成新列表) |

**1. 添加元素** 在实际应用中,列表元素的动态增加、删除、修改和检索是常使用的操作,Python 为

列表提供了多种方法实现这些功能。

（1）append()方法　在列表的尾部添加 1 个元素。

```
>>> m = [10,20,30]
>>> m.append(5)    #将 5 添加到列表的最后
>>> m
[10,20,30,5]
>>> m.append([40,50])    #将列表[40,50]作为 1 个整体添加到最后
>>> m
[10,20,30,5,[40,50]]
#由用户依次录入 4 个年龄,存放到列表 Ages 中
>>> Ages = []    #创建空列表
>>> for i in range(4):
        Ages.append(eval(input("请输入下一个年龄: ")))
请输入下一个年龄:19#' 19 '→19→[19]
请输入下一个年龄:21#' 21 '→21→[19,21]
请输入下一个年龄:20#' 20 '→20→[19,21,20]
请输入下一个年龄:19#' 19 '→19→[19,21,20,19]
>>> Ages
[19,21,20,19]
```

（2）insert()方法　在指定索引位置的前面插入 1 个元素。

```
>>> m = [10,20,30]
>>> m.insert(1,15)    #将 15 插入到索引位置 1 的前面
>>> m
[10,15,20,30]
>>> m = [10,15,20,30]
>>> m.insert(-2,18)    #将 18 插入到索引位置 -2 的前面
>>> m
[10,15,18,20,30]
>>> m = [10,20,30]
>>> m.insert(-2,[16,17])    #将[16,17]插入到索引位置 -2 的前面
>>> m
[10,[16,17],20,30]
```

（3）extend()方法　与 append()和 insert()每次只能插入 1 个元素不同，extend()方法可以将另一个列表中的元素依次添加到本列表的末尾。

```
>>> m = [10,20,30]
>>> n = [40,50]
>>> m.extend(n)    #将列表[40,50]中的所有元素添加列表 m 的末尾
>>> m
[10,20,30,40,50]
```

**2. 修改元素**　列表是可变的数据序列，可以通过赋值语句修改现有元素的值。

```
>>> PL = [ " C"," Java"," Python"," VB"," VF" ]
>>> PL[ – 1] = " R"
>>> PL
[" C"," Java"," Python"," VB"," R"]
```

思考：如何快速对换 PL 列表中" C"和" Python"的位置？

```
>>> PL[0],PL[2] = PL[2],PL[0]
[" Python"," Java"," C"," VB"," R"]
```

为列表切片赋值时，等号右侧必须是可迭代对象。对于连续切片，赋值号右侧的元素个数随意；对于非连续切片，右侧的元素个数必须与切片中的元素个数相等。

```
>>> m = [10,20,30,40,50]
>>> m[:4] = [15,25,35]    #左侧的连续切片有 4 个元素,右侧只提供了 3 个元素
>>> m
[15,25,35,50]
>>> m = [10,20,30,40,50]
>>> m[:4] = [15,25,35,45,55]    #左侧的连续切片有 4 个元素,右侧提供了 5 个元素
>>> m
[15,25,35,45,55,50]
>>> m = [10,20,30,40,50]
>>> m[::2] = [1,3,5]    #左侧非连续切片有 3 个元素,右侧也必须提供 3 个元素,否则报错
>>> m
[1,20,3,40,5]
```

**3. 删除元素**

（1）pop()方法　删除并返回指定索引的元素，省略索引时默认删除并返回最后 1 个元素，如果指定的索引不存在则抛出代码为 IndexError 的异常错误。

```
>>> m = [10,20,30,40,50]
>>> m. pop( – 2)    #删除索引为 – 2 的元素
40    #返回删除元素的值
>>> m
[10,20,30,50]
>>> m. pop()    #默认删除并返回最后一个元素
50
>>> m
[10,20,30]
```

（2）remove()方法　删除首次出现的指定值的元素，如果列表中不存在指定值，则抛出异常错误。

```
>>> m = [10,20,30,10,20,30]
>>> m. remove(20)    #移除第 1 个值为 20 的元素
>>> m
[10,30,10,20,30]
```

（3）del 语句　删除列表中指定索引的元素或切片。当指定的索引不存在时报错，当指定的切片位置不存在时忽略但不报错。

```
>>> m = [10,20,30,40]
>>> del m[2]    #删除索引为 2 的元素
>>> m
[10,20,40]
>>> m = [10,20,30,40]
>>> del m[10]    #不存在索引为 10 的元素
Traceback(most recent call last):
  File" < pyshell#19 > " ,line 1,in < module >
    del m[10]
IndexError:list assignment index out of range
>>> m = [10,20,30,40]
>>> del m[1:3]    #删除由索引 1 和 2 两个元素构成的切片
>>> m
[10,40]
>>> m = [10,20,30,40]
>>> del m[2:10]    #切片中的索引 3~9 超出了范围,只删除索引 2~3 的切片
>>> m
[10,20]
>>> del m[2:10]    #此时整个切片的索引全部超出了范围,不执行、不报错
>>> m
[10,20]
```

### 4. 清空列表

（1）clear()方法　清空列表的所有元素。

```
>>> m = [10,20,30]
>>> m. clear()
>>> m
[]
```

（2）del list1[:]语句　清空列表 list1 中的所有元素，效果同 clear 方法。

```
>>> m = [10,20,30]
>>> del m[:]
>>> m
[]
```

### 5. 删除列表　del 命令后跟列表名，可以删除列表。列表被清空后依然存在，被删除后列表对象被释放就不再存在了。

```
>>> m = [10,20,30]
>>> del m
>>> m
```

```
Traceback (most recent call last):
    File" < pyshell#2 > ", line 1, in < module >
        m
NameError:name ' m ' is not defined
```

**6. 复制列表**

（1）copy() 方法　可以得到一个独立的全新列表。

```
>>> m = [10,20,30]
>>> n = m. copy()
>>> n
[10,20,30]
>>> del n[1]    #删除列表 n 中的元素
>>> m    #列表 m 并不改变
[10,20,30]
```

（2）赋值法　直接使用整个列表进行赋值，新列表与原列表共用同一个地址，相当于给原列表起了一个别名。

```
>>> m = [10,20,30]
>>> n = m
>>> n
[10,20,30]
>>> n[1] = 2    #修改列表 n 中的元素
>>> m    #m 中的元素也改变了
[10,2,30]
```

（3）切片法赋值　list2 = list1[:] 可以将 list1 中的所有元素提取出来（切片）生成一个独立的全新列表，然后让 list2 指向到这个全新列表。

```
>>> m = [10,20,30]
>>> n = m[:]
>>> n
[10,20,30]
>>> del n[1]    #删除列表 n 中的元素
>>> m    #列表 m 并不改变
[10,20,30]
```

**7. 遍历列表**　指不重复、无遗漏地访问列表中的所有元素，通常有两种方式。

（1）索引遍历　指利用元素的唯一索引值遍历列表中的每个元素，通常配合 range() 和 len() 函数获取元素索引值的范围。下面的程序将列表 m 中所有奇数值元素改为原来的 1/2。

```
m = [21,22,23,24,25]
for i in range(len(m)):
    if m[i] % 2 != 0:
        m[i] = m[i]/2
print(m)
```

运行结果为：

[10.5,22,11.5,24,22.5]

（2）元素遍历（枚举）　基于列表为可迭代对象这一特性，利用循环依次访问每个元素。下面程序的功能是将列表 m 中所有偶数值的元素累加求和。

```
m = [21,22,23,24,25]
s = 0
for item in m:
    if item%2 == 0:
        s += item
print(s)
```

运行结果为：

46

说明：

1）用元素遍历的方法编程比用索引遍历的方法更加简单、易读。

2）如果需要在遍历循环的循环体中修改元素的值，必须采用索引遍历。

**8. reverse() 方法**　对列表进行原地逆序处理，不生成新列表。

```
m = [10,20,30]
m.reverse()
print(m)
```

运行结果为：

[30,20,10]

**9. 列表排序**

（1）sort() 方法　对列表进行原地排序，不生成新列表。语法为：

$$列表对象.sort(key = None, reverse = False)$$

参数含义：key 是作为排序依据的函数，reverse 决定按照降序排序（True）还是升序排序（False，默认值）。

```
m = [20,10,-30,25]
m.sort()    #参数均取默认值,升序排序
print(m)
```

运行结果为：

[-30,10,20,25]

```
m = [20,10,-30,25]
m.sort(reverse = True)    #降序排序
print(m)
```

运行结果为：

[25,20,10,-30]

m = [20,10,-30,25]

m. sort(key = abs,reverse = True)　#以元素的绝对值为依据降序排序,注意函数名后无括号

print(m)

运行结果为:

[-30,25,20,10]

animal = ["rabbit","Rat","beagle","Mice"]

animal. sort(key = len)　#以元素的字符个数为依据,升序排序

print(animal)

运行结果为:

['Rat','Mice','rabbit','beagle']

（2）sorted 函数　原列表本身不变,返回按指定顺序排列的新列表。语法为:

$$变量 = sorted(列表对象,key = None,reverse = False)$$

参数含义:key 是作为排序依据的函数,reverse 决定按照降序排序（True）还是升序排序（False,默认值）。

m = [20,10,-30,25]

n = sorted(m)　#参数均取默认值,升序排序

print(n)

运行结果为:

[-30,10,20,25]

m = [20;10,-30,25]

n = sorted(m,key = abs,reverse = True)　#以元素的绝对值为依据降序排序,注意函数名后无括号

print(n)

运行结果为:

[-30,25,20,10]

m = ["rabbit","Rat","beagle","Mice"]

n = sorted(m,key = str. lower)　#将元素统一变为小写(忽略大小写)后的结果为依据,升序排序

print(n)

运行结果为:

['beagle','Mice','rabbit','Rat']

**10. 列表的其他操作**

（1）列表运算　主要有拼接运算"+"、复制运算"*"、包含运算"in"和大小比较运算,如表 5-2 所示。

表 5-2　列表运算

| 运算 | 功能描述 | 示例 list1 = [1,3,5] |
| --- | --- | --- |
| list1 + list2 | 返回由列表 1 和列表 2 拼接构成的新列表, 等价于 list1. extend（list2）。list1 和 list2 不变 | list2 = [2,4,6]<br>list3 = list1 + list2<br>list3 的值为[1,3,5,2,4,6] |

续表

| 运算 | 功能描述 | 示例 **list1 = [1,3,5]** |
|---|---|---|
| list1 * n | 返回将 list1 中的元素复制 n 份构成的新列表。list1 不变 | list2 = list1 * 2<br>list2 的值为 [1,3,5,1,3,5] |
| x in list1 | 若 x 是列表 list1 中的元素（list1 包含 x）返回 True，否则返回 False | 3 in list1 返回 True<br>4 in list1 返回 False |
| <,<=,<br>>,>=,<br>=,! = | 比较两个列表的大小<br>由左向右逐个元素进行比较；参与比较的对应元素数据类型应当一致（都是字符型，都是数值型，都是列表型，……） | [1,3,5] < [4] 结果为 True<br>[3,'dog'] < [3,'rat'] 结果为 True<br>['rat',[5,2]] < ['rat',[3,7,9]] 结果为 False |

（2）列表的统计和管理类函数与方法  列表常用的与统计相关的函数和方法主要有 len()、min()、max()、sum() 函数及 count() 方法等，与列表管理相关的方法有 index() 方法等，如表 5-3 所示。

表 5-3  列表的统计和管理类函数与方法

| 分类 | 用法 | 含义  list1 = [1,3,5,3] | 示例 | 结果 |
|---|---|---|---|---|
| 函数 | len(list1) | 返回列表长度（元素个数） | len(list1) | 4 |
| | min(list1) | 返回列表元素的最小值 | min(list1) | 1 |
| | max(list1) | 返回列表元素的最大值 | max(list1) | 5 |
| | sum(list1) | 返回列表各元素的和 | sun(list1) | 12 |
| 方法 | list1.count(x) | 返回元素 x 在列表中出现的次数，若不存在返回 0 | list1.count(3)<br>list1.count(5) | 2<br>1 |
| | list1.index(x) | 返回元素 x 在列表 s 中的索引值，存在多个时返回第 1 个的信息，若不存在则报错 | list1.index(3)<br>list1.index(5) | 1<br>2 |

## 5.1.4 列表的应用实例 🄔 微课 3

【例 5-4】随机产生 96 个期末成绩放入数组 scores 中。统计其最高分、最低分、平均分，以及各分数段 ≤59、60~69、70~79、80~89、90~100 的成绩个数。

要求：①这批仿真数据符合均值为 83、标准差为 10 的正态分布；②将产生的随机成绩中 >100 和 <0 的丢弃，而非直接视为 100 和 0；③为了后续验证实验时数据可重现，要求设定种子值（本题取种子值为 2022）；④产生的随机成绩以每行 20 个的形式输出。

```
import random
random. seed(2022)
scores = []
while len(scores) < 96:
    mark = random. normalvariate(83,10)    #产生正态分布的随机浮点数
    mark = round(mark)
    if mark >=0 and mark <=100:
        scores. append(mark)
        print(mark,end = ", ")
        if len(scores)%20 ==0:
            print()
print()
sma = max(scores)
```

```
        smi = min(scores)
        sav = sum(scores)/len(scores)
        print(f"最高分{max(scores)},最低分{min(scores)},平均分{sum(scores)/len(scores):.2f}")
        n = [0]*5
        for score in scores:
            x = score//10
            if x < 6:
                n[0] += 1
            elif x >= 9:
                n[4] += 1
            else:
                n[x-5] += 1
        print(f"0~59 分有{n[0]}个")
        for i in range(1,4):
            print(f"{(i+5)*10} ~ {(i+5)*10+9}分有{n[i]}个")
        print(f"90~100 分有{n[4]}个")
```

程序运行结果为:

84, 80, 79, 89, 88, 83, 89, 79, 70, 82, 74, 72, 87, 82, 90, 93, 78, 61, 77, 74,
82, 77, 68, 77, 86, 89, 79, 83, 83, 99, 84, 77, 89, 78, 91, 89, 68, 74, 88, 93,
96, 88, 58, 92, 74, 87, 83, 74, 67, 88, 73, 84, 72, 97, 87, 83, 70, 85, 87, 95,
75, 76, 100, 71, 81, 89, 91, 78, 73, 81, 93, 80, 88, 74, 100, 84, 73, 93, 71, 90,
80, 81, 95, 76, 81, 99, 86, 67, 94, 96, 71, 79, 71, 80, 89, 72,
最高分 100,最低分 58,平均分 82. 11
0~59 分 1 个
60~69 分 5 个
70~79 分 32 个
80~89 分 39 个
90~100 分 19 个

# 5.2 元组

## 5.2.1 元组的概念

元组(tuple)是一种不可变的有序数据结构,形式上用一对小括号将元素括起,相邻元素用英文逗号分隔开。与列表相似,元组的元素可以是数值、字符串,也可以是列表、元组等任何类型的数据。

元组是不可变的数据结构指元组一旦被定义(首次赋值)之后,就不能再对其元素进行增加、删除、修改、调整顺序(原地排序)等操作了。

由于元组具有不可变的特点,常用其存放固定值的序列信息,例如 12 个月的英文名称、24 节气的名称、用户自定义的固定值参数(例如年利率、年度折旧率等)。

## 5.2.2 创建元组

**1. 利用"()"创建**　在 Python 语言中，可以利用小括号创建任意形式的元组。

```
>>> t = ()   #定义空元组
>>> t
()
>>> tupDay = ("Monday","Tuesday","Wednesday","Thursday","Friday","Saturday","Sunday")
>>> tupDay
(' Monday ',' Tuesday ',' Wednesday ',' Thursday ',' Friday ',' Saturday ',' Sunday ')
>>> tupBanSanJiao = "FuYing","HuYiru","LiQiang"   #将多个值赋值给1个变量形成元组
>>> tupBanSanJiao
(' FuYing ',' HuYiru ',' LiQiang ')
>>> monitor1 = ("FuYing")   #这样书写,会视为1个普通字符串
>>> monitor1
' FuYing '
>>> monitor2 = ("FuYing",)   #定义只有一个元素的元组时需添加1个额外的逗号
>>> monitor2
("FuYing" ,)
```

**2. 利用 tuple() 函数创建**　利用 tuple() 函数可以创建新元组，也可以将字符串、列表、集合等转换为元组。

```
>>> t = tuple()   #使用 tuple()定义空元组
>>> t
()
>>> tp1 = tuple([1,2,3])   #将列表转换为元组
>>> tp1
(1,2,3)
```

## 5.2.3 元组的操作

与列表类似，元组也拥有索引、切片等操作。由于元组的不可修改性，不能对元素进行增、删、改、原地排序等操作。元组与列表的操作方法对照如表 5-4 所示。

表 5-4　列表与元组常用操作对照

| 操作方法 | 列表 | 元组 |
|---|---|---|
| 利用切片读取元素 | √ | √ |
| 利用切片修改元素 | √ | × |
| append | √ | × |
| insert | √ | × |
| pop | √ | × |
| remove | √ | × |
| extend | √ | × |

续表

| 操作方法 | 列表 | 元组 |
|---|---|---|
| copy | √ | × |
| del | √ | 可删整个元组不可删元素 |
| len | √ | √ |
| in | √ | √ |
| not in | √ | √ |
| index | √ | √ |
| count | √ | √ |
| 遍历 | √ | √ |
| sort 方法 | √ | × |
| sorted 函数 | √ | 返回结果是列表 |
| +操作（拼接） | √ | √ |
| *操作（重复翻倍） | √ | √ |
| 整体赋值 | √（列表＝列表） | √（元组＝元组） |
| max() | √ | √ |
| min() | √ | √ |
| sum() | 数值型 | 数值型 |

书网融合……

微课 1

微课 2

微课 3

# 第6章　字典与集合

PPT

## 学习目标

　　1. 通过本章的学习，掌握对字典条目的增、删、改等基本操作，集合之间的基本运算，以及它们在实际应用中的意义；熟悉字典提供的一系列方法，如 get()、pop()、update()、keys() 等，并了解它们的使用场景；了解字典是 Python 中一种可变容器模型。

　　2. 字典和集合数据类型强调数据的准确性和唯一性（特别是在集合中），要树立严谨认真的学习态度，注重细节，避免在编程中出现因疏忽而导致的错误。

　　3. 灵活高效地使用 Python 的字典和集合来解决实际问题，包括数据管理、去重、关系测试等多种场景。尝试使用不同的方法来解决相同的问题，树立创新思维，培养创造力和想象力，在面对复杂问题时，能够有条理地进行分析和解决。

　　前面学习的列表是存储和检索数据的有序序列，可以通过索引方便地访问任意一个元素，但是有的时候，很多应用程序需要更灵活的信息查找方式，例如，在检索学生信息时，需要基于学号进行查找，而不是信息存储的序号，即通过一个特定的键（学号）来访问值（学生信息）。实际应用中有很多这样的例子，如姓名和电话号码、用户名和密码、国家名称和首都等。本章学习的字典和集合可以更加直观地访问这种类型的数据。

## 6.1 字典　微课1

### 6.1.1 字典的概念

　　字典类型是 Python 中的一种组合数据类型，字典（dict）是 0 个或者多个"键 – 值"对组成的集合，通过一系列"键 – 值"对的方式存储数据，这些"键 – 值"对之间是无序的。字典中的"键 – 值"对是映射关系的体现，键是值的数据索引。可以通过字典的键来获得其对应的值。

　　平时使用的电话本就是一种典型的字典结构。如表 6-1 所示，这里的姓名就是键，每个姓名对应的电话号码就是值，用户通过姓名找到其对应的电话号码。

表 6-1　电话号码表

| 姓名（键） | 电话号码（值） |
| --- | --- |
| 张彤 | 23520071 |
| 李刚 | 23460975 |
| 王林 | 23567122 |
| 刘丽 | 23529901 |

### 6.1.2 字典的创建与访问

**1. 字典的创建**　字典的创建方法有多种，通常使用‖直接赋值或者是 dict() 函数创建字典。

使用 {} 创建字典时，键值之间用"："分隔，多组"键－值"对之间用"，"分隔。语法格式为：

字典名 = {键 1 : 值 1, 键 2 : 值 2, ⋯⋯}

我们先用 {} 定义一个字典 dicElements 用来存放一些化学元素及其相对原子量（近似值）信息。

```
>>> dicElements = {"碳":12,"氮":14,"钠":23,"镁":24,"钾":39}
>>> dicElements
{'碳':12,'氮':14,'钠':23,'镁':24,'钾':39}
>>> type(dicElements)
<class 'dict'>
```

通过这个例子我们了解到，字典是通过键值对的形式存储数据之间映射关系的一种数据结构。其中每一对"化学元素与其相对原子量"被称为字典的条目，在一个条目中，化学元素名决定相对原子量的值，因此前者称为"键"，后者称为"值"。而创建字典的过程就是创建键与值之间的关联。

除此之外，还可以用 dict() 函数来创建字典。

字典存储的是"键"与"值"之间一一对应的关系，因此 Python 语言也支持将一组双元素序列转换为字典。这需要使用内置函数 dict()。

```
>>> lit = [("C",12),("N",14),("Na",23),("K",39)]
>>> dicE = dict(lit)
>>> dicE
{'C':12,'N':14,'Na':23,'K':39}
```

示例中，dict() 函数将一组存储双元素的列表转换成字典，列表的每个元素是一个元组，其中元组索引为 0 的元素充当键，索引为 1 的元素充当值。存储双元素的既可以是元组，也可以是列表，但是一定只能包含两个元素，否则创建字典失败。

创建字典时需特别注意以下两点。

（1）"键"具有唯一性，字典中不允许出现相同的"键"，但是不同的键允许对应相同的值。

```
>>> lit = [("C",12),("N",14),("Na",23),("K",39),("C",12)]
>>> dicE = dict(lit)
>>> dicE
{'C':12,'N':14,'Na':23,'K':39}
```

上述代码中用来生成字典的列表中出现两个关于"C"的元组，因为字典的"键"具有唯一性，因此只能将其中一个转换为条目保存在字典中。

（2）字典中的键必须是不可变数据类型，一般是字符串、数字或者元组；而值却可以是任何数据类型。如果一定将列表作为键，系统就会报错，因为列表是可变的数据类型，不能充当键。

```
>>> dicE = {["碳","C"]:12,["氮","N"]:14,["钠","Na"]:23,["镁","Mg"]:24}
Traceback (most recent call last):
  File "<pyshell#9>",line 1,in <module>
    dicE = {["碳","C"]:12,["氮","N"]:14,["钠","Na"]:23,["镁","Mg"]:24}
TypeError :unhashable type:'list'
```

如果在字典的定义中确实需要使用多个子元素联合充当键，可以考虑使用元组。

```
>>> dicE = {("碳","C"):12,("氮","N"):14,("钠","Na"):23,("镁","Mg"):24}
>>> dicE
{('碳','C'):12,('氮','N'):14,('钠','Na'):23,('镁','Mg'):24}
```

创建空字典，可以使用空的 {} 或者 dict() 函数。在 Python 语言中，尽管 {} 可以表示集合，也可以表示字典，但空的 {} 默认表示空字典而不是空集合。

```
>>> dic = {}
>>> type(dic)
< class 'dict' >
>>> dic1 = dict()
>>> dic1
{}
```

**2. 字典的访问**　在字典中，我们可以通过键来获得、修改其对应的值，或者向字典中添加新的元素。获取字典中键对应的值操作格式如下：

字典名 [键]

根据键访问字典会存在一个问题，当访问一个不存在的键时会报异常。而试图用索引访问字典，也是一个错误的操作。

```
>>> dicElements = {"碳":12,"氮":14,"钠":23,"钾":39}
>>> dicElements["钠"]
23
>>> dicElements["氧"]
  Traceback (most recent call last):
    File " < pyshell#3 >",line 1,in < module >
      dicElements["氧"]
KeyError:'氧'
>>> dicElements[2]
Traceback(most recent call last):
    File " < pyshell#4 >",line 1,in < module >
      dicElements[2]
KeyError:2
```

修改或添加键对应的值格式如下：

字典名 [键] = 值

这个赋值语句具有双重操作：当其中的"键"在字典中存在时，执行修改条目的操作；当其中的"键"在字典中不存在时，执行添加条目的操作。

```
>>> dicElements = {"碳":13,"氮":14,"钠":23,"钾":39}
>>> dicElements["碳"] = 12
>>> dicElements["钙"] = 40
>>> dicElements
{'碳':12,'氮':14,'钠':23,'钾':39,'钙':40}
```

修改字典的条目实质上是修改键所对应的值,而键具有唯一性是不可以被修改的。可以说键一旦被加入字典,除非随着条目一起被删除,否则是始终保持不变的。

### 6.1.3 字典的基本操作

Python 提供了很多字典类型的处理函数及方法,学会这些方法后,可以帮助我们更好地使用和处理字典类型的变量,这些方法及作用如表 6-2 所示。

表 6-2 字典类型常用的处理函数及方法

| 函数或方法 | 描述 |
| --- | --- |
| len(字典名) | 返回字典中"键–值"对的数量 |
| del 字典名[键] | 删除字典指定条目 |
| 字典名.clear() | 清空字典条目 |
| del 字典名 | 直接删除整个字典 |
| 字典名.pop(键,默认值) | 删除指定条目;如果键不存在,则返回默认值 |
| 字典名.popitem() | 随机删除并以元组形式返回某个完整的条目 |
| 字典名.get(键,默认值) | 获取条目的值;如果键不存在,则返回默认值 |
| 键 in 字典名 | 成员运算符 in |

对上述介绍的字典类型处理函数和方法示例如下:

```
>>> dicElements = {"碳":12,"氮":14,"钠":23,"钾":39}
>>> len(dicElements)    #返回字典中键值对的个数
4
>>> del dicElements["碳"]    #删除指定键对应的条目
>>> dicElements
{'氮':14,'钠':23,'钾':39}
>>> dicElements.clear()
>>> dicElements    #clear()方法后使字典内容为空
{}
>>> del dicElements    #del 命令可以删除字典,释放内存空间
>>> dicElements
Traceback (most recent call last):
    File " <pyshell#16 >",line 1,in  <module >
      dicElements
NameError:name 'dicElements' is not defined
```

值得注意的是,使用 del 命令可以删除字典中的指定条目,若使用"del 字典名"这种操作,则会将整个字典对象从内存中删除。

```
>>> dicElements = {"碳":12,"氮":14,"钠":23,"镁":24,"钾":39}
>>> e1 = dicElements.pop("钠")    #删除指定键对应的条目并返回其对应的值
>>> e1
 23
>>> e2 = dicElements.pop("氧","未找到该条目")
```

```
>>> e2
  '未找到该条目'
>>> e3 = dicElements. popitem()    #随机删除并返回某完整条目
>>> e3
  ('钾',39)
>>> e4 = dicElements. get("镁")    #返回指定键所对应的值
>>> e4
  24
>>> e5 = dicElements. get("氧","未找到该条目")
>>> e5
  '未找到该条目'
>>> "氧" in dicElements    #判断指定的键是否在字典中
  False
>>> "镁" in dicElements
  True
```

【例 6-1】统计句子"Where there is a will,there is a way. "中各字符出现的次数。

分析：统计字符出现的次数可以看作是求句子中各字符和其出现次数之间的映射关系，其结果恰是字典中键值对的结构，其中被统计的字符为键，其出现次数为值。

```
sentence = "Where there is a will,there is a way. "
sentence = sentence. lower()    #统一转为小写(忽略大小写)
dic_count = {}
for c in sentence:
    dic_count[c] = dic_count.get(c,0) + 1
print(dic_count)
```

运行结果为：

```
{'w':3,'h':3,'e':6,'r':3,' ':8,'t':2,'i':3,'s':2,'a':3,'l':2,',':1,'y':1,'.':1}
```

## 6.1.4 字典的整体操作 微课2

**1. 字典的遍历**　所谓遍历就是依次访问字典的所有条目，字典的遍历和列表或者元组略有不同，列表是有序的，因此可以通过索引值进行遍历。但字典本身是无序的，没有先后顺序，不能按索引访问，只能按内容来访问。要遍历字典，可以使用循环语句和字典的内置函数。以下是几种常见的遍历字典的方法。

（1）字典名. keys()方法遍历字典的键　keys()方法返回一个包含字典所有键的视图对象，可以使用 for 循环遍历这个视图对象。

```
dicElements = {"碳":12,"氮":14,"钠":23,"镁":24}
for key in dicElements. keys():
    print(key,end = " ")
```

运行结果为：

```
碳　氮　钠　镁
```

（2）字典名.values()方法遍历字典的值　values()方法返回一个包含字典所有值的视图对象，可以使用 for 循环遍历这个视图对象。

```
dicElements = {"碳":12,"氮":14,"钠":23,"镁":24}
for value in dicElements. values() :
    print(value,end = " ")
```

运行结果为：

```
12   14   23   24
```

（3）字典名.items()方法遍历字典的键值对　items()方法返回一个包含字典所有键值对的视图对象，可以使用 for 循环遍历这个视图对象。

```
dicElements = {"碳":12,"氮":14,"钠":23,"镁":24}
for k,v in dicElements. items() :
    print("{}元素的相对原子量为{}。".format(k,v))
```

运行结果为：

```
碳元素的相对原子量为12。
氮元素的相对原子量为14。
钠元素的相对原子量为23。
镁元素的相对原子量为24。
```

以上是对 Python 字典遍历方法的介绍。通过使用循环语句和字典的内置函数，可以方便地遍历字典中的键、值和键值对。

**2. 字典的排序**　字典是"键 – 值"对的无序可变序列。在实际应用中，对字典类型数据进行排序是较为常见的操作。主要用到了内置函数 sorted()，语法格式如下：　📱 微课3

$$sorted(字典名,reverse = False)$$

该函数可以对所有可迭代的对象进行排序操作，并返回重新排序的列表。

```
>>> dic = {"N":14,"Mg":24,"C":12,"K":39,"Na":23}
>>> lit = sorted(dic)
>>> lit
['C','K','Mg','N','Na']
>>> sorted(dic,reverse = True)
['Na','N','Mg','K','C']
>>> dic
{'N':14,'Mg':24,'C':12,'K':39,'Na':23}
```

严格地说，字典本身不支持排序，只能将字典中的键借助 sorted()函数按照字母顺序排列，生成一个有序的列表。中文的排序由于编码问题有些繁琐，这里暂不讨论。

从上述例子可以看出，字典本身并不支持对其条目进行排序。那么，怎样才能让字典条目按照键的排序结果输出呢？例 6 – 2 就实现了按照键的升序输出字典的条目。

【例 6-2】按照化学元素名的升序输出每个元素和对应相对原子量。

```
dic = {"N":14,"Mg":24,"C":12,"K":39,"Na":23}
lit = sorted(dic)


for element in lit:
    print(element,dic[element],end = "   ")
```

运行结果为:

```
C 12   K 39   Mg 24   N 14   Na 23
```

**3. 字典的合并**

(1) 字典名.update()方法,原地更新。字典对象的 update() 方法可以将另一个字典的内容更新到当前字典中。在这个过程中,主调字典的内容会增加,而作为参数的字典内容则保持不变。

```
>>> dic = {"C":12,"N":14,"Na":23,"Mg":24,"K":39}
>>> dicadd = {"S":32,"Cl":35.5}
>>> dic.update(dicadd)
>>> dic
{'C':12,'N':14,'Na':23,'Mg':24,'K':39,'S':32,'Cl':35.5}
>>> dicadd
{'S':32,'Cl':35.5}
```

(2) dict()函数,合并生成新字典。

$$新字典 = dict(字典1, ** 字典2)$$

按照 dict() 函数的定义,其第一个参数可以直接使用字典,而第二个参数需要使用 " ** " 将字典解包。update() 方法用两个字典合并后的条目更新了主调字典,而 dict() 函数可以将两个字典合并生成一个新的字典对象。

```
>>> d1 = {"C":12,"N":14,"Na":23}
>>> d2 = {"Mg":24,"K":39}
>>> dnew = dict(d1, ** d2)
>>> dnew   #dict() 函数,生成新字典
{'C':12,'N':14,'Na':23,'Mg':24,'K':39}
```

(3) 操作符"|",Python 3.9 版增加了 " | " 作为合并操作符(union operator),可以用于合并多个字典。即可以生成新字典也可以原地更新,如下面的代码所示。

```
>>> d1 = {"C":12,"N":14,"Na":23}
>>> d2 = {"Mg":24,"K":39}
>>> d3 = {"S":32,"Cl":35.5}
>>> d1|d2   #操作符"|"生成新字典
{'C':12,'N':14,'Na':23,'Mg':24,'K':39}
>>> d1
{'C':12,'N':14,'Na':23}
>>> d2
{'Mg':24,'K':39}
```

```
>>> d1|d2|d3   #操作符"|",合并多个字典
{'C':12,'N':14,'Na':23,'Mg':24,'K':39,'S':32,'Cl':35.5}
>>> d1 | = d2   #操作符"| ="实现原地更新
>>> d1
{'C':12,'N':14,'Na':23,'Mg':24,'K':39}
```

# 6.2 集合

## 6.2.1 集合的概念

Python 中的集合（set）与数学中集合的概念类似，即包含 0 个或多个互不相同的数据项的无序组合。集合中的元素类型只能是不可变类型，如整数、浮点数、字符串、元组等，作为可变数据类型的列表、字典和集合等不能作为集合的元素。

总的来说，集合具有以下特性：①无序性，即集合中元素没有特定的顺序；②互异性，集合内不会存在重复元素；③确定性，元素与集合之间仅有属于和不属于这两种关系。

## 6.2.2 集合的创建

**1. 直接创建集合**　创建集合的方式很简单，只需将逗号分隔的不同元素使用大括号括起来即可。语法格式如下：

$$集合名 = \{元素 1,元素 2,\ldots,元素 n\}$$

```
>>> s1 = {10,7,5,1,2,1,2,1,1,1}
>>> s1
{1,2,5,7,10}
>>> type(s1)
<class 'set'>
>>> s2 = {[15,20],[13,17]}    #列表是可变数据类型,不能作为集合的元素
Traceback(most recent call last):
    File "<pyshell#16>",line 1,in <module>
        s2 = {[15,20],[13,17]}
TypeError:unhashable type:'list'
```

从上面代码能够看出，集合中储存的对象是无序的，在创建集合 s1 时，系统自动去除重复的元素；而集合 s2 在创建时，由于使用列表作为元素，从而导致系统报错。

**2. 使用 set() 函数创建集合**　Python 语言的内置 set() 函数用来将其他类型转换为集合，在转换的过程中可以过滤掉重复的元素。

```
>>> s1 = set([1,1,1,3,5,7])   #将列表转换成集合
>>> s1
{1,3,5,7}
>>> s2 = set((1,3,5,7))   #将元组转换成集合
```

```
>>> s2
{1,3,5,7}
>>> s3 = set("hello python")    #将字符串转换成集合
>>> s3
{'o','t','p','h','n','l','e','y'}
```

凡是能被 for 循环遍历的数据类型（遍历出的每一个值都必须为不可变类型）都可以用 set( ) 函数转换成集合类型，字典中的键也可以被转换为集合类型。

这里我们发现 {} 既可以用于定义字典，也可以用来定义集合。但定义空集合不能直接用 {}，{} 只能创建一个空字典，为了避免二义性，空集合用不带参数的 set( ) 函数创建。

```
>>> a = {}    #默认是空字典
>>> type(a)
< class 'dict' >
>>> b = set()    #定义一个空集合
>>> type(b)
< class 'set' >
```

**3. 集合的访问**　列表类型是利用索引取到对应的值，字典是用 key 取到对应的值。而集合既没有索引也没有 key 与值对应，集合的元素是无序的，所以集合是通过集合名访问输出，或是通过 for 循环实现元素的遍历。

```
>>> a = {"片剂","丸剂","贴剂","栓剂","注射剂"}
>>> print(a)
{'注射剂','丸剂','栓剂','贴剂','片剂'}
>>> for i in a:
        print(i,end = " ")
注射剂 丸剂 栓剂 贴剂 片剂
```

## 6.2.3 集合的基本操作

集合元素的操作和字典类似，表 6-3 归纳了 8 种集合的常用操作，并给出了功能描述。

表 6-3　集合的基本操作

| 操作 | 函数或方法 | 功能描述 |
|------|-----------|---------|
| 添加元素 | s. add(x) | 将元素 x 添加到集合 s 中。如果 x 已经存在，则无变化 |
| | s. update(items) | 更新集合 s。把 items 中的新元素一次性添加到集合 s 中 |
| 删除元素 | s. remove(x) | 从集合 s 中删除元素 x。若 x 不存在，产生 *KeyError* 错误 |
| | s. discard(x) | 从集合 s 中删除元素 x。若 x 不存在，无变化 |
| | s. pop() | 从集合 s 中随机删除一个元素并返回该元素的值。若 s 为空产生 *KeyError* 错误 |
| | s. clear() | 删除集合 s 中的所有元素 |
| 存在判断 | x in s | 判断元素 x 是否在集合 s 中 |

## 6.2.4 集合的数学运算

在 Python 中，集合的概念类似数学中集合的概念，可以进行交集、并集、差集等运算操作，如图 6-1 所示。

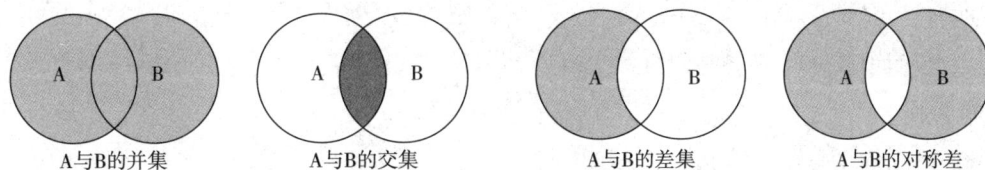

图6-1　集合的数学运算

Python 语言也提供了一系列对应的方法和运算符，其操作逻辑与上面数学运算定义相同。表6-4以集合 A = {1,2,3,4,5} 和集合 B = {4,5,6,7,8} 为例给出了集合常见的数学运算对应的 Python 方法和等价运算符及运算结果。

表6-4　Python 语言中常见的集合方法与运算符

| 操作 | 方法和等价的运算符 | 运算结果 |
| --- | --- | --- |
| 求并集 | A. union( B) 或 A\|B | >>> A\|B<br>{1,2,3,4,5,6,7,8} |
| 求交集 | A. intersection( B) 或 A&B | >>> A&B<br>{4,5} |
| 求差集 | A. difference( B) 或 A - B | >>> A - B<br>{1,2,3} |
| 求对称差 | A. symmetric_difference( B) 或 A^B | >>> A^B<br>{1,2,3,6,7,8} |

以上对 A、B 集合的运算结果是生成一个新集合，即 A、B 集合运算后保持原值不变。

# 6.3 字典与集合应用实例

【例6-3】某医药公司有两个分公司，现将两个分公司的销售数据定义成两个字典 dict1、dict2。

（1）将两个分公司的销售数据合并为一个新的字典，其中包含两个字典的合并内容。如果两个字典中有相同的键，则新字典中该键的值应为两个字典中该键的值的总和。

（2）统计总的销售数据中哪种药品销量最好？

```
dict1 = {'a':100,'b':200,'c':300}
dict2 = {'b':200,'c':300,'d':400}
Newdict = {}
for key,value in dict1. items():
    Newdict[key] = value
for key,value in dict2. items():
    if key in Newdict:
        Newdict[key] += value
    else :
        Newdict[key] = value
print(Newdict)
LSVK = [(v,k) for k,v in Newdict.items()]
```

```
LSVK. sort()
print("{} 药品销量最好。". format(LSVK[-1][-1]))
```

运行结果为：

```
{'a':100,'b':400,'c':600,'d':400}
c 药品销量最好。
```

【例 6-4】健脾方主要用于治疗脾胃不健、消化功能差的症状，具有健脾益胃的功效。根据表 6-5 给出的两个方剂定义两个字典 dict1、dict2，找出它们之间的共同键（中药材），并返回这些键及其分别对应的值的元组列表。

表 6-5　两个方剂的配方

| 配方 1 | | 配方 2 | |
| --- | --- | --- | --- |
| 甘草 | 8g | 五味子 | 10g |
| 白术 | 12g | 白术 | 9g |
| 陈皮 | 12g | 砂仁 | 10g |
| 砂仁 | 15g | 麦芽 | 5g |
| 生山楂 | 10g | 生山楂 | 8g |

```
dict1 = {'甘草':8,'白术':12,'陈皮':12,'砂仁':15,'生山楂':10}
dict2 = {'五味子':10,'白术':9,'砂仁':10,'麦芽':5,'生山楂':8}
common_keys = set(dict1. keys()) & set(dict2. keys())
common_items = [(key,(dict1[key],dict2[key])) for key in common_keys]
print(common_items)
```

运行结果为：

```
[('生山楂',(10,8)),('白术',(12,9)),('砂仁',(15,10))]
```

【例 6-5】本学期学校共开设了 3 门选修课，一个班有 15 位学生，选修的情况如下。

选修 1 号课程的同学有：乙、丙、丁、壬、癸、戊。

选修 2 号课程的同学有：甲、乙、午、己、庚、辛、壬、癸。

选修 3 号课程的同学有：丙、丁、己、庚、辛、壬。

请编写程序解决以下问题。

（1）这个班有多少位学生没有选课？

（2）有多少位学生同时选修 2 门以上课程？

（3）有多少位学生只选修 1 门课？

（4）1 号课程是 2 号课程的先导课，需要通知只选 1 号课程或者只选 2 号课程的学生补选，返回他们的名字并输出。

```
course1 = {"乙","丙","丁","壬","癸","戊"}
course2 = {"甲","乙","戊","庚","壬","辛","癸"}
course3 = {"丙","丁","己","庚","辛","壬"}
courses = course1 | course2 | course3
cnt = len(courses)
cntNo = 15-cnt
```

```
c2 = (course1 & course2) | (course2 & course3) | (course1 & course3)
cnt1 = len(courses−c2)
cnt2 = len(c2)
c3 = course1^course2


print("没有选课的同学有{}位。".format(cntNo))
print("选修 2 门以上课程的同学有{}位。".format(cnt2))
print("选修 1 门课的同学有{}位。".format(cnt1))
print("需要补选的同学有:",c3)
```

运行结果为:

没有选课的同学有 5 位。

选修 2 门以上课程的同学有 8 位。

选修 1 门课的同学有 2 位。

需要补选的同学有:{'辛','丙','甲','庚','丁'}

---

书网融合……

微课 1　　　　微课 2　　　　微课 3

# 第7章 函 数

📖 **学习目标**

1. 通过本章学习，掌握函数的概念、参数的传递过程；熟悉函数的定义及调用方法。
2. 具有利用函数提升编程效率、提升代码可重用性的能力。
3. 培养结构化思维模式，利用模块化思想解决现实生活中的复杂问题。

函数是被命名的、能够实现特定功能的代码集。在实际的程序应用中，不同函数用来实现软件的不同功能部分（对程序进行功能分解），函数被定义之后可以被无限次重复调用，从而实现代码的复用、降低代码的复杂性、提高程序的可读性和可维护性，从而提升编程效率。

Python 中的函数通常分为四大类。

（1）内置函数　可以在程序中直接调用，如 print()、int()、abs()、range() 等。

（2）标准库函数　标准库是指在安装 Python 程序时被自动安装到本机的库，在后续使用时无需再特意安装。标准库函数属于库函数，例如 math 库中的 sqrt() 函数，在调用这些函数之前需要先通过 import 语句导入其所属的库。

（3）第三方库函数　标准库的数量有限，无法满足更广泛的需求。于是针对不同领域需求的、数量众多的函数库被世界范围的程序员贡献给 Python 社区，这些就是第三方函数库。例如用于数据分析的 pandas、numpy，用于机器学习的 Sklearn、SciPy，用于数据可视化的 matplotlib、pyecharts 等。在首次使用第三方库函数之前，需要先安装第三方库，详见第 1 章第 4 节 Python 中库的使用。安装之后，就可以像标准库一样使用了。

（4）用户自定义函数　是指用户根据自身的实际功能需求而定义的函数。新的函数被定义之后可以像内置函数一样使用。本章重点讲解的就是用户自定义函数。

## 7.1 函数的定义与调用

### 7.1.1 引例 🅔 微课 1

【例 7-1】定义根据三边长度求三角形面积的函数 area(a,b,c)，用户输入两个三角形的边长，分别求两个三角形的面积。作为引例，为了简化程序，假设用户提供的三条边长都满足构成三角形的条件。

```
import math
def area(x,y,z):
    p = (x + y + z)/2
    s = math.sqrt(p * (p-x) * (p-y) * (p-z))
    return s
a,b,c = eval(input("请用 3,4,5 的格式输入三角形的三个边长:"))
area1 = area(a,b,c)
```

```
print(f"第 1 个三角形的面积是{area1:.2f}")
d,e,f = eval(input("请用 3,4,5 的格式输入三角形的三个边长:"))
area2 = area(d,e,f)
print(f"第 2 个三角形的面积是{area2:.2f}")
```

运行结果为:

```
请用 3,4,5 的格式输入三角形的三个边长:6,8,10
第 1 个三角形的面积是 24.00
请用 3,4,5 的格式输入三角形的三个边长:10,10,10
第 2 个三角形的面积是 43.30
```

在这个例子中，三角形的面积求解了两次（可以是无数次），但根据三边长计算三角形面积的代码却只书写了一次。

## 7.1.2　函数的定义 🅔 微课 2

定义函数的语法为:

def 函数名([形参列表]):

函数体

[return 返回值]

其中，各部分涵义如下。

1）def 是定义函数的关键字。

2）函数名是这些实现特定功能代码集的名称，命名规则同变量名的命名。

3）无论是定义还是调用，函数名后面必须有小括号。括号中的形参根据实际情况可有可无，如果有多个形参需要用英文逗号分隔。

4）def 这一行是函数定义的首行，称为"函数头"。def 和函数名之间用空格分隔，行的末尾有英文冒号。

5）函数头下方缩进的部分称为"函数体"，它是实现函数功能的核心，函数体中如果需要函数外部的数据，通常利用形参来获取。

6）return 语句是可选的。如果函数没有返回值（例如只是触发报警的铃音、修改系统时间、绘制一个图形、修改形参中提供的列表或字典的元素值等）就省略 return 语句；如果只有一个返回值，如上面的引例一样正常书写即可；如果有多个返回值（例如求给定列表的最大值、最小值、平均值），可以将这些返回值以列表、字典等形式返回（语法上仍然是只返回了"1 个值"——1 个列表、1 个字典）。

### 📖 知识拓展

#### 函数体中多个 return 语句的处理

函数体中的 return 类似于循环体中的 break，执行 return 语句后程序将忽略函数体中的后续语句，直接跳出函数体，结束函数的运行返回主调过程。因此即使函数体中有多个 return 语句（例如选择结构的每个分支中都有一个 return），最终也只能有一个 return 被执行。

### 7.1.3 函数的调用

程序设计中将定义函数的代码称为被调过程（called procedure），被调过程中函数名后面括号中的参数被称为形参（parameter），其功能只是为了在函数体中方便对这些参数进行描述，只要形参列表中的名称与函数体中的名称一致形参可以随意命名；将调用函数的代码称为主调过程（calling procedure），主调过程中函数名后面括号中的参数被称为实参（argument），实际上函数体处理的是这些实参。通常情况下，实参的个数、类型、顺序需要和形参一致。随着函数的返回值个数不同，调用函数的语句书写方式也不同。

**1. 函数无返回值**    当函数没有返回值时，在主调过程中函数名的调用作为一个独立的语句存在。

【例 7-2】编写函数 Polygon(x,y,n,r)，利用 turtle 库绘制以 (x,y) 为顶点，以 r 为边长的正 n 边形，在主调过程中多次调用该函数，分别绘制正三角形、正方形、正五边形和正六边形。结果如图 7-1 所示。  ⓔ 微课 3

```
def Polygon(x,y,n,r):
        import turtle as t
        t.penup()
        t.goto(x,y)
        t.pendown()
        t.setheading(0)
        for i in range(n):
            t.forward(r)
            t.right(360/n)

        Polygon(-160,150,3,110)
        Polygon(50,150,4,100)
        Polygon(-150,0,5,90)
        Polygon(60,0,6,80)
```

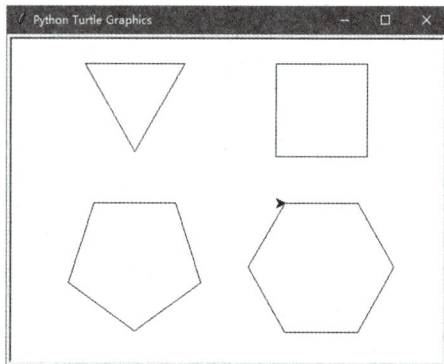

图 7-1    绘制正多边形

**2. 函数有一个返回值**    当函数有返回值时，在主调过程中函数名的调用不能独立作为一个 Python 语句（虽然程序不报错，但没有实际意义）；只能作为 Python 语句的一部分存在，例如为变量赋值、作为 print 函数的参数直接输出、作为选择结构或循环结构的条件表达式、作为表达式的一部分等。

| 给变量赋值 | 直接打印输出 |
| --- | --- |
| ```<br>def calsum(m,n):<br>    s = 0<br>    for i in range(m,n+1):<br>        s += i<br>    return s<br><br>Sum = calsum(10,99)<br>print(f"从 10 到 99 的和是{Sum}")<br>``` | ```<br>def getdate():<br>    import datetime<br>    y = datetime.datetime.now().year<br>    m = datetime.datetime.now().month<br>    d = datetime.datetime.now().day<br>    return f"{y}-{m}-{d}"<br><br>print(f"今天是{getdate()}")<br>``` |

续表

| 作为判断条件 | 作为表达式的一部分 |
|---|---|
| ```def leap(n):    if(n%4 ==0 and n%100! =0)or(n%400 ==0):        return True    else:        return Falsefor i in range(2000,2025):    if leap(i):        print(i,end =" ")``` | ```def calsum(m,n):    s =0    for i in range(m,n +1):        s += i    return sx,y =10,99Aver = calsum(x,y)/(y - x +1)print(f"从{x}到{y}的平均值是{Aver}")``` |

**3. 函数有多个返回值**　当函数有多个返回值时，在主调过程中函数名的调用也需要作为 Python 语句的一部分存在。被返回的多个值整体是一个列表、一个字典等序列形式，此时用函数返回值给变量赋值时，既可以赋给 1 个变量，也可以通过解包赋值的方式赋给多个变量。

| 直接赋值给一个变量 | 解包赋值给多个变量 |
|---|---|
| ```def d eallist(lstn):    large = max(lstn)    small = min(lstn)    average = sum(lstn)/len(lstn)    return[large,small,average]list1 =[30,10,40,50,20]m = deallist(list1)print(f"最大元素是{m[0]}")print(f"最小元素是{m[1]}")print(f"平均值是{m[2]:.2f}")``` | ```def deallist(lstn):    large = max(lstn)    small = min(lstn)    average = sum(lstn)/len(lstn)    return[large,small,average]list1 =[30,10,40,50,20]Max,Min,Aver = deallist(list1)print(f"最大元素是{Max}")print(f"最小元素是{Min}")print(f"平均值是{Aver:.2f}")``` |

# 7.2 参数传递

大部分函数在定义时都有形参，在主调过程中调用函数时存在实参和形参之间的数据传递。Python 提供了多种数据传递方式，以灵活应对不同情况下的需求。宏观上参数传递有传值方式（passing by value）和传址方式（passing by reference）两种方式。不可变数据类型（数值、字符串、布尔型、元组等）作为形参以及表达式作为实参时，只能采用传值的方式；当可变数据类型（列表、集合、字典）作为形参时，可以采用传址方式。

## 7.2.1 传值　微课 4

在传值方式中，实参将自己的值复制一份传递给形参，在内存中实参和形参分别指向两个不同的数据（这两个数据间的联系是形参的初始值从实参处复制获取），在函数体中修改形参的值时，主调程序中实参的值不变。具体传递形式如下。

**1. 按位置传递（by position）**　实参列表中的实参按照位置顺序依次将自己的值传递给对应形参列表中的形参。这种传递方式中要求实参的个数、顺序、类型都必须与形参保持一致。

| 程序示例 | 说明 |
|---|---|
| def cal(x,y,z): <br>   x = x ** z <br>   y = y ** z <br>   t = x + y <br>   return t <br><br> a,b,c = 3,4,2 <br> m = cal(a,b,c) <br> print(m) <br> print(a,b,c) | 实参 a 将 3 传递给形参 x, <br> 实参 b 将 4 传递给形参 y, <br> 实参 c 将 2 传递给形参 z。 <br> 函数体中：x 变为 9、y 变为 16、t 变为 25 <br> 将函数的返回值 25 赋值给 m, <br> 主调程序中实参 a、b、c 的值不变。 <br> 运行结果为: <br> 25 <br> 3 4 2 |

**2. 按名称传递（by name）**　实参列表中按照形参的名称为各形参赋值，函数体的运行与形参赋值的先后顺序无关，只需要为某个形参赋值时该形参和这个值的类型保持一致即可。

| 程序示例 | 说明 |
|---|---|
| def cal(x,y,z): <br>   x = x ** z <br>   y = y ** z <br>   t = x + y <br>   return t <br><br> a,b,c = 3,4,2 <br> m = cal(y = b,z = c,x = a) <br> print(m) <br> print(a,b,c) | 实参 b 将 4 传递给形参 y, <br> 实参 c 将 2 传递给形参 z, <br> 实参 a 将 3 传递给形参 x。 <br> 函数体中：x 变为 9、y 变为 16、t 变为 25 <br> 将函数的返回值 25 赋值给 m, <br> 主调程序中实参 a、b、c 的值不变。 <br> 运行结果为: <br> 25 <br> 3 4 2 <br> 和上面的示例相比，虽然为三个形参赋值的顺序不同，但所赋值相同，结果相同 |

**3. 按默认值传递（by default value）**　定义函数时，在形参列表中为形参指定默认值；调用函数时，如果不为该形参赋值取默认值，如果赋了值则取赋值结果。

要求：形参列表中，所有具有默认值的形参必须写在所有无默认值的形参（必须通过实参赋值）的后面。

| 程序示例 | 说明 |
|---|---|
| def realround(m,n =0): <br>   x = m * (10 ** n) +0.5 <br>   y = int(x)/(10 ** n) <br>   z = int(y) if n ==0 else y <br>   return z <br><br> a = realround(2.5) <br> b = realround(2.35,1) <br> c = realround(2.345,2) <br> print(a) <br> print(b) <br> print(c) | 形参 m 无默认值，调用时需用实参赋值 <br> 形参 n 有默认值 0，调用时若不为 n 赋值则取值 0（不保留小数位，显示为整数） <br> 以 realround(2.5) 为例: <br> x = 2.5 + 0.5 = 3.0 <br> y = 3/1 = 3.0 <br> z = int(3.0) = 3，并作为函数返回值 <br> 以 realround(2.35,1) 为例: <br> x = 23.5 + 0.5 = 24.0 <br> y = 24/10 = 2.4 <br> z = y = 2.4，并作为函数返回值 |

### 7.2.2 传址 📱 微课 5

在传址方式中，形参必须是可变数据类型，实参将自己的地址传递给形参，在内存中，实参和形参指向同一个地址（形参引用实参的地址，即形参和实参是同一个数据），在函数体中修改形参的值时，主调程序中实参的值也就被同时更改了。

| 列表作为参数进行传址 | 字典作为参数进行传址 |
|---|---|
| #将列表 n 中的元素增加 r 倍<br>def increase(n,r):<br>　for i in range(len(n)):<br>　　n[i] = n[i] * (1 + r)<br><br>a = [10,20,30]<br>increase(a,0.2)<br>print(a) | #将字典 dic 中每个键值对中的值增加 r<br>def increase(dic,r):<br>　for key indic.keys():<br>　　dic[key] = dic[key] + r<br><br>dicStu = {"Leo":19,"Mike":20,"John":19}<br>increase(dicStu,1)<br>print(dicStu) |
| 运行结果： | 运行结果： |
| [12.0,24.0,36.0] | {'Leo':20,'Mike':21,'John':20} |

### 7.2.3 数量不固定的参数 📱 微课 6

在 Python 语言中，允许形参的数量与实参的数量不一致（前面讲的默认值传递不属于这种情况，在默认值参数方式中，形式上实参列表中给出的参数数量少于形参列表中的数量，但本质上其数量是一致的——省略不写的都自动采用了默认值），这里说的形参与实参的数量不一致指提供的实参数量大于形参的数量，换言之，形参会自动适应实参的个数。Python 语言中采用列表和字典两种方法来实现可变长度参数问题。

**1. 元组可变长度参数**　指在第 1 个形参名前添加一个 * 号，用该形参接收任意数量的实参，并将这些实参整体转换为一个元组。形参列表中只允许在第 1 个形参名前添加 *，后续的形参只能通过按名称传递的方式进行赋值。

```
def aver( * m,r = 2):
    s = sum(m)
    n = len(m)
    returnround(s/n,r)


a = aver(77,87,81)
print(a)
b = aver(77,87,81,r = 1)
print(b)
c = aver(77,87,81,73,79,78,r = 5)
print(c)
```

运行结果为：

```
81.67
82.7
79.16667
```

**2. 字典可变长度参数**　指在最后 1 个形参名前添加两个 ∗ 号，用该形参接收任意数量形式为"key = value"格式的实参，将每个这种形式的实参转换为"key:value"的键值对，然后将这些键值对整体转换为一个字典。形参列表中只允许最后 1 个形参名前添加 ∗∗ 。

```python
def aver(n = 2, ** m):
    s = sum(m. values())
    return round(s/len(m), n)


a = aver(mark1 = 80, mark2 = 90, mark3 = 83)
print(a)
b = aver(1, mark1 = 80, mark2 = 90, mark3 = 83)
print(b)
c = aver(mark1 = 80, mark2 = 90, mark3 = 83, n = 3)
print(c)
```

运行结果为：

```
84. 33
84. 3
84. 333
```

# 7.3 特殊函数

## 7.3.1 lambda 函数（匿名函数） 微课7

前面讲的函数在定义和调用时都必须遵守严格的格式要求，当函数体的代码非常简单、不会被重复调用或直接作为实参时，采用正常的函数形式就会显得太烦琐，于是 lambda 函数（匿名函数）便应运而生了。

匿名函数本质就是一个 lambda 表达式，即无需使用 def 关键字定义的函数。它适用于整个函数体就是一个 Python 表达式的情况，此时表达式的值就是函数的返回值。语法格式为：

[函数名 =]lambda 形参列表:表达式

说明：函数名可以省略。

| lambda 函数 | 正常函数 |
|---|---|
| #求两个数的较大值<br><br><br><br><br><br>big = lambda n1,n2:n1 if n1 > n2 else n2<br><br>large = big(20,15)<br>print(large) | #求两个数的较大值<br>def big(n1,n2):<br>　if n1 > n2:<br>　　return n1<br>　else:<br>return n2<br><br>large = big(20,15)<br>print(large) |

续表

| lambda 函数 | 正常函数 |
|---|---|
| #以元素的平方为依据对列表进行排序<br><br><br><br>list1 = [-3,2,-5,4]<br>list1. sort(key = lambda x:x ** 2)<br>print(list1)<br>运行结果为:<br>[2,-3,4,-5] | #以元素的平方为依据对列表进行排序<br>def square(n):<br>    return n ** 2<br><br>list1 = [-3,2,-5,4]<br>list1. sort(key = square)<br>print(list1)<br>运行结果为:<br>[2,-3,4,-5] |
| **lambda 函数** | **正常函数** |
| #以字典的值为依据对字典进行排序<br><br><br><br>dicStu = {"赵阳":92,"李娜":79,"李强":85}<br>dicA = sorted(dicStu. items(),key = lambda x:x[1])<br>print(dicA)<br>运行结果为:<br>[('李娜',79),('李强',85),('赵阳',92)] | #以字典的值为依据对字典进行排序<br>def SecondElement(item):<br>    return item[1]<br><br>dicStu = {"赵阳":92,"李娜":79,"李强":85}<br>dicA = sorted(dicStu. items(),key = SecondElement)<br>print(dicA)<br>运行结果为:<br>[('李娜',79),('李强',85),('赵阳',92)] |
| **lambda 函数** | **正常函数** |
| #以函数作为形参<br><br><br><br>def convert(fun,lstN):<br>    return[fun(i) for i in lstN]<br><br>list1 = convert(lambda x:x ** 2,[2,4,6])<br>print(list1)<br>运行结果为:<br>[4,16,36] | #以函数作为形参<br>def square(x):<br>    return x ** 2<br><br>def convert(fun,lstN):<br>    return[fun(i) for i in lstN]<br><br>list1 = convert(square,[2,4,6])<br>print(list1)<br>运行结果为:<br>[4,16,36] |

## 7.3.2 递归函数

递归函数是指在函数中调用自身的函数。由于很多数学模型本身就是用递归算法表述的,因此用递归程序书写比用非递归方法书写更加简洁易读。

递归包括递推和回归两部分,如图 7-2 所示,递推部分是从初始条件向终止条件进行迭代推导的过程,回归部分是从终止条件向初始条件进行迭代推导的过程。

虽然递归算法的程序书写简单,但由于其采用了堆栈方法进行递推(入栈)和回归(出栈),因此其占据的内存空间比非递归的正常程序大——术语叫作空间复杂度大。

用递归算法编写函数,必须满足以下条件:①能够用递归形式表示,并且递推的过程向终止条件发展；②必须提供递推的结束条件及递推结束时的值。

【例7-3】利用递归算法编写函数 fac(n)，功能是返回正整数 n 的阶乘（factorial）。📱 微课8

分析：可以将求解 n! 的问题转换为求解 n×(n-1)!，求解(n-1)! 转换为求解(n-1)×(n-2)!，如此递推，直至求解 2!=2×1!。只要提供终止条件 1!=1，即可求出 2!=2×1=2，进而得出 3!=3×2!=3×2=6，如此回归迭代就可以得到 n!。

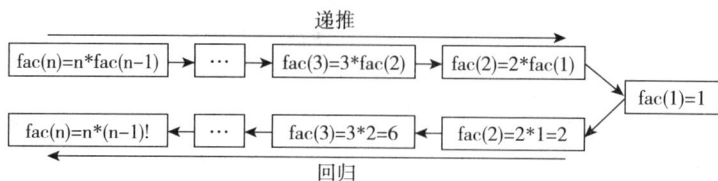

图 7-2 递归的过程

```
def fac(n):
    if n == 1:
        return 1
    else:
        return n * fac(n-1)


a = fac(3)
b = fac(10)
print(a)
print(b)
```

运行结果为：

```
6
3628800
```

【例7-4】采用辗转相除法编写递归函数 GYS(m,n) 返回正整数 m 和 n 的最大公约数。辗转相除法通过将较大数除以较小数，然后将原来的较小数作为新的较大数、将余数作为新的较小数，如此反复，直到余数为 0 为止，此时的较小数就是所要的最大公约数。📱 微课9

例如求 28 和 124 的最大公约数：124÷28=4 余 12，余数不等于 0，124 和 28 的最大公约数就是 28 和 12 的最大公约数；28÷12=2 余 4，余数不等于 0，28 和 12 的最大公约数就是 12 和 4 的最大公约数；12÷4=3 余 0，余数等于 0，结束。最后一次的较小数 4 就是 124 和 28 的最大公约数，当然也是 28 和 12 以及 12 和 4 的最大公约数。

```
def GYS(m,n):
    if m < n:
        m, n = n, m
    if m % n == 0:
        return n
    else:
        return GYS(n, m % n)
```

```
a = GYS(35,50)
print(a)
b = GYS(124,28)
print(b)
```

运行结果为：

```
5
4
```

# 7.4 变量的作用域 🎬 微课 10

某个变量能够生效（可以被访问）的范围称为该变量的作用域，Python 语言中变量的作用域有局部变量和全局变量。

**1. 局部变量** 是指在函数内部定义的变量。局部变量只能在定义该变量的函数内部访问，函数外部的代码及其他函数内都不可访问。使用局部变量的优点是在不同函数内可以使用同名变量，它们之间互不干扰，给编程带来便利；函数被调用时为局部变量赋值，函数运行结束，局部变量被释放，从而节省内存空间。

**2. 全局变量** 是在函数外定义的变量。全局变量可以在整个程序范围内被访问，只有在整个程序运行结束时才会被释放。

**3. global 关键字** 有时函数内部必须使用全局变量，以便在整个程序中确保所有同名变量取值的一致性（例如整个程序中无论函数内还是函数外，所有 PI 值的精度必须保持一致、所有的年利率必须保持一致、所有随机数的种子值必须保持一致等），可以在函数体中利用 global 关键字来定义该变量；功能是强制这个在函数体内定义的变量引用同名的全局变量。有人说，在函数内不定义该变量，直接拿来用其访问的就是全局变量，岂不是更简单？如果在函数内不定义某个变量直接书写，会使得该函数的可读性变差，利用 global 进行定义会使得程序更易理解。

下面举例说明。

（1）在函数外部访问局部变量导致错误

```
def realround(m,n):    #本函数内 x、y、z 都是局部变量
    x = m * (10 ** n) + 0.5
    y = int(x)/(10 ** n)    #在函数内可以访问局部变量,例如 int(x)
    z = int(y) if n == 0 else y
    return z


a = realround(2.35,1)    #调用该函数,在函数运行过程中,变量 x、y、z 被赋值
#函数运行结束后,局部变量 x、y、z 消失
b = x + y    #由于 x、y 已经被释放,这里再次访问 x、y 导致程序出现 x、y 未定义的错误
print(b)
```

运行结果为：程序报错，因为 x 和 y 未定义

（2）同名变量的访问

```
def deal(m):    #该函数被调用时,实参通过传址方式把 a 的地址传递给 m。值为[10,20,30]
    s = sum(m)    #定义局部变量 s,值为 60
    aver = s/n    #局部变量 s 和全局变量 s 同时存在,优先访问局部变量;n 访问全局变量
    return aver


s = 5    #定义全局变量 s
a = [10,20,30]
n = len(a)    #定义全局变量 n,值为 3
print(deal(a))    #调用函数 deal()
#此时函数运行结束,局部变量 s 被释放,全局变量 s 的值仍为 5
print(s)    #在函数体外只能访问全局变量
```

运行结果为:

```
20. 0
5
```

（3）在函数内用 global 关键字定义变量

```
def deal(m):    #该函数被调用时,实参通过传址方式把 a 的地址传递给 m。值为[10,20,30]
    global s    #在函数内用 global 定义变量 s,该变量引用同名的全局变量 s
    s = sum(m)    #由于 s 引用的是全局变量,因此全局变量 s 的值变为 60
    aver = s/n
    return aver


s = 5    #定义全局变量 s,值为 5
a = [10,20,30]
n = len(a)    #定义全局变量 n,值为 3
print(deal(a))    #调用函数 deal()
#此时函数运行结束,但函数运行过程中把全局变量 s 的值已经修改为了 60
print(s)    #在函数体外只能访问全局变量
```

运行结果为:

```
20. 0
60
```

书网融合……

微课 1　微课 2　微课 3　微课 4　微课 5

微课 6　微课 7　微课 8　微课 9　微课 10

# 第8章　数据文件与异常处理

📖 **学习目标**

1. 通过本章的学习，掌握文件夹操作、文本文件的读写和异常错误分类；熟悉 CSV 文件的读写以及程序异常处理机制；了解 Excel 数据文件的基本操作方法。
2. 具有数据文件读写和异常处理的能力。
3. 树立责任和严谨意识，培养创新精神和团队协作的能力。

数据可以被保存成许多不同的格式和文件类型。有些格式存储的数据更容易被计算机处理，而另一些格式存储的数据更适合人类的阅读和编辑。例如，Excel 和 Word 文档通常包含丰富的格式设置选项，使得它们适合于人类直接查看和编辑；而 TXT（纯文本）、CSV（逗号分隔值）和 JSON（JavaScript 对象表示法）等类型的文件则通常用于机器之间的数据交换，因为它们更易于解析和处理。

为了便于管理和组织，数据文件通常会被保存到指定的文件夹中，这样可以帮助用户快速找到和访问所需的文件。

编写一段可靠且健壮的程序一个重要方面是能够有效地处理错误和异常。在编写程序时，通常会约定要处理的数据类型和数据结构，如果数据违反了这些约定，程序可能会抛出错误并中断执行。通过使用 try – except 异常处理结构，可以捕获这些错误，并采取适当的措施来处理它们，从而使程序能够继续执行。

## 8.1 文件夹操作

文件（file）是在外存（如硬盘、SSD 等）中用于永久存储的数据集合，可以包含各种类型的数据，如文本、图像、音频、视频等。文件夹（folder）又称目录（directory），是用来对文件和其他子目录进行分类保存的容器。Python 提供了多个模块（如 os、shutil 等）来帮助快速、高效地管理文件和目录。

### 8.1.1 路径

路径（path）是指向文件或目录的位置字符串，分为绝对路径和相对路径。

**1. 绝对路径**　是从根目录（即逻辑盘符，如 C:\）开始直到目标文件或目录的完整路径。在指定的电脑上，无论 Python 程序从哪个目录运行，绝对路径都可以准确定位到文件或目录。

```
with open(' C:\\Users\\username\\Documents\\example. txt ',' r ') as file：
    content = file. read()
    print(content)
```

上述代码中，假定绝对路径 C:\Users\username\Documents\example. txt 是存在的。

**2. 相对路径**　是相对于当前工作目录来定位文件或目录的一种表示方法。使用相对路径时，文件或目录的位置是基于当前工作目录来确定的。如果改变了当前工作目录的位置，那么相对路径所指向的实际位置也会随之改变。

```
with open('subdirectory\\example. txt','r') as file:
    content = file. read()
    print(content)
```

**3. 原始字符串（raw string）** 在 Python 表达路径的字符串中，反斜杠"\"通常具有转义功能，如果要在字符串中表示一个实际的反斜杠字符，通常需要写成双反斜杠"\\"。为了避免在路径字符串中使用双反斜杠，可以使用原始字符串。原始字符串是指在字符串前加上字母 r，表示字符串中所有字符为原意，反斜杠"\"不再具有转义功能。下面给出 Python 中两种路径写法：

```
file1 ='C:\\Users\\YourUserName\\Documents\\file. txt'
file2 = r'C:\Users\YourUserName\Documents\file. txt'
```

## 8.1.2 文件和目录处理模块

**1. os 模块** 提供了基本的操作系统交互功能，如创建、删除文件夹及更改当前工作目录等，os 模块中的常用函数如表 8-1 所示。

表 8-1　os 模块中的常用函数

| 函数 | 描述 |
|---|---|
| os.getcwd() | 获取当前工作目录路径字符串 |
| os.chdir(path) | 设置当前工作目录 |
| os.rename(src,dst) | 修改一个文件或目录的名称 |
| os.remove(path) | 删除指定路径的文件 |
| os.mkdir(path) | 创建指定路径的目录（如果 path 已经存在，产生错误） |
| os.rmdir(path) | 删除指定路径的目录（如果目录非空，产生错误） |
| os.makedirs(path) | 递归创建多级目录 |
| os.removedirs(path) | 删除指定路径的多级为空的目录 |
| os.listdir(path) | 返回指定路径下的文件和目录名称列表 |
| os.path.abspath(path) | 返回 path 规范化的绝对路径 |
| os.path.join(path,* paths) | 返回合并的路径 |
| os.path.split(path) | 将路径分割成目录和文件名二元组返回 |
| os.path.splitext(path) | 将文件名分割成文件名和扩展名，返回一个元组 |
| os.path.exists(path) | 用于检测指定的路径是否存在 |

（1）创建多级目录

```
from os import makedirs
makedirs(r'D:\Python\work\files', exist_ok = True)
```

os 模块的 makedirs() 函数的功能是递归创建多级目录。该函数的第 1 个参数是目录路径字符串，第 2 个参数是一个可选的标志，用于控制如果目录已经存在时的行为，默认值是 exist_ok = False，表示如果目录已经存在，则会抛出一个 FileExistsError 异常，如果将 exist_ok 参数设置为 True，则当目录已经存在时，makedirs() 不会抛出异常，而是允许已存在的目录继续存在，从而避免错误。

（2）创建日期命名的目录

```
from os import mkdir, path
from datetime import date
directory = r'D:\Python\work\files'
today = date.today()
folder = today.strftime('%Y%m%d')
new_directory = path.join(directory, folder)
if not path.exists(new_directory):
    mkdir(new_directory)
```

上述代码解析：导入 os 模块中的 mkdir() 函数和 path 子模块，导入 datetime 模块中的 date 类；定义当前工作目录的路径字符串（用变量 directory 标识）；通过 date 类的 today() 方法返回今天的日期（由变量 today 标识）；使用日期对象的 strftime() 方法进行日期格式化，其中 %Y 表示四位数的年份，%m 表示两位数的月份，%d 表示两位数的日期；使用 path 子模块的 join() 函数拼接路径；使用 path 子模块的 exists() 函数判断路径是否存在；通过 mkdir() 函数新建目录。

（3）将多个 Excel 文件合并 在指定路径下存在多个 Excel 文件，如果这些 Excel 文件的标题行内容相同，顺序可以不一致，使用 Pandas 库可以很容易合并这些文件。下面来遍历并合并这些文件：

```
from os import listdir, path
import pandas as pd
directory = r'D:\python\work\data'
data_list = []
for filename in listdir(directory):
    file = path.join(directory, filename)
    df = pd.read_excel(file)
    data_list.append(df)
df = pd.concat(data_list)
df.to_excel(path.join(directory, 'data.xlsx'), index=False)
```

上述代码解析：定义一个字符串变量 directory 表示工作目录；定义一个空列表 data_list 用于存储读取的数据；使用 os.listdir(directory) 遍历 directory 目录下的每一个文件名 filename；对于每个文件名，使用 os.path.join(directory, filename) 构建完整的文件路径 file；然后，利用 pandas 库的 read_excel(file) 函数读取 Excel 文件（返回 DataFrame 对象，由变量 df 标识），并将其添加到 data_list 列表中；遍历完成后，使用 pandas.concat(data_list) 函数将 data_list 中的所有 DataFrame 对象合并成一个新的 DataFrame 对象；最后，使用 to_excel() 函数将合并后的数据保存为一个新的 Excel 文件，其中参数 index=False 表示保存时不包含行索引。

**2. shutil 模块** 提供了更高级别的操作，如复制、移动、删除整个目录树等，模块中的常用函数如表 8-2 所示。

表 8-2 shutil 模块的常用函数

| 函数 | 描述 |
| --- | --- |
| shutil.copy(src, dst) | 复制文件 |
| shutil.move(src, dst) | 移动文件 |
| shutil.copytree(src, dst) | 用于复制一个目录及其内容到另一个位置 |
| shutil.movetree(src, dst) | 用于移动一个目录及其内容到另一个位置 |
| shutil.rmtree(path) | 删除指定路径里的全部内容 |

# 8.2 文本文件

Python 读取文本文件的过程通常包括以下几个步骤：打开（open）、读取（read）、写入（write 或 append）和关闭（close）等操作，这些步骤可以根据具体需求进行组合。

## 8.2.1 文件访问基础

Python 提供了两种主要的方式来访问文件。

**1. 使用 open() – close() 结构**　Python 使用 open() 函数来打开文件，在执行一系列读写操作后，使用 close() 方法来关闭文件，实现将内存中的数据保存到外存中去。语法格式为：

$$f = open(file, mode = 'r', encoding = None, newline = '')$$

#文件操作

$$f.close()$$

上述代码解析：file 表示要打开的文件路径，mode 表示打开文件的模式（默认是'r'，只读），encoding 设置文件的编码方式（如'utf – 8'、'gbk'等），newline 通常设置为''，防止出现换行符的转换问题。

**2. 使用 with 语句作为上下文管理器**　Python 提供的 with 语句可以自动管理文件的打开和关闭过程，即使在文件操作期间发生异常，也可以确保文件被正确关闭。这种方式更简洁，也更安全。语法格式为：

$$with \; open(file, mode = 'r', encoding = None, newline = '') \; as \; f:$$

# 文件操作

推荐使用 with 语句访问文件，因为它可以自动处理文件的关闭，减少忘记关闭文件导致的资源泄露风险。

**3. 模式（mode）**　mode 参数用于设置访问文件的模式，如表 8-3 所示。

表 8-3　模式字符及含义

| 模式 | 含义描述 |
| --- | --- |
| 'r' | 只读（默认） |
| 'w' | 写入。如果文件不存在，创建新文件；如果文件已经存在，删除旧内容，重新写入新内容 |
| 'x' | 创建写入。如果文件不存在，则创建新文件；如果文件已经存在，引发 FileExistsError 异常，从而避免意外覆盖文件 |
| 'a' | 追加。在文件末尾追加新内容 |
| 't' | 文本文件（默认） |
| 'b' | 二进制文件 |
| '+' | 更新文件，可同时读写 |

## 8.2.2 文本文件的读取

Python 提供了三种方法来读取文本文件的内容。

**1. read() 方法、read(size) 方法**

```
with open('data. txt','r', newline = '') as f:

    txt = f. read()

    print(txt)
```

read() 方法用于读取整个文件的内容，并返回一个字符串；如果指定了 size 值，则只读取指定数量的字符，例如 txt = f. read (10) ，表示读取文件前 10 个字符。

### 2. readline () 方法

```
with open('data. txt ',' r ',newline = '') as f:
    line = f. readline ()
    while line! = '':
        print(line, end = '')
        line = f. readline ()
```

readline()方法用于从文件中读取下一行，并返回该行内容作为字符串；如果文件已经到达末尾，使用 readline()方法则返回空串""。

### 3. readlines () 方法

```
with open('data. txt ',' r ',newline = '') as f:
    for line in f. readlines ():
        print(line, end = '')
```

readlines()方法用于读取文件的所有行，并将它们作为一个字符串列表返回，列表中的每个元素对应文件中的一行（包括换行符'\n'）。

## 8. 2. 3 文本文件的写入

Python 提供了两种方法向文本文件写入内容。

### 1. write () 方法

```
with open('data. txt ',' a ',newline = '') as f:
    f. write('74,1,2,145,0,? ,1,123,0,1. 3,1,? ,? ,1\n ')
```

write()方法用于将字符串写入文件。使用 write()方法时，不会自动在字符串末尾添加换行符，除非字符串本身包含换行符。

### 2. writelines () 方法

```
with open('data. txt ',' a ',newline = '') as f:
    f. writelines(['75,1,2,145,0,? ,1,123,0,1. 3,1,? ,? ,1\n ',
        '76,1,2,145,0,? ,1,123,0,1. 3,1,? ,? ,1\n '])
```

writelines()方法用于向文件写入一个字符串列表。该方法不会自动在字符串之间添加换行符，除非字符串列表中的字符串已经包含了换行符。

# 8. 3 CSV 文件

逗号分隔值（comma – separated values，CSV）文件是一种利用英文逗号对数据进行分隔的文本文件，用于存储表格类型数据，由于各种程序设计语言都支持对 CSV 文件的操作，因此 CSV 文件也常用于在不同编程语言编写的程序中进行数据交换。Python 自带的 csv 标准库可以实现对 CSV 文件的读写操作。

本节选取从 UCI 网站(https://archive. ics. uci. edu/dataset/45/heart + disease)下载的 Heart Disease 数据集 processed. switzerland. data，保存为 data. csv，在首行补充 14 个列标题，该数据集记录了瑞士有关心脏

疾病方面的检查结果，数据集的结构与少量样本数据如表 8-4 所示，缺失数据用?表示。

表 8-4　**Heart Disease** 数据集结构与少量样本

| CSV 标题 | 记录 1 | 记录 2 | 记录 3 | 记录 4 | 记录 5 | 记录 6 |
|---|---|---|---|---|---|---|
| age 年龄 | 32 | 34 | 35 | 36 | 38 | 38 |
| sex 性别 | 1 | 1 | 1 | 1 | 0 | 0 |
| cp 胸痛类型 | 1 | 4 | 4 | 4 | 4 | 4 |
| trestbps 静息血压 | 95 | 115 | ? | 110 | 105 | 110 |
| chol 胆固醇测量值 | 0 | 0 | 0 | 0 | 0 | 0 |
| fbs 空腹血糖 | ? | ? | ? | ? | ? | 0 |
| restecg 静息心电图测量 | 0 | ? | 0 | 0 | 0 | 0 |
| thalach 最大心率 | 127 | 154 | 130 | 125 | 166 | 156 |
| exang 心绞痛 | 0 | 0 | 1 | 1 | 0 | 0 |
| oldpeak ST 抑制 | 0.7 | 0.2 | ? | 1 | 2.8 | 0 |
| slope ST 段的斜率 | 1 | 1 | ? | 2 | 1 | 2 |
| ca 血管数目 | ? | ? | ? | ? | ? | ? |
| thal 血液疾病 | ? | ? | 7 | 6 | ? | 3 |
| target 心脏病 | 1 | 1 | 3 | 1 | 2 | 1 |

CSV 文件既可以用记事本打开，也可以用 Excel 打开，如图 8-1 所示。

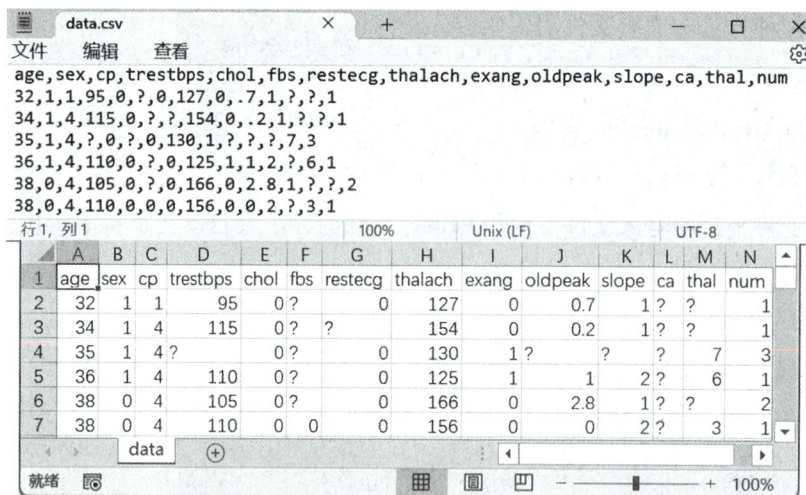

图 8-1　用记事本编辑 CSV 文件

**知识拓展**

### 什么是 TSV 文件?

　　在科学数据、分子结构式或其他需要精确分隔数据的场景中，逗号 (',') 可能作为数据本身的一部分出现，导致使用逗号作为分隔符时发生混淆，为了避免这种情况，使用制表符 ('\t') 分隔数据是一个不错的选择，一些公开发布的数据集提供了可以下载的 TSV (tab-separated values) 文件。

### 8.3.1 使用 csv. reader 读取 CSV 文件

csv 模块的 reader() 函数可以为文件创建一个可迭代的 reader 对象。通过循环来遍历 reader 对象时，它会依次返回文件中的每一行数据，每行数据都被解析为一个列表，列表中的每个元素对应了 CSV 文件中该行的一个数据。

```
import csv
with open('data. csv','r',newline = '') as f:
    csv_reader = csv. reader(f)
    for row in csv_reader:
        print(row)
```

### 8.3.2 使用 csv. writer 写入 CSV 文件

从 data. csv 文件中提取前 50 行样本数据保存到 data50. csv 文件。

```
import csv
with open('data. csv','r',newline = '') as f1:
    with open('data50. csv','w',newline = '') as f2:
        csv_reader = csv. reader(f1)
        csv_writer = csv. writer(f2)
        for row in list(csv_reader) [:51]:
            csv_writer. writerow(row)
```

csv 模块的 writer() 函数可以为文件创建一个 writer 对象，该对象的 writerow() 方法一次可以向文件中写入一行数据。上述代码中，循环遍历 data. csv 文件的前 51 行数据（第 1 行为标题行），将这些行数据依次写入 data50. csv 文件中。

通过 writer 对象的 writerows() 方法实现向文件一次写入多行数据，上述代码的功能可以这样实现：

```
import csv
with open('data. csv','r',newline = '') as f1:
    with open('data50. csv','w',newline = '') as f2:
        csv_reader = csv. reader(f1)
        csv_writer = csv. writer(f2)
        csv_writer. writerows(list( csv_reader) [:51])
```

### 8.3.3 使用 csv. DictReader 读取 CSV 文件 🄴 微课1

DictReader() 是 csv 模块中的一个类，它用于读取 CSV 文件中的数据，并将每一行数据转换为一个字典，其中字典的键是 CSV 文件中的列名。这种方式可以通过列名来访问每一行中的数据，使得处理 CSV 文件中的数据变得更加直观和方便。

假定有一个 example. csv 文件，内容如下：

```
id,name,age,city
1,Alice,30,New York
2,Bob,25,Los Angeles
3,Charlie,35,Chicago
```

使用 csv. DictReader 读取这个文件，并打印出每一行的内容。

```python
import csv
with open('example. csv',mode = 'r',encoding = 'utf – 8') as f:
    reader = csv. DictReader(f)
    for row in reader:
        print(row['id'],row['name'],row['age'],row['city'])
```

### 8.3.4 使用 csv. DictWriter 写入 CSV 文件 📱微课2

DictWriter()是 csv 模块中的一个类，用于将字典写入 CSV 文件。它能够自动将字典的键作为 CSV 文件的列标题，并将对应的值写入相应的行中。这种方式极大地简化了数据写入过程，无需手动管理列的索引或顺序，只需提供包含数据的字典即可。

```python
import csv
columns = ['ID','Name','Age','City']
with open('output. csv', mode = 'w', newline = '', encoding = 'utf – 8') as f:
    writer = csv. DictWriter(f,fieldnames = columns)
    writer. writeheader()    # 写入标题字段
    writer. writerow({'ID': '1','Name': 'Alice','Age': '30','City': 'New York'})
    rows = [
            {'ID': '2','Name':'Bob','Age':'25','City':'Los Angeles'} ,
            {'ID':'3','Name':'Charlie','Age':'35','City':'Chicago'}
            ]
    writer. writerows(rows)
```

## 8.4 JSON 文件 📱微课3

JSON（JavaScript Object Notation）是一种轻量级的数据交换格式，它易于人阅读和编写，同时也易于机器解析和生成，常用于浏览器和服务器之间的数据传输。JSON 是独立于语言的，很多编程语言都提供了对 JSON 的支持。

Python 的 json 模块可以用于处理 JSON 格式数据，提供了两个主要的函数：json. dumps（）和 json. loads()，前者将 Python 对象转换成 JSON 字符串，后者将 JSON 字符串转换成 Python 对象，JSON 的 key 必须用双引号表达字符串，不能用单引号。

```python
import json
#创建一个 Python 字典
person = {"name":"Alice",
          "age":30 ,
          "is_student":False,
          "courses":["Math","Physics"] ,
          "address":{"street":"123 Main St",
```

```
                    "city":"Springfield"
                }
        }
#将字典转换为 JSON 字符串
person_json = json.dumps(person)
print("JSON string:")
print(person_json)
#将 JSON 字符串转换回字典
person_dict = json.loads(person_json)
print(" \nConverted back to Python dictionary:")
print(person_dict)
```

# 8.5 EXCEL 文件

Excel 是人们常用的电子表格软件，适用于数据存储和管理。为了支持与 Excel 文件的交互，Python 提供了多个第三方库。对于处理早期版本的 Excel 文件（即 .xls 格式），通常会使用 xlrd 和 xlwt 库，前者用于读取文件，后者用于写入文件。而对于较新的 Excel 文件格式（即 .xlsx 文件），则推荐使用 openpyxl 或者 pandas 库，它们不仅支持文件的读取和写入，还提供了一系列强大的数据处理功能。

从 TCMSP 网站上收集半夏的部分化合物成分（其中 OB≥30%，DL≥0.18），保存为 data.xls 文件，表 8-5 列举了半夏化合物成分的数据结构与少量样本数据。

表 8-5 半夏化合物成分数据结构和少量样本

| 标题 | 记录 1 | 记录 2 | 记录 3 | 记录 4 | 记录 5 |
|---|---|---|---|---|---|
| Mol ID | MOL002670 | MOL002714 | MOL002776 | MOL000358 | MOL000449 |
| Molecule Name | Cavidine | baicalein | Baicalin | beta − sitosterol | Stigmasterol |
| MW | 353.45 | 270.25 | 446.39 | 414.79 | 412.77 |
| AlogP | 3.72 | 2.33 | 0.64 | 8.08 | 7.64 |
| Hdon | 0 | 3 | 6 | 1 | 1 |
| Hacc | 5 | 5 | 11 | 1 | 1 |
| OB（%） | 35.64 | 33.52 | 40.12 | 36.91 | 43.83 |
| Caco − 2 | 1.08 | 0.63 | − 0.85 | 1.32 | 1.44 |
| BBB | 0.63 | − 0.05 | − 1.74 | 0.99 | 1 |
| DL | 0.81 | 0.21 | 0.75 | 0.75 | 0.76 |
| FASA − | 0 | 0.36 | 0.36 | 0.23 | 0.22 |
| HL | 5.78 | 16.25 | 17.36 | 5.36 | 5.57 |

用 Excel 打开数据文件 data.xls，如图 8-2 所示。

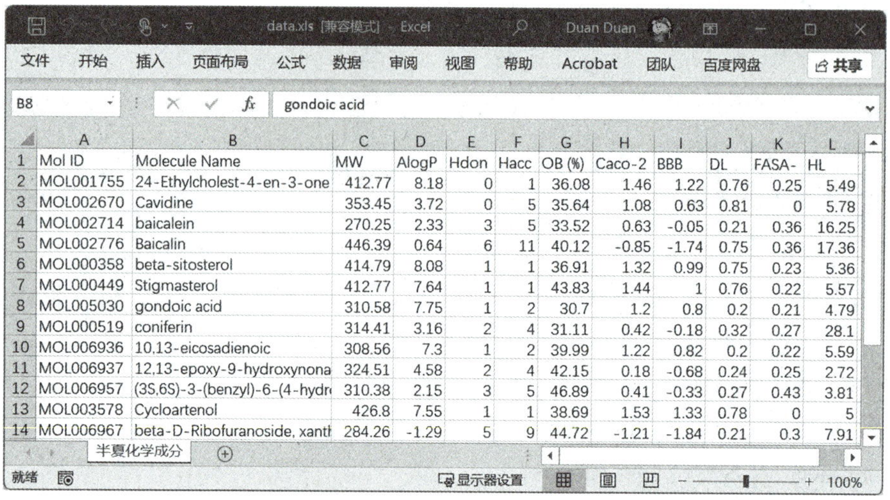


| | A | B | C | D | E | F | G | H | I | J | K | L |
|---|---|---|---|---|---|---|---|---|---|---|---|---|
| 1 | Mol ID | Molecule Name | MW | AlogP | Hdon | Hacc | OB (%) | Caco-2 | BBB | DL | FASA- | HL |
| 2 | MOL001755 | 24-Ethylcholest-4-en-3-one | 412.77 | 8.18 | 0 | 1 | 36.08 | 1.46 | 1.22 | 0.76 | 0.25 | 5.49 |
| 3 | MOL002670 | Cavidine | 353.45 | 3.72 | 0 | 5 | 35.64 | 1.08 | 0.63 | 0.81 | 0 | 5.78 |
| 4 | MOL002714 | baicalein | 270.25 | 2.33 | 3 | 5 | 33.52 | 0.63 | -0.05 | 0.21 | 0.36 | 16.25 |
| 5 | MOL002776 | Baicalin | 446.39 | 0.64 | 6 | 11 | 40.12 | -0.85 | -1.74 | 0.75 | 0.36 | 17.36 |
| 6 | MOL000358 | beta-sitosterol | 414.79 | 8.08 | 1 | 1 | 36.91 | 1.32 | 0.99 | 0.75 | 0.23 | 5.36 |
| 7 | MOL000449 | Stigmasterol | 412.77 | 7.64 | 1 | 1 | 43.83 | 1.44 | 1 | 0.76 | 0.22 | 5.57 |
| 8 | MOL005030 | gondoic acid | 310.58 | 7.75 | 1 | 2 | 30.7 | 1.2 | 0.8 | 0.2 | 0.21 | 4.79 |
| 9 | MOL000519 | coniferin | 314.41 | 3.16 | 2 | 4 | 31.11 | 0.42 | -0.18 | 0.32 | 0.27 | 28.1 |
| 10 | MOL006936 | 10,13-eicosadienoic | 308.56 | 7.3 | 1 | 2 | 39.99 | 1.22 | 0.82 | 0.2 | 0.22 | 5.59 |
| 11 | MOL006937 | 12,13-epoxy-9-hydroxynona | 324.51 | 4.58 | 2 | 4 | 42.15 | 0.18 | -0.68 | 0.24 | 0.25 | 2.72 |
| 12 | MOL006957 | (3S,6S)-3-(benzyl)-6-(4-hydr | 310.38 | 2.15 | 3 | 5 | 46.89 | 0.41 | -0.33 | 0.27 | 0.43 | 3.81 |
| 13 | MOL003578 | Cycloartenol | 426.8 | 7.55 | 1 | 1 | 38.69 | 1.53 | 1.33 | 0.78 | 0 | 5 |
| 14 | MOL006967 | beta-D-Ribofuranoside, xantl | 284.26 | -1.29 | 5 | 9 | 44.72 | -1.21 | -1.84 | 0.21 | 0.3 | 7.91 |

图 8–2 用 Excel 编辑半夏化合物成分数据

## 8.5.1 使用 xlrd 库读取 Excel 文件

```
from xlrd import open_workbook
with open_workbook('data.xls') as wb:
    sheet = wb.sheet_by_name('半夏化学成分')
    for r in range(sheet.nrows):
        for c in range(sheet.ncols):
            print(sheet.cell_value(r,c),end=',')
        print()
```

使用 xlrd 库中的 open_workbook() 函数打开一个 Excel 文件，通过调用文件对象上的 sheet_by_name() 方法来获取指定名称的工作表，工作表对象的 nrows 和 ncols 属性用于获取该工作表中数据的总行数和总列数，使用工作表对象的 cell_value() 方法获取特定单元格的值，需要指定行号和列号来实现。

## 8.5.2 使用 xlwt 库写入 Excel 文件

```
from xlrd import open_workbook
from xlwt import Workbook
new_wb = Workbook()
new_sheet = new_wb.add_sheet('半夏化学成分备份')
with open_workbook('data.xls') as wb:
    sheet = wb.sheet_by_name('半夏化学成分')
    for r in range(sheet.nrows):
        for c in range(sheet.ncols):
            new_sheet.write(r,c,sheet.cell_value(r,c))
new_wb.save('data_bk.xls')
```

使用 xlwt 库中的 Workbook() 函数可以创建一个新的 Excel 文件。之后，可以通过调用文件对象的 add_sheet() 方法添加一个名为“半夏化学成分备份”的工作表。在此工作表对象上，使用 write() 方法可以在指定的位置写入值。最后，调用文件对象的 save() 方法来保存文件。

### 8.5.3 使用 openpyxl 库操作 Excel 文件

openpyxl 是一个流行的 Python 库，专门用于读写 Excel 2007 及以上版本的 .xlsx 文件。它提供了强大的功能，包括创建、修改和读取工作簿，操作工作表、单元格、行和列，以及支持公式、图表和条件格式等高级特性。

**1. 创建和保存 Excel 文件**

```
from openpyxl import Workbook
wb = Workbook()
ws = wb.active
ws.title = "MySheet"
ws['A1'] = "Mol ID"
ws['B1'] = "Molecule Name"
wb.save("mol_data.xlsx")
```

上述代码解析：创建一个新的工作簿，获取当前活动的工作表，并为该工作表命名；接着，向指定的单元格中写入数据，最后保存工作簿。

**2. 打开和读取 Excel 文件**

```
from openpyxl import load_workbook
wb = load_workbook("mol_data.xlsx")
ws = wb.active
a1_value = ws['A1'].value
b1_value = ws['B1'].value
print(f"A1:{a1_value},B1:{b1_value}")
```

上述代码解析：加载已有的工作簿，获取当前活动的工作表，读取指定单元格的数据。

### 8.5.4 使用 pandas 库操作 Excel 文件

pandas 是一个强大的数据处理和分析库，能够读取和写入多种格式的数据，如 CSV、Excel、SQL 等。它提供了高效的数据结构和数据分析工具，使数据操作变得更加简单和直观。下面使用 pandas 库来实现 8.5.2 的功能：

```
import pandas as pd
df = pd.read_excel('data.xls',sheet_name='半夏化学成分')
df.to_excel('data_bk2.xlsx',sheet_name='半夏化学成分备份 2',index = False)
```

使用 pandas 库的 read_excel() 函数读取 Excel 文件中的工作表数据，返回 DataFrame 对象（由变量 df 标识）；可以使用 DataFrame 对象的 to_excel() 方法将数据保存到新的 Excel 文件的工作表中，并设置取消行索引。

# 8.6 异常处理

异常处理是 Python 编程中的一项非常重要的机制，它有助于处理程序运行过程中出现的错误，这种机制可以帮助开发者创建健壮、稳定的应用程序，并且可以在遇到问题时提供清晰的反馈。异常处理使得程序能够在遇到预期之外的情况时，优雅地恢复或退出，而不是突然崩溃。

### 8.6.1 异常分类

Python 中存在许多常见的异常错误，如表 8-6 所示。这些异常涵盖了从类型错误到文件操作错误等多种情况，了解这些异常有助于开发者更好地进行错误处理和调试。

表 8-6　Python 中常见的异常与描述

| 异常 | 描述 |
| --- | --- |
| AttributeError | 访问对象不存在的属性时引发 |
| FileNotFoundError | 访问的文件不存在时引发 |
| ImportError | 导入不存在的模块或包时引发 |
| IndexError | 访问列表、元组或字符串中不存在的索引时引发 |
| KeyError | 访问字典中不存在的键或集合不存在的元素时引发 |
| NameError | 访问一个未被赋值的变量时引发 |
| SyntaxError | 遇到语法错误时引发 |
| TypeError | 遇到不适当或不兼容的操作时引发 |
| UnicodeError | 当进行 Unicode 编码或解码操作发生错误时引发 |
| ValueError | 当函数或操作的参数具有正确的类型但不合法时引发 |
| ZeroDivisionError | 除数为零时引发 |

下面介绍几个会引发异常错误的案例。

**1. TypeError**

```
result = '123' + 456
```

说明：Python 中不允许字符串和数值相加，触发 TypeError 异常错误。

**2. ValueError**

```
x = int('xyz')
```

说明：int() 函数试图将字符串'xyz'转换为整数，但因为该字符串不包含有效的整数字符，所以 int() 函数无法完成转换，会触发 ValueError 异常错误。

**3. IndexError**

```
my_lst = [1,2,3]
print(my_lst[5])
```

说明：访问列表中不存在的索引，会触发 IndexError 异常错误，提示索引超出范围。

**4. KeyError**

```
my_dict = {'a':1,'b':2,'c':3}
print(my_dict['d'])
```

说明：访问字典中不存在的键时，会触发 KeyError 异常错误。

**5. SyntaxError**

```
result = (1 + 2 * 3
print(result)
```

说明：代码书写不完整，会显示 SyntaxError 异常错误，原因是缺少了一个右括号。

**6. ZeroDivisionError**

```
result = 4/0
print(result)
```

说明：在数值计算的时候，不能出现除数为 0 的情况，会触发 ZeroDivisionError 异常错误。

**7. FileNotFoundError**

```
with open('non_existing_file.txt','r') as f:
    txt = f.read()
    print(txt)
```

说明：使用 open() 函数以只读模式打开不存在的文件时，触发 FileNotFoundError 异常错误。

## 8.6.2　异常捕获与处理

在程序运行过程中，当遇到异常错误而被中断执行的情况时，可以通过异常捕获与处理机制来解决。

**1. try 块**　在 try 块中，编写可能会引发异常的代码。当执行 try 块中的代码时，如果产生某种异常，程序可以跳转到相应的 except 块进行处理。

**2. except 块**　用于捕获并处理 try 块中引发的某类异常。

```
try:
    with open('file.txt','r') as f:
        content = f.read()
except FileNotFoundError:
    print('文件不存在!')
else:
    print(content)
finally:
    print('运行结束!')
```

这段代码实现读取指定文件"file.txt"的内容，为防止文件读取操作出现异常而引起的程序中断，采用 try - except 机制。在 try 块中，使用 open() 函数以只读模式打开文件；如果文件不存在，会引发 FileNotFoundError 错误，被对应 except 块捕获，输出"文件不存在!"；如果文件存在，则执行 else 块代码，输出文件内容；最终，都会输出"运行结束!"或执行相关操作，finally 可以根据实际情况决定是否使用；except 块也可以根据需要添加多个。

# 第 9 章　GUI 界面设计

📖 **学习目标**

1. 通过本章学习，掌握 simpledialog、messagebox、filedialog 三个基本模块的用法；熟悉利用 label、entry、text、button 等控件创建基本 GUI 窗体的方法；了解多窗体 GUI 程序的设计。
2. 具有利用图形化用户界面设计界面友好的 Python 程序的能力。
3. 树立终身学习理念，培养自主学习能力、创新思维、创新能力和创新潜力。

在前面的章节中利用命令行界面（command line interface，CLI）介绍了 Python 的基本功能，程序运行后的用户体验很不友好，似乎回到了三十年前的 DOS 时代。其实利用 Python 也可以开发用户体验良好的图形化用户界面（graphical user interface，GUI）程序。GUI 采用图形方式显示的"窗口"界面，可以让用户更加方便、快捷地操作。

Python 提供了用于界面设计的标准库 tkinter，其优点为内置、跨平台、运行速度快等。除了 tkinter 还可以使用功能强大的 wxPython、Kivy、PySide 等第三方库进行界面设计，本章以 tkinter 库为例进行介绍。

## 9.1 simpledialog 模块

tkinter. simpledialog 模块提供了使用方便的函数，用于创建从用户处获取特定类型数据的标准输入对话框（standard input dialogs）。这些对话框是模式化（modal）运行的，只有用户响应完（关闭）该对话框后续语句才会执行，否则程序会在该函数的调用语句处保持中断状态。调用标准输入对话框函数前需要先引入 tkinter. simpledialog 模块，具体操作参考下面的例题。

### 9.1.1 字符串输入框

语法为：

　　　　变量 = tkinter. simpledialog. askstring(标题,提示语)

例如，下面代码的运行结果如图 9-1 所示。

```
stuName = askstring("输入框","请输入你的姓名")
```

说明：不输入直接单击"OK"返回空字符串""，单击"Cancel"返回 None。

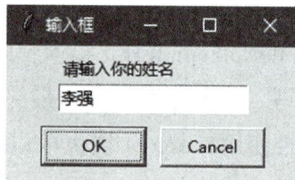

图 9-1　askstring 对话框

### 9.1.2 整数输入框

语法为：

　　　　变量 = tkinter. simpledialog. askinteger(标题,提示语)

例如，下面代码的运行结果如图 9-2 所示。

```
stuAge = askinteger("输入框","请输入你的年龄")
```

说明：输入非数值、非整数、不输入单击"OK"都会给出错误提示要求重新输入，单击"Cancel"返回 None。

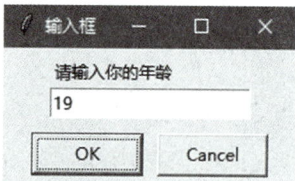

图 9-2　askinteger 对话框

### 9.1.3 浮点数输入框

语法为：

　　　　变量 = tkinter. simpledialog. askfloat（标题，提示语）

例如，下面代码的运行结果如图 9-3 所示。

```
stuHeight = askfloat("输入框","请输入你的身高（米）")
```

说明：输入非数值、不输入单击 "OK" 都会给出错误提示要求重新输入，输入整数视为 float，单击 "Cancel" 返回 None。

图 9-3　askfloat 对话框

提示：以上三种输入框返回的数据类型不确定，当单击 "OK" 按钮时分别返回 str、int、float 类型，当单击 "Cancel" 按钮时返回 NoneType 类型的 None。因此当利用返回变量参与运算时，需要先对其进行类型判断，以免导致类型不匹配的错误。

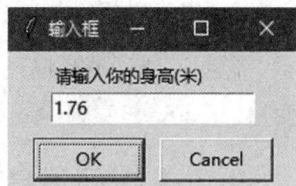

# 9.2 messagebox 模块

tkinter. messagebox 模块提供了方便调用的消息对话框函数，用于向用户汇报相应的消息，例如提示、询问、警告、错误等。消息框也是模式化运行的，根据用户选择的选项按钮消息框返回不同的值（例如：True、False、"ok"、"yes"、"no"、"none"）。调用消息对话框前需要先引入 tkinter. messagebox 模块，具体操作参考下面的例题。

### 9.2.1 提示消息框

语法为：

　　　　字符串变量 = tkinter. messagebox. showinfo（标题，提示语）

例如，下面代码的运行结果如图 9-4 所示。

```
answer = showinfo("提示","写入完毕")
```

说明：用户单击 "确定" 按钮返回字符串"ok"，由于只有一个选择，即本对话框一定返回"ok"，因此通常省略等号左侧的变量，简写为 showinfo（"提示"，"写入完毕"）。

图 9-4　提示消息框

### 9.2.2 警告消息框

语法为：

　　　字符串变量 = tkinter. messagebox. showwarning（标题，提示语）

例如，下面代码的运行结果如图 9-5 所示。

```
answer = showwarning("警告","精度过高,计算时间会较长")
```

说明：警告消息框只能返回字符串"ok"，因此通常省略等号左侧的变量。

图 9-5　警告消息框

### 9.2.3 错误消息框

语法为：

　　　　　字符串变量 = tkinter. messagebox. showerror（标题，提示语）

例如，下面代码的运行结果如图 9-6 所示。

answer = showerror(title ="错误",message ="给定的三条边长无法构成三角形")

说明：错误消息框只能返回字符串"ok"，因此通常省略等号左侧的变量。

图 9-6　错误消息框

### 9.2.4 提问消息框

提问消息框包含五种，可提供不同的选项按钮和返回值，语法分别为：

字符串变量 = tkinter. messagebox. askquestion(标题,提示语,** options)

布尔型变量 = tkinter. messagebox. askyesno(标题,提示语,** options)

布尔型变量 = tkinter. messagebox. askokcancel(标题,提示语,** options)

布尔型变量 = tkinter. messagebox. askretrycancel(标题,提示语,** options)

布尔型变量 = tkinter. messagebox. askyesnocancel(标题,提示语,** options)

说明：由于后续代码需要根据不同的返回值判断用户的操作进而执行不同的程序，因此等号左侧的变量不能省略。** options 表示可选的扩展参数（用于设置默认按钮、图标等），通常无需设置。分别举例说明如下：

answer = askquestion("提问","输入的年龄大于 125 岁,确信该年龄正确吗?")

说明：提供是、否两个选项，如图 9-7 左图所示，返回字符串"yes" 或"no"。

answer = askyesno("提问","覆盖现有文件吗?")

说明：提供是、否两个选项，如图 9-7 中图所示，返回布尔值 True 或 False。

answer = askokcancel("提问","继续录入下一个班级的成绩吗?")

说明：提供确定、取消两个选项，如图 9-7 右图所示，返回布尔值 True 或 False。

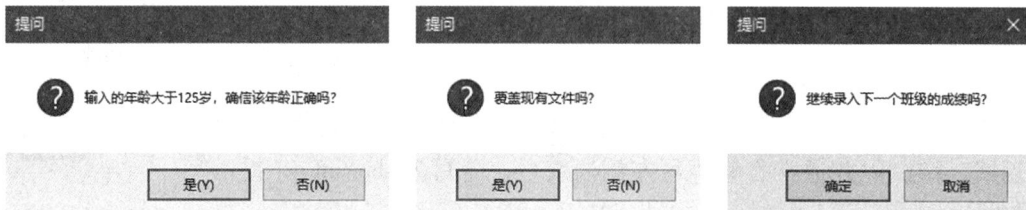

图 9-7　提问消息框

answer = askretrycancel("提问","密码错误,还想重新尝试吗?")

说明：提供重试、取消两个选项，如图 9-8 左图所示，返回布尔值 True 或 False。

answer = askyesnocancel("提问","当前页面中的数据被修改,直接退出吗? \nyes - 不保存直接退出\nno - 保存后退出\ncancel - 取消退出操作")

说明：提供是、否、取消三个选项，如图 9-8 右图所示，返回 True、False 或 None。

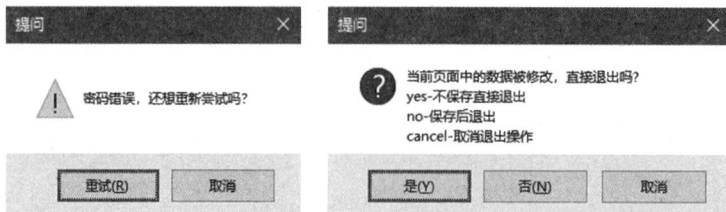

图 9-8　提问消息框

【例9-1】信息录入。如图9-9所示,利用simpledialog由用户录入3个大学生的姓名和年龄信息,并存入字典dicStudent中(假设无重名)。如果姓名为空字符串,利用showerror消息框提示错误;如果年龄<15或>30,利用askyesno消息框进行确认。

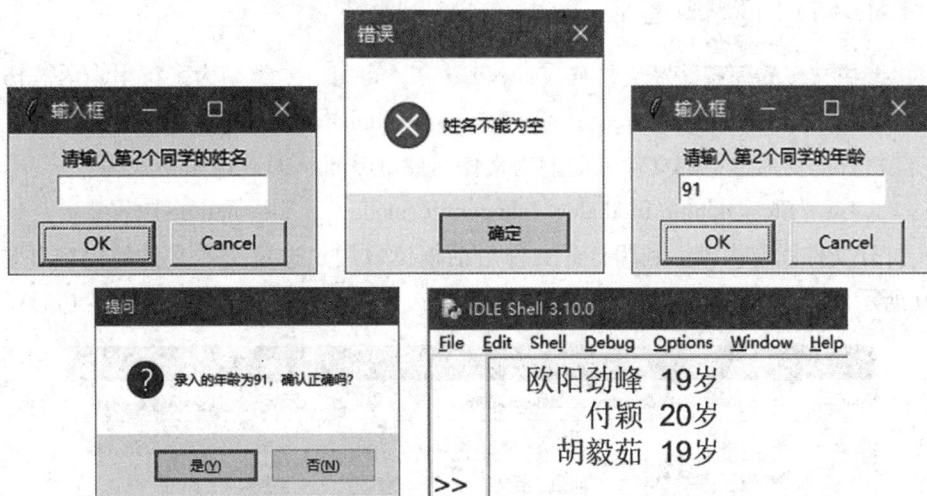

图9-9 信息录入

```
from tkinter. simpledialog import *
import tkinter. messagebox as msg    #为练习多种调用形式而采用不同的导入方法
dicStudent = {}
while len(dicStudent) <3:
    stuName = askstring("输入框",f"请输入第{len(dicStudent) +1}位同学的姓名:")
    if stuName == None or stuName == "":    #直接按Cancel键,或没有录入就按Ok键
        msg. showerror(title = "错误",message = "姓名不能为空,请重新录入")
        continue    #重新输入姓名
    stuAge = askinteger("输入框",f"请输入第{len(dicStudent) +1}位同学的年龄:")
    if stuAge == None:    #直接按Cancel键
        msg. showerror(title = "错误",message = "年龄必须为整数,请重新录入")
        continue    #重新输入姓名和年龄
    elif(stuAge <15 or stuAge >30):    #录入的年龄不在15~30之间
        answer = msg. askyesno(title = "提问",message = f"录入的年龄为{stuAge},确认正确吗?")
        if answer == False:
            continue    #重新输入姓名和年龄
    dicStudent[stuName] = stuAge    #将"姓名:年龄"键值对写入字典

for k,v in dicStudent. items():
    print(f"{k: >5}{v}岁")
```

# 9.3 filedialog 模块

前面章节中涉及文件操作时,提供的文件信息无论是绝对路径还是相对路径都需要用户输入,不但

浪费时间，还容易出错。filedialog 模块可以打开文件对话框和另存为文件对话框，从而避免这些问题，给用户带来良好的操作体验。在使用之前需要先导入 tkinter. filedialog 模块。

### 9.3.1 打开文件对话框 <e> 微课 1

**1. 返回用户选中文件的完整路径文件名（specified file name）** 类型为字符串。语法格式为：

$$filename = tkinter.\ filedialog.\ askopenfilename(**options)$$

**2. 返回已经打开的用户选中的文件** 类型为文件对象（fileobject）。语法格式为：

$$file = tkinter.\ filedialog.\ askopenfile(mode = 'r', **options)$$

【例 9-2】打开文件读取内容。利用打开文件对话框读取用户选定文本文件的内容并显示，打开对话框如图 9-10 所示。

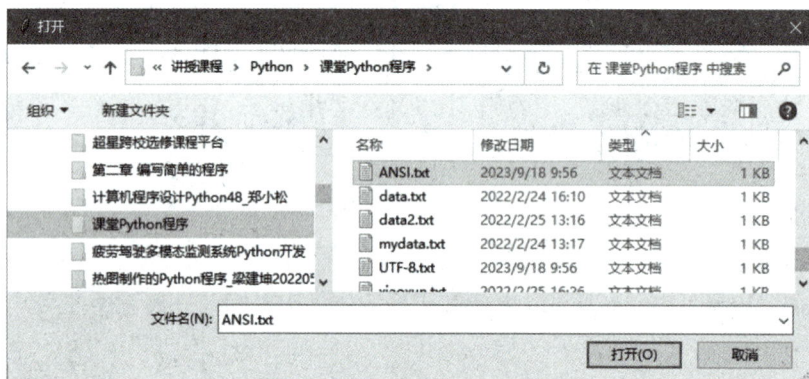

图 9-10　打开文件对话框

| 方法 1：返回文件名字符串 | 方法 2：返回打开的文件对象 |
| --- | --- |
| `from tkinter. filedialog import *`<br>`filename = askopenfilename()`<br>`with open(filename, "r", encoding = "UTF - 8") as inFile:`<br>`    s = inFile. read()`<br>`print(s)` | `from tkinter. filedialog import *`<br>`with askopenfile() as inFile:`<br>`    s = inFile. read()`<br>`print(s)` |

说明：对于 askopenfile() 函数，其参数 mode 默认值为"r"，通常可以省略不写；由于没有 endcoding 参数因此只能按照 ANSI 编码读取，对于非 ANSI 编码的文件建议采用 askopenfilename() 函数操作，后续代码中利用 open 函数指定正确的编码。

### 9.3.2 另存为文件对话框 <e> 微课 2

**1. 返回用户选中文件的完整路径文件名（specified file name）** 类型为字符串。语法格式为：

$$filename = tkinter.\ filedialog.\ asksaveasfilename(**options)$$

**2. 返回已经打开的用户选中的文件** 类型为文件对象（fileobject）。语法格式为：

$$file = tkinter.\ filedialog.\ asksaveasfile(mode = 'w', **options)$$

【例 9-3】写文件。利用另存为文件对话框将 100 以内所有 9 的倍数写入文件 D:\PythonFiles\MultiplesOfNine. txt 中，另存为对话框，如图 9-11 所示。

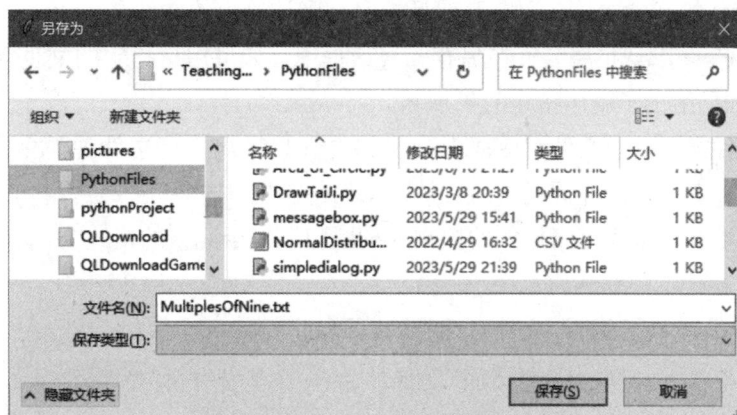

图 9-11　另存为文件对话框

| 方法 1：返回文件名字符串 | 方法 2：返回打开的文件对象 |
|---|---|
| from tkinter. filedialog import ∗<br>from tkinter. messagebox import ∗<br>filename = asksaveasfilename()<br><br>with open(filename ,"w") as outFile:<br>　for n in range(9 ,100 ,9):<br>　　outFile. write(str(n) + " \n")<br>showinfo("提示" ,"写入完毕") | from tkinter. filedialog import ∗<br>from tkinter. messagebox import ∗<br><br><br>with asksaveasfile() as outFile:<br>　for n inrange(9 ,100 ,9):<br>　　outFile. write(str(n) + "\n")<br>showinfo("提示" ,"写入完毕") |

说明：对于 asksaveasfile() 函数，其参数 mode 默认值为 "w"，可以省略；文件的扩展名不能省略（除非利用扩展参数 defaultextension 指定默认扩展名）；由于没有 endcoding 参数，因此文件只能采用 ANSI 编码，如果写入内容中含有非 ANSI 编码的字符（例如韩文）建议采用 asksaveasfilename() 函数操作，后续代码中利用 open(filename ,"w" ,encoding = "UTF - 8") 解决。

## 9.3.3 目录选择对话框

返回选定目录的信息，类型为字符串。语法格式为：

$$path = askdirectory( ∗∗ options)$$

将某个目录下的所有文本文件进行合并、批量修改某个目录下的所有文件名等操作时，只需要用户通过文件对话框指定某个目录而无需指定具体的文件名信息。

## 9.3.4 扩展参数 ∗∗ options

文件对话框函数中有一个扩展参数 ∗∗ options，它主要包含以下常用的可选参数。

**1. title——对话框的标题**　例如："打开""请选择欲打开的文件""请选择目录并给出欲保存的文件名""请选择欲操作的目录"等。

**2. initialdir——初始目录**　对话框打开时的默认目录，例如:"D :\PythonFiles"。

提示：用下面的两个语句可以获得桌面的路径。

```
import os
DesktopPath = os. path. join(os. path. expanduser(" ~ ") ,"Desktop")
```

**3. initialfile——默认的初始文件名** 打开对话框时，默认给出的文件名。

**4. defaultextension——默认扩展名** 在另存为对话框中，如果用户指定的文件名中没有扩展名就默认采用这个扩展名，如果给出了就用指定的扩展名。

**5. filetypes——文件类型** 当文件对话框中列出的文件数量众多且文件种类多样时，可以通过 filetypes 设置过滤器只显示某（几）种扩展名的文件，从而便于用户选择。

提示：filetypes 参数要求采用元组形式的数据序列赋值，每个元素的格式为（标签,类型），可以采用 ' * '作为通配符。

例如：显示如图 9–12 所示的打开文件对话框的代码如下。

```
file1 = askopenfile(title ="请选择欲读取的文件", filetypes = (("文本文件"," * . txt") , ("图片文件",
(" * . jpg"," * . png")) , ("所有文件","* . *"))
```

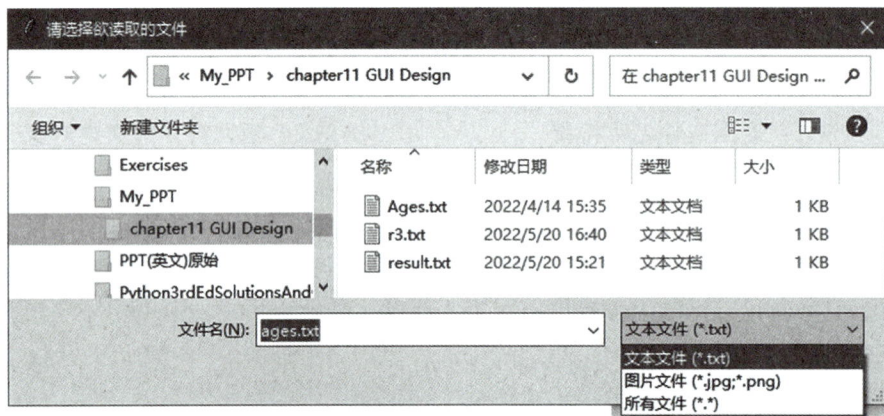

图 9–12　扩展参数 * * options 的应用实例

# 9. 4 自定义 GUI 窗体

以上介绍的是 tkinter 库提供的几种常用的标准对话框界面，更多其他对话框的使用方法可以通过 Python 的帮助自行学习。在程序开发过程中，更多的情况是根据实际需求设计个性化的图形化用户界面。进行 GUI 的程序设计，首先需要创建一个主窗体，然后在窗体中创建相应的控件（构成界面的对象，例如标签、文本框、命令按钮等），并进行布局设计（指定每个控件的大小及位置），然后为用户交互操作的对象设计响应事件（例如用户单击某个按钮时执行什么操作），通过关联变量实现对相应控件的操作（例如在文本框中显示计算结果）。

## 9. 4. 1 窗体

窗体是 GUI 界面设计的基础，其他控件在窗体中展现。Python 中的窗体有主窗体（根窗口）和弹出窗体（顶层窗口）两种。每个 Python 程序只能有一个主窗体（通常命名为 root），但可以同时拥有多个弹出窗体（为了方便表达，后续称其名称为 subwin）。

**1. 创建窗体** 创建主窗体 root 和弹出窗体 subwin 的代码如下：

```
import tkinter as tk
root = tk. Tk()    #用 Tk 方法创建名称为 root 的主窗体
subwin = tk. Toplevel(root)    #用 Toplevel 方法创建以 root 为父窗体的子窗体
```

**2. 设置窗体标题**　利用 title("标题") 方法，例如：

```
root. title("登录")
```

**3. 设置窗体大小和位置**　利用 geometry("宽度 x 高度 + x + y") 方法设置窗体的大小。其中的乘号用英文字母 x 表示，(x,y) 是窗体左上角在屏幕中的坐标。例如：设置宽 600 像素、高 400 像素的窗体 root 出现在屏幕中央的代码如下：　📱 微课 3

```
screenwidth = root. winfo_screenwidth()    #获取屏幕的宽度(像素)
screenheight = root. winfo_screenheight()    #获取屏幕的高度(像素)
x = int((screenwidth−600)/2)
y = int((screenheight−400)/2)
root. geometry(f"600x400 + {x} + {y}")
```

**4. 固定尺寸**　通常登录界面和对话框等窗体是不可调整大小的，设置方法为：

```
root. resizable(bool, bool)
```

两个布尔型参数分别表示窗体的宽度和高度方向的尺寸是否可以调整。

**5. 释放窗体**　从内存中释放（销毁）一个窗体可以调用 destroy 方法。root. destroy 会结束整个程序的运行（同时释放主窗体和所有弹出窗体），而 subwin. destroy 只释放本窗体的资源。

🔗 **知识拓展** --------------------------------------------------------------

**针对窗体标题栏中关闭按钮的编程**

单击窗体标题栏右侧的关闭按钮会直接关闭此窗口，它可能引发以下问题。

1. 直接关闭子窗体，若主窗体此时也处于隐藏状态，程序后续则无法操作。

2. 针对本窗体中添加的"退出"按钮控件已经设计了关闭前的二次确认、保存对本窗体中数据的修改等功能，直接这样关闭窗体会忽略之前设计的功能。

tkinter 提供了协议处理程序机制（protocol handlers）以实现程序和窗体之间的交互管理，其中窗体关闭协议 WM_DELETE_WINDOW 可以实现程序窗体关闭事件的处理。

例如，单击 subwin 窗体标题栏右侧的关闭按钮来终止整个程序的操作：

```
subwin. protocol(' WM_DELETE_WINDOW ', root. destroy)
```

将 root. destroy 替换为针对"退出"按钮控件设计的其他函数，也可以执行和窗体中"退出"按钮控件相同的任务（例如二次确认、保存数据修改等）。

--------------------------------------------------------------

**6. 窗体的显示和隐藏**　隐藏窗体用 withdraw 方法，显示窗体用 deiconify 方法。
显示子窗体 subwin 同时隐藏主窗体 root 的代码为：

```
subwin. deiconify()    #显示计算器窗体
root. withdraw()    #隐藏主窗体
```

**7. mainloop 函数**　执行 tkinter 创建的 GUI 程序需要主窗体 root 的主循环函数 mainloop() 持续循环运行，以便及时发现用户触发的事件并做出相应的处理，直至程序结束。方法是在程序代码的最后一行添加下面的语句。

```
root. mainloop()    #进入主循环
```

## 9.4.2 布局

布局（layout）指构成界面的对象在窗体中的相对位置和大小，只有将对象布局到窗体中之后才变得可见。有三种放置对象的方式：place、pack、grid。

**1. place** place 方式通过指定对象的位置坐标和尺寸实现其在窗体中的布局。优点是布局精准、位置自由灵活，缺点是精准位置的计算工作量较大，需要事先绘制窗体的布局草图。语法格式为：

对象名 . place(参数 1 = 值 1，参数 2 = 值 2，……)

常用的可选参数如表 9-1 所示。

表 9-1　place 方式的主要参数

| 参数 | 解释 |
|---|---|
| x,y | 设置对象基准点的坐标(x,y)，单位是像素。窗体左上角是坐标系的原点，向右为 x 轴正向、向下为 y 轴正向 |
| anchor | 设置对象的指定位置的基准点。可选值"n"、"ne"、"e"、"se"、"s"、"sw"、"w"、"nw"（默认）、"center"。其中 e、s、w、n 分别表示东南西北。例如"nw"表示(x,y)是对象左上角位置的坐标 |
| width,height | 指定对象的宽度和高度（单位为像素）。此处的优先级高于对象定义语句中 width = 字符数，height = 行数 的优先级 |
| relx,rely | 设置控件基准点相对于容器的宽、高的相对位置，取值范围 0 ~ 1.0。若同时提供了 x,y，则在 relx,rely 的基础上偏移 x,y。例如容器宽度为 1000 像素，relx = 0.4，x = -10，则对象基准点的横坐标为 1000 × 0.4 - 10 = 390 |
| relwidth,relheight | 设置控件相对于容器尺寸的宽度、高度，取值范围 0 ~ 1.0。若同时提供了 width,height，则在 relwidth,relheight 的基础上增加 width,height。例如容器宽度为 1000 像素，relwidth = 0.5，width = 10 则对象的宽度为 1000 × 0.5 + 10 = 550 |

【例 9-4】用 place 方式设计欢迎界面。窗体尺寸为 600 × 300，包含 1 个标签和 2 个命令按钮，具体尺寸和左上角坐标如图 9-13 所示。

图 9-13　欢迎界面

```
import tkinter as tk
import tkinter. messagebox as msg

def pro_start():
    msg. showinfo("提示", message ="用户按下了开始按钮")

root = tk. Tk()
root. title("Welcome")
root. geometry("600x300")
lblWelcome = tk. Label(root, text = "Welcome to Python", font = ("Arial",24), bg = "yellow", fg = "red")
lblWelcome. place(x = 100, y = 50, width =400, height = 50, anchor = "nw")    #anchor = "nw" 可以省略
btnStart = tk. Button(root, text ="开始", command = pro_start, font = ("宋体",16," bold"), fg = "yellow")
btnStart. place(x = 150, y = 150, width = 100, height = 50)
btnExit = tk. Button(root, text ="退出", command = root. destroy, font = ("simhei",16," bold"), fg = "yellow")
btnExit. place(x = 50, relx = 0. 5, rely = 0. 5, relwidth = 1/6, relheight = 1/6)
root. mainloop()
```

**2. pack**　pack 方式是流式布局。可以根据相对位置指定对象的布局，系统自动计算对象的具体尺寸。通常可以用 pack 方式对界面进行整体布局划分，然后对每个子区域（例如框架）进行进一步设计。语法格式为：

$$对象名 . pack(参数 1 = 值 1, 参数 2 = 值 2, \cdots\cdots)$$

常用的可选参数如表 9-2 所示。

表 9-2　pack 方式的主要参数

| 参数 | 解释 |
| --- | --- |
| side | 将对象放置在相对于父对象的哪一侧，可选值为字符串'left'（左）、'right'（右）、'top'（默认）、'bottom'（下） |
| fill | 指定对象在宽、高方向上是否自动拉伸以填充满父对象，可选值为'none'（默认）、'x'（横向拉伸）、'y'（纵向拉伸）、'both'（双向拉伸） |
| expand | 指定是否填充父对象的额外空间，True（填充）、False（不填充，默认）<br>例如不指定对象宽度且 expand = True，则对象自动设为父对象剩余空间的宽度 |
| ipadx, ipady | 对象内再放置子对象时的内边距 |
| padx, pady | 对象外侧和相邻其他对象间的外边距 |

【例 9-5】用 pack 方式设计身份验证界面的宏观布局，如图 9-14 所示。将窗体划分为三个区域，左侧显示一张图片，右侧上部是框架 frame1 用于进一步放置标签显示"xx 软件系统"信息，右侧下部是框架 frame2 用于进一步放置用户名、密码输入框和登录、退出按钮。

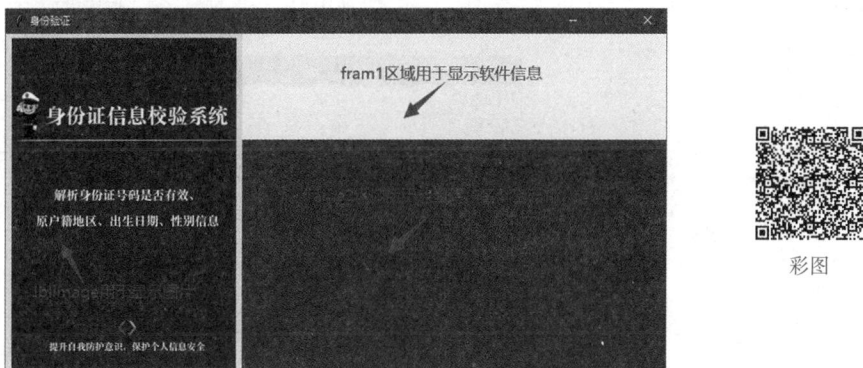

图 9-14　用 pack 方式进行功能分区

```python
import tkinter as tk
root = tk. Tk()
root. title('身份验证')
root. geometry('800x400')
root. resizable(False, False)
photo = tk. PhotoImage(file = "BgPic. png")    #将硬盘中的图片读入内存变量 photo 中
lblImage = tk. Label(root, image = photo)
lblImage. pack(side = 'left', fill = 'y', padx = 5, pady = 5)
frame1 = tk. Frame(root, bg = 'yellow', height = 125)
frame1. pack(side = 'top', fill = 'x')
frame2 = tk. Frame(root, bg = 'green')
frame2. pack(fill = 'both', expand = True)
root. mainloop()
```

**3. grid**　grid 方式是网格式布局，将界面划分为多行多列的网格（网格线不可见），通过将对象放置在不同的单元格内实现界面布局。行/列的高度/宽度由本行/列内所有单元格中最大行高/列宽决定，对象可以占用多个连续的列（columnspan = n）和行（rowspan = n）以得到较大的宽度和高度，当单元格面积大于对象面积时也可以通过 sticky 属性指定对象在单元格中的位置。语法格式为：

对象名 . grid(参数 1 = 值 1, 参数 2 = 值 2, ……)

常用的可选参数如表 9-3 所示。

表 9-3　grid 方式的主要参数

| 参数 | 解释 |
| --- | --- |
| row, column | 指定对象位于第几行、第几列 |
| rowspan, columnspan | 指定对象占用多少行多少列 |
| sticky | 指定对象在区域内的位置。可选值为字符串 'e'、's'、'w'、'n'，也可组合使用 'ne' 表示东北角对齐，'ew' 表示对象与区域同宽，'nse' 表示与区域同高且左侧对齐等 |
| ipadx, ipady | 设置水平/垂直方向的内边框大小。例如文本内容和字体大小确定时，调整这两个参数可以增加命令按钮等对象的尺寸 |
| padx, pady | 格式为(m,n)。表示在对象的左右/上下分别强制与其他对象保留 m、n 的间距<br>这个间距属于对象所在单元格的行高列宽，而非行/列间的空隙 |

【例 9-6】用 grid 方式设计身份验证界面，包含 6 个对象，位于 3 行 3 列的网格中。运行结果如图 9-15 所示。

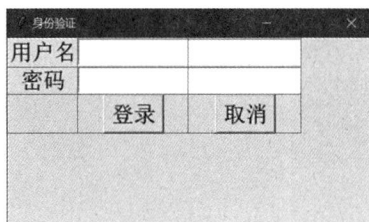

图 9-15　用 grid 方式设计身份验证界面

```python
import tkinter as tk
root = tk. Tk()
root. title("身份验证")
root. geometry("400x200")
root. resizable(False, False)

lblName = tk. Label(root, text = "用户名", font = ("宋体",18))    #后面输入框功能的提示
lblName. grid(row = 0, column = 0)    #第 0 行第 0 列
entName = tk. Entry(root, font = ("宋体",18))    #录入用户名的输入框
entName. grid(row = 0, column = 1, columnspan = 2)    #第 0 行第 1 列, 跨 2 列

lblPassword = tk. Label(root, text = "密码", font = ("宋体",18))
lblPassword. grid(row = 1, column = 0)    #第 1 行第 0 列
entPassword = tk. Entry(root, show = "*", font = ("宋体",18))    #录入密码的输入框
entPassword. grid(row = 1, column = 1, columnspan = 2)    #第 1 行第 1 列, 跨 2 列
```

```
btnEnter = tk.Button(root, text = "登录", font = ("宋体", 18))
btnEnter.grid(row = 2, column = 1)
btnCancel = tk.Button(root, text = "取消", font = ("宋体", 18))
btnCancel.grid(row = 2, column = 2)


root.mainloop()
```

（1）说明

1）行列的编号是从 0 开始的。

2）对象默认位于区域的中心（如 lblPassword）。

3）本来第二、三列的宽度分别由 btnEnter、btnCancel 决定，由于 entry 默认的宽度为 20 个字符超过了 btnEnter 和 btnCancel 的宽度之和，因此 entName 将第二、三列的宽度给加大了，此时 btnEnter、btnCancel 仍默认位于加宽后的单元格中央。

（2）此程序界面目前存在的问题

1）整体没有位于界面中央。可以利用 padx 参数增加 lblName 左侧的间距增加第 0 列的列宽实现。

2）"密码"与"用户名"没有右对齐。可以利用 sticky = 'e' 实现。

3）两个命令按钮宽度不够不美观。可以利用 ipadx 参数增加文本两侧的边框间距。

4）"登录"按钮相对于三行三列的整个网格来说整体偏右。可以通过 sticky = 'w' 将其贴于单元格左侧。

5）垂直方向上，三行对象紧贴在一起不美观。可以通过 pady 参数在保持对象高度不变的情况下增加行高，从而增加各行对象间的距离。

修改后的程序代码如下，运行结果如图 9-16 所示。

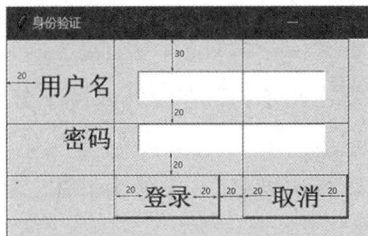

图 9-16　用 grid 方式设计身份验证界面

```
import tkinter as tk


root = tk.Tk()
root.title("身份验证")
root.geometry("400x200")
root.resizable(False, False)


lblName = tk.Label(root, text = "用户名", font = ("宋体", 18))
lblName.grid(row = 0, column = 0, padx = (20, 0), pady = (30, 20))
entName = tk.Entry(root, font = ("宋体", 18), width = 15)
```

```
entName. grid(row = 0, column = 1, columnspan = 2, pady = (30, 20))

lblPassword = tk. Label(root, text = "密码", font = ("宋体", 18))
lblPassword. grid(row = 1, column = 0, sticky = "e", pady = (0, 20))
entPassword = tk. Entry(root, show = "*", font = ("宋体", 18), width = 15)
entPassword. grid(row = 1, column = 1, columnspan = 2, pady = (0, 20))

btnEnter = tk. Button(root, text = "登录", font = ("宋体", 18))
btnEnter. grid(row = 2, column = 1, ipadx = 20, padx = (0, 20), sticky = "w")
btnCancel = tk. Button(root, text = "取消", font = ("宋体", 18))
btnCancel. grid(row = 2, column = 2, ipadx = 20)

root. mainloop()
```

### 9.4.3 控件

控件（widget）是构成界面的对象，又称组件、部件，例如标签、文本框、命令按钮等，每种类型的控件都拥有自己的属性、方法、事件，还可以关联特定类型的变量。

属性是对象特征的描述，例如设置控件外观的属性（大小、颜色、字体等）、决定控件功能的属性（能否接收焦点、是否只读等）等。

方法是预先定义的、可以完成的特定功能，其本质是被封装在类中的函数，可以被直接调用。利用方法，只需要告诉对象做什么（例如让输入框中显示指定的内容）而无需关心对象具体如何去实现。

事件是用户对界面对象的操作，例如鼠标点击、键盘录入等。

创建控件的语法格式为：

控件对象名 = tk. 控件类(父对象, ** options)

说明：父对象指该控件所属的容器，通常为所在窗体或用于分组的框架等；** options 为该类控件的可选属性。

下面的代码可以创建一个提示内容为"姓名"，字体为楷体、16 磅、加粗，背景为红色的标签。

```
>>> import tkinter as tk
>>> root = tk. Tk()
>>> root. geometry("300x100")
>>> lblName = tk. Label(root, text = "姓名", font = ("楷体", 16, "bold"), bg = "red")
>>> lblName. pack()
```

提示：

1）属性值除了在创建控件时指定外，还可以利用 config() 方法以及关键字索引的方法进行设置。

2）控件名. keys() 方法可以列出该类控件的所有属性。

3）控件名. config("属性名") 可返回该属性的别名（前三项）、默认值、当前值。

4）不知道某个属性有哪些系统给定的可选项时，可以随便为该属性赋一个错误的值，系统会给出正确的可选项提示。

```
>>> lblName. config(bg = "yellow")
>>> lblName["bg"] = "silver"
>>> lblName. keys()
    ['activebackground','activeforeground','anchor','background','bd','bg','bitmap','borderwidth',
    'compound','cursor','disabledforeground','fg','font','foreground','height','highlightbackground',
    'highlightcolor','highlightthickness','image','justify','padx','pady','relief','state','takefocus','text',
    'textvariable','underline','width','wraplength']
>>> lblName. config("bg")
    ('background','background','Background','SystemButtonFace','silver')
>>> lblName. config( state = "ok")
    _tkinter. TclError:bad state"ok":must be active,disabled,or normal
```

**1. 常用的公共属性**

（1）width、height　以（英文）字符为单位设置控件的宽度（可显示的最大字符数）和高度（行数），实际尺寸随字号不同而变化。

说明：在 place()方式中 width、height 的单位是像素，且其优先级高于控件属性。

（2）text　用于设置非文本交互控件（Label、Button 等）中显示的文本提示信息。注意：对于文本交互控件（Entry、Text）不适用。

（3）font　用于设置字体格式。语法为：

$$font = ("fontname",fontzise,"bold","italic","underline")$$

（4）bg、fg　bg 或 background 用于设置控件的背景色，fg 或 foreground 用于设置前景色。

（5）bd、relief　bd 或 borderwidth 用于设置控件边框的粗细（int 类型），relief 用于设置边框的风格样式（str 类型），可选值有 flat（平坦）、groove（凹槽）、raised（突起）、ridge（脊状）、solid（实线条）、sunken（凹陷）六种。

（6）image　用于为 Label、Button 等控件添加背景图片。例如让标签 imageLabel 显示 png 格式的图片显示在窗体左上角，代码如下：

```
photo = tk. PhotoImage(file = "flag. png")
imageLabel = tk. Label(root,image = photo)
imageLabel. place(x = 3,y = 3)    #不紧贴边框,好看一些
```

（7）state　用于设置对象的工作状态。字符型可选值有"active"（活跃）、"disabled"（禁用，显示为灰色）、"normal"（正常，默认值）、"readonly"（只读）等。

**2. Entry**　Entry 控件是用于交互式操作的单行输入框，没有 height 属性。

（1）属性　除了前面讲的 font、bg、fg、bd、relief、width、state 以外，常用的基本属性还有 justify、show 等。

justify 属性用于设置输入框中内容的对齐方式，可选值有 LEFT（默认）、CENTER、RIGHT。注意该属性值不是字符串，而是 tkinter 库中的常数。例如：

```
entName = tk. Entry(root,font = ("宋体",18,"bold"),justify = tk. CENTER)
```

show 属性用于设置密码输入框中的文本以什么加密字符显示（通常为 * 或●）。

（2）方法

1）get()方法　用于获取 Entry 中的全部文本内容。具体有两种实现方式：

①从控件直接获取。例如获取例 9 - 6 中 entName 的内容并将之存入变量 UserName 中，代码如下。优点是实现简单；缺点是只能获取，不能修改。

```
UserName = entName. get()
```

②通过关联变量获取。关联变量属于 tkinter 变量，当某个控件和指定的关联变量建立联系后，可以通过该关联变量获取和修改（设置）该控件的内容。例如：

```
#创建关联变量并与指定控件建立关联
varName = tk. StringVar()
entName = tk. Entry(root, font = ("宋体",18), width = 15, textvariable = varName)
#获取关联控件中的内容存入变量 UserName 中
UserName = varName. get()
```

2）set()方法　用于借助关联变量修改（设置）关联控件的值。例如将已经建立关联变量 varName 的输入框 entName 中的文本修改为 administrator，代码为：

```
varName. set("administrator")
```

3）insert(index, str)方法　将字符串 str 插入到输入框中 index 指定的位置。例如目前 entAddress 中的内容为"沈阳市文化路 103 号"，执行 entName. insert(3,"沈河区")后的结果为"沈阳市沈河区文化路 103 号"，再执行 entName. insert(0,"辽宁省")后的结果为"辽宁省沈阳市沈河区文化路 103 号"。

说明：

①当 index 值≥现有字符串长度时，str 被插入现有内容之后。

②将 index 值写为关键字 END，表示在现有内容之后插入。例如：

```
entName. insert(tk. END,'129 信箱')
```

③将 index 值写为关键字 INSERT，表示在插入点（Entry 中的光标）所在位置插入。例如：

```
entName. insert(tk. INSERT,'辽宁省')
```

4）delete(startP, endP)方法　删除索引从 startP 到 endP - 1 位置的子字符串（不包括 index 为 endP 的字符）。

**3. Text**　Text 控件是用于交互式操作的多行文本框。

（1）属性　除了前面讲过的 font、bg、fg、bd、relief、width、height 外，常用的基本属性还有 wrap、xscrollcommand、yscrollcommand 等。

wrap 用于设置当某行内容太长时，是否自动换行及从哪里换行。可选值有字符串"word"、"char"、"none"或 tkinter 库的常数 WORD、CHAR、NONE，分别表示单词内不换行（单个单词的长度大于文本框宽度时会换行）、任意字符处换行、不自动换行。

xscrollcommand、yscrollcommand 分别用于指定在 x 轴、y 轴方向上显示内容跟随滚动条的拖动而跟随显示全部内容。下面的代码可以创建带有水平和垂直滚动条的多行文本框控件，并使得文本框中的内容跟随滚动条的拖动而展示。说明：当文本框中的内全部正常显示时，滚动条是虚的不可操作。

```
import tkinter as tk
root = tk. Tk()
root. geometry("400x300")


#创建多行的文本框。若文本框自动换行水平滚动条就无意义了(可手动回车换行)
txtRemark = tk. Text(root, font = ("宋体",18), wrap = "none")
```

```
txtRemark. place(x = 50, y = 50, width = 250, height = 200)

#创建 x 轴、y 轴滚动条
xscrollbar = tk. Scrollbar(root, orient = "horizontal", command = txtRemark. xview)
xscrollbar. place(x = 50, y = 250, width = 250, height = 20)
yscrollbar = tk. Scrollbar(root, orient = " vertical", command = txtRemark. yview)
yscrollbar. place(x = 300, y = 50, width = 20, height = 200)

#使 txtRemark 水平方向的内容与水平滚动条联动
txtRemark. config(xscrollcommand = xscrollbar. set)
#使 txtRemark 垂直方向的内容与垂直滚动条联动
txtRemark. config(yscrollcommand = yscrollbar. set)
root. mainloop()
```

（2）方法

1）get(起始索引, 结束索引)　用于获取 Text 控件中指定的文本内容。

①获取用户选中的内容。当用户进行选择操作后，所选内容的起始位置索引被赋值给 tkinter 库的常数 SEL_FIRST，结束位置索引赋值给 SEL_LAST。下面的函数 GetStr 功能为借助这两个常数返回用户的选择结果。

```
def GetStr():
    try:
        subStr = txtRemark. get(tkinter. SEL_FIRST, tkinter. SEL_LAST)
    except tkinter. TclError:
        subStr = ""
    return subStr
```

②获取指定的部分内容。Text 控件中某个字符的索引由行列共同构成，行从 1 开始（其实第 0 行也是指首行），列从 0 开始。第 2 行第 5 个字符的索引写为字符串型的 "2.4" 或数值型的 2.4。下面代码的功能为获取从第 1 行（首行）第 3 个字符开始，到第 2 行第 5 个字符结束的内容（不包含给出的结束字符），下面的几行写法是等价的。

```
subStr = txtRemark. get("1. 2", "2. 5")
subStr = txtRemark. get(1. 2, "2. 5")
subStr = txtRemark. get(1. 2, 2. 5)
```

③获取全部内容。起始索引为 "1.0"，结束索引为 tkinter. END。

```
subStr = txtRemark. get("1. 0", tkinter. END)
```

说明：tk. INSERT 表示当前光标位置的索引。

（2）insert(插入点索引, 插入的文本内容)　插入点索引既可以是 "2.5" 格式，也可以是 tk. INSERT、tkinter. END 等。

（3）delete(startindex, endindex)　用于删除 Text 控件内指定的内容。

delete(tkinter. SEL_FIRST, tkinter. SEL_LAST)　#删除用户选中的文本

delete(startindex, endindex)　#删除指定范围内的文本

delete("1. 0", tkinter. END)　#清空 Text 控件

**4. Button**　Button 控件是用户发出指令操作的命令按钮。除了前面讲过的 text、font、bg、fg、bd、relief、width、height、state、image 外，常用的基本属性还有 command 等。

command 属性用于指定当用户按下此按钮时执行的任务。具体示例参见例 9 - 4。

tkinter 进行 GUI 界面设计时，除了标签、输入框、文本框、命令按钮外，常用的基本控件还有单选钮（Radiobutton）、复选框（Checkbutton）、框架（Frame）、列表框（Listbox）、菜单（Menu）等。由于篇幅关系本章不做讲述，可以通过 Python 自带的帮助自行学习。

书网融合……

微课 1

微课 2

微课 3

# 第 10 章　数据可视化

📖 学习目标

　　1. 通过本章学习，掌握散点图、饼图、折线图、柱形图、箱型图、小提琴图、数据热图等基本图表的绘制方法；熟悉气泡图、桑基图、旭日图、南丁格尔玫瑰图、地理热图、时间线动态图等高级图表的制作方法；了解叠加组合图的设计。

　　2. 具有选择合适的库及图表类型对数据进行可视化展示的能力。

　　3. 树立终身学习理念，培养自主学习能力、创新思维、创新能力和创新潜力。

　　数据可视化是数据的图形化呈现形式，以更加清晰直观的图形方式展示变量的分布和变量之间的关系。数据可视化不仅是一种数据结果的呈现方法，还可以使用户从不同维度了解数据进而对数据进行更深入的观察和分析，已经成为数据分析中不可或缺的重要功能。

　　Python 实现数据可视化的第三方库有很多，例如 matplotlib、pyecharts、seaborn、plotly、missingno等。其中 matplotlib 是最基础的绘图库，seaborn、plotly 和 pyecharts 使用起来更加方便快捷，missingno 在理解和处理缺失数据方面具有更大优势。

　　本章通过利用率最高的 matplotlib、seaborn、plotly、pyecharts 四个库讲解生物医药信息领域数据处理中常用的可视化图表制作方法。其中，散点图（scatter）、折线图（plot）、柱形图（bar）、饼图（pie）、热力图（heatmap）等大部分图表用不同库实现的难易程度相差不大，本章以 matplotlib 库为例进行讲解；对于 seaborn、plotly、pyecharts 有显著制作优势的图表选用最容易实现的库进行讲解。

　　由于篇幅限制，绘制图形的语法只列出最常用的参数，更多详细资料可参考相应库的官网。

## 10.1 pandas 库和 numpy 库

PPT

　　在进行数据可视化时，需要为数据分类、数据值、点的坐标等信息提供序列型数据（列表、字典等），以及为刻度信息提供等值分隔的序列数据。在简单的例题示例中，由于数据量小，可以直接在程序代码中录入这些数据，实际工作中几乎都是通过文件读取获得。在进行数据分析时，需要对文件中的行、列数据进行读写，以及利用矩阵（n 维数组）数据进行操作。以上这些工作都可以借助 pandas 和 numpy 库提供支持，本节主要介绍 pandas 和 numpy 库为数据可视化和数据分析提供相应类型数据的基本功能，更多功能在后续涉及时进行介绍。

### 10.1.1 pandas 库

　　pandas 是对面板数据（panel data）进行 python 数据分析（data analysis）的第三方库，其处理的数据是由行、列构成的 DataFrame 类型（二维数据）。下面以 Marks.csv 文件为例讲解 pandas 的基本操作，文件的内容如图 10-1（左）所示。

　　在首次使用 pandas 库之前需要安装，在程序中导入 pandas 库的代码通常写为：

```
import pandas as pd
```

**1. 利用 pandas 读取 CSV 格式文件内容** 语法为： 📱 微课 1

$$pd.\ read\_csv(filepath, sep, header, names, index\_col, usecols, nrows, encoding)$$

其中，常用重要参数如下。

（1）filepath str 类型，欲打开的文件名，可以是网络资源的 URL 或本地文件。

（2）sep str 类型，数据间的分隔符，默认为英文逗号。

（3）header int 型数据或列表，指明标题行的位置。header = None 表示无标题行；header = 0 表示首行为列标题（默认）；header = 1 表示第 2 行为列标题（第 1 行忽略不读）；header = [0,1] 表示前两行都是列标题（例如第一行为中文列标题，第二行为英文列标题）。

（4）names list 类型，人为指定列标题。例如文件中无列标题或为晦涩的英文列标题。

（5）index_col 整型（int）、字符型（str）、整型序列、字符型序列等，默认值为 None。指定第几列（int）、哪列（str）或哪些列是行标题所在的列。如果省略该参数，系统自动为每行生成从 0 开始的行索引编号。

（6）usecols list 类型，只读取 usecols 指定列的内容。

（7）nrows int 类型，读取前多少行。用于大型文件，先试读前 n 行以了解文件结构。

（8）encoding str 类型，指定文件的编码。例如"ANSI""UTF-8"（默认）等。

以下代码可以读取文件 Marks. csv 中的所有内容，df 为 DataFrame 类型，内容如图 10-1（中）所示，最左侧无列标题的数字编号为记录的索引（行号）。

$$df = pd.\ read\_csv("Marks.\ csv", encoding = "ANSI")$$

以下代码只读取指定的学号、姓名、计算机、英语四列，结果如图 10-1（右）所示。

$$df1 = pd.\ read\_csv("Marks.\ csv", usecols = ["学号", "姓名", "计算机", "英语"], encoding = "ANSI")$$

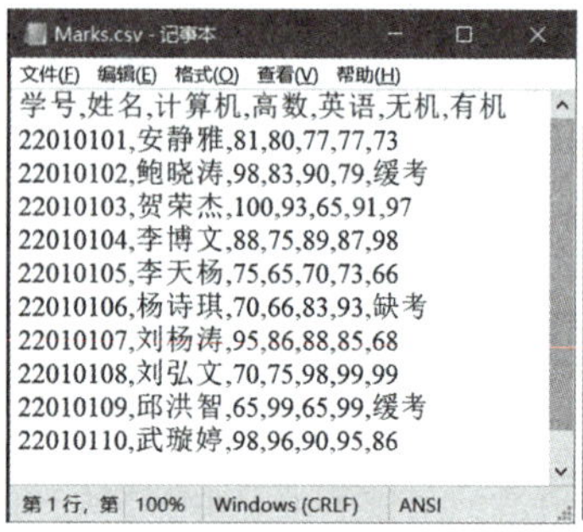

图 10-1 对文件 Marks. csv 的读取操作

**2. 获取 DataFrame 中的信息** 📱 微课 2

（1）df. keys()或 df. columns 返回 df 的所有列标题信息，类型为 Index（属于可迭代对象），可以通过 for i in df. keys()获取这 7 个列标题字符串，也可以通过 df. keys(). tolist()或 df. columns. tolist()将其转换为普通列表['学号','姓名','计算机','高数','英语','无机','有机']。

（2）df. index 返回 df 所有记录的索引信息，类型为 RangeIndex（属于可迭代对象），可以通过 for i in df. index 获取这 10 个索引数值，也可以通过 df. index. tolist()将其转换为普通列表[0,1,2,3,4,5,6,7,8,9]。

（3）df['计算机']返回 df 中所有记录中计算机列的值，类型为 Series（属于可迭代对象），可以通过 for i in df['计算机']获取这 10 个值，也可以通过 df['计算机']. tolist()将其转换为普通列表[81,98,100,88, 75,70,95,70,65,99]。

（4）df. loc[2]返回 df 中索引值为 2 的记录，类型为 Series（属于可迭代对象），可以通过 for i in df.

loc[2]逐个获取该记录的所有列值，也可以通过 df.loc[2].tolist()将其转换为普通列表。

（5）以下代码利用行、列切片只读取第 1、3、5、7 个同学的姓名、计算机、高数的信息，返回值仍为 DataFrame 类型，结果如图 10-2（左）图所示。这个例子中选择了 4 个非连续行、3 个连续列，注意它们的不同表示方法。

df2 = df.loc[[0,2,4,6],"姓名":"高数"]

（6）以下代码只读取计算机和无机成绩均达到 90 的同学的学号、姓名、计算机、无机四列信息，结果如图 10-2（中）所示。

df3 = df.loc[(df['计算机']>=90)&(df['无机']>=90),["学号","姓名","计算机","无机"]]

（7）以下代码将 df 依次按计算机、高数成绩降序排序，结果如图 10-2（右）所示。

df4 = df.sort_values(by = ['计算机','高数'],ascending = False)

| | 姓名 | 计算机 | 高数 |
|---|---|---|---|
| 0 | 安静雅 | 81 | 80 |
| 2 | 贺荣杰 | 100 | 93 |
| 4 | 李天杨 | 75 | 65 |
| 6 | 刘杨涛 | 95 | 86 |

| | 学号 | 姓名 | 计算机 | 无机 |
|---|---|---|---|---|
| 2 | 22010103 | 贺荣杰 | 100 | 91 |
| 9 | 22010110 | 武璇婷 | 98 | 95 |

| | 学号 | 姓名 | 计算机 | 高数 | 英语 | 无机 | 有机 |
|---|---|---|---|---|---|---|---|
| 2 | 22010103 | 贺荣杰 | 100 | 93 | 65 | 91 | 97 |
| 9 | 22010110 | 武璇婷 | 98 | 96 | 90 | 95 | 86 |
| 1 | 22010102 | 鲍晓涛 | 98 | 83 | 90 | 79 | 缓考 |
| 6 | 22010107 | 刘杨涛 | 95 | 86 | 88 | 85 | 68 |
| 3 | 22010104 | 李博文 | 88 | 75 | 89 | 87 | 98 |
| 0 | 22010101 | 安静雅 | 81 | 80 | 77 | 77 | 73 |
| 4 | 22010105 | 李天杨 | 75 | 65 | 70 | 73 | 66 |
| 7 | 22010108 | 刘弘文 | 70 | 75 | 98 | 99 | 99 |
| 5 | 22010106 | 杨诗琪 | 70 | 66 | 83 | 93 | 缺考 |
| 8 | 22010109 | 邱洪智 | 65 | 99 | 65 | 99 | 缓考 |

图 10-2　从 DataFrame 中提取相应的信息

## 10.1.2　numpy 库

NumPy（Numerical Python）是 Python 的一种开源的数值计算扩展的第三方程序库。它提供了强大的 n 维数组对象 ndarray，在矩阵型数据处理方面效率比 Python 自身的嵌套列表（nested list structure）结构要高得多。首次使用 numpy 库之前需要安装，在程序中导入 numpy 库的代码通常写为：

import numpy as np

**1. 将 python 中的 list 转换为 numpy 的 ndarray**　由于 ndarray 中的元素类型必须一致，当 list 中的元素数据类型不一致时，按照优先级转换为同一类型（str > float > int）。

arr1 = np.array([90,92.5,88])结果为[90.0 92.5 88.0]
arr2 = np.array(["Mike",20,1.78])结果为['Mike' '20' '1.78']

**2. 产生指定数量的等差序列**　创建[start,stop]之间等距的 n 个样本数据构成的数组，步长通过计算确定。语法为：

np.linspace(start,stop,n = 50,endpoint = True,retstep = False,dtype = float)

其中，endpoint 表示是否包含 stop 值；retstep 表示是否返回（return）步长（默认不返回）；dtype 表示样本数据的类型，float 为浮点数，int 为整数。

**3. 产生指定步长的等差序列**　在[start,stop)之间创建指定步长（step）的样本数据，样本数量通过计算确定。语法为：

np.arange(start,stop,step)

其中，start 可以省略，默认是 0；stop 为终值（包含 start，不包含 stop）；step 表示步长（默认为 1，可以是小数）。

**4. 利用 random 模块生成随机数（仿真数据）** 常用的有以下几个函数。 微课 3

$$np.random.randint(low = 0, high = None, size = None, dtype = int)$$

功能为生成 $[low, high)$ 之间均匀分布的随机整数，包括 low（默认值为 0），但不包括 high；当指定 $size = (m, n, \ldots)$ 时数据个数由 size 决定，否则产生 1 个随机数。

$$np.random.randn(d0, d1, \ldots, dn)$$

功能为生成均值为 0、标准差为 1 的标准正态分布随机数，样本数据为浮点型。给定 1 个参数就生成 1 维数组，给定 2 个参数就生成 2 维数组，以此类推。

$$np.random.normal(loc = 0.0, scale = 1.0, size = None)$$

功能为生成均值为 loc、标准差为 scale 的正态分布的随机浮点数。提供了 size 就生成指定大小的 ndarray 数组，不提供就返回 1 个值。

$$np.random.random(size = None)$$

功能为生成 $[0, 1)$ 之间均匀分布的随机数（包含 0，不包含 1）。

**5. 数组的变形** 在元素总个数不变的情况下，调整数组的行列形状。语法为：

$$array.reshape((newshape))$$

例如：下面的语句可以将一维数组转换为 3 行 3 列的二维数组。

```
a = np.array([1,2,3,4,5,6,7,8,9])
print(a)
b = a.reshape((3,3))
print(b)
```

运行结果为：

```
[1 2 3 4 5 6 7 8 9]
[[1 2 3]
 [4 5 6]
 [7 8 9]]
```

如果写为 c = a.reshape((2,4)) 会导致程序错误，因为变形前后的元素个数不同。

**6. 数组作为表达式中的操作数，可以对所有数组元素的值进行统一调整** 例如：

```
arr1 = np.array([2,4,8,16])
print(arr1)
arr2 = arr1 + 1
print(arr2)
arr3 = arr1 * 2
print(arr3)
```

运行结果为：

```
[2  4  8  16]
[3  5  9  17]
[4  8  16  32]
```

# 10.2 matplotlib 库

matplotlib 是 Python 进行数据分析的重要可视化工具库，可以创建静态、动态和交互式可视化图表。它不仅可以快速对数据进行可视化展示，还提供了多种高清图片格式进行选择。通常，散点图（scatter）、折线图（plot）、柱形图（bar）、饼图（pie）、箱线图（boxplot）、直方图（hist）、热力图（heatmap）等 2D 图形都选择 matplotlib 进行绘制。

pyplot 是 matplotlib 库中最重要的绘图模块，包含 bar()、plot()、pie() 等诸多绘图函数，可以实现不同图形的绘制。

通常引入 pyplot 模块的语句如下，为便于描述后续用 plt 表示。

```
import matplotlib. pyplot as plt
```

## 10.2.1 柱形图

柱形图又称条形图，是以宽度相等的矩形的高度或长度表示统计值大小的一种图形。柱形图中各类别之间没有先后关系，因此调整类别的顺序不会影响数据的可视化。语法为：

$$\text{plt. bar(categories, values, width, color, edgecolor, hatch,} \cdots)$$

其中的重要参数如下。

（1）categories　表示 x 轴方向的类别，字符或数值型序列数据。

（2）values　表示各矩形高度或长度的值。

（3）width　矩形的宽度（取值 0~1，默认为 0.8），1 表示 x 轴方向每个分类的整体宽度。

（4）color　矩形的填充色。颜色有多种表示方式，例如红色可以写为'red'、'r'、'#FF0000'、(1,0,0)；0~1 表示从黑到白的灰色。蓝色为'blue'或'b'，黑色为'black'或'k'。

（5）edgecolor　矩形的边框颜色。

（6）hatch　矩形内部的填充样式图案，便于打印。常用值有竖线'|'、横线'-'、正十字线'+'、右斜线'/'、左斜线'\\'、交叉线'x'、点'.'、五星'*'、小圆'o'、大圆'O'。说明：①由于 \ 是转义字符，因此 \\ 表示实际的一个 \；②填充样式字符可以重复以增加密度，例如 // 就是用比 / 更密的右斜线填充；③填充样式字符可以混合使用，例如 /|、'O.' 等。

**📚 知识拓展** - - - - - - - - - - - - - - - - - - - - - - - - - - - - - - - - - - - - - - - - - - - - - - - -

### 柱形图和条形图

将函数 bar 替换为 barh 就可以将垂直矩形的柱形图改为水平矩形的条形图。

1. barh 不能用 width 控制矩形的宽度，而应该用 height。

2. barh 中 x 轴表示数值大小，y 轴表示分类；故 xlabel、ylabel 的值也要更换。

- - - - - - - - - - - - - - - - - - - - - - - - - - - - - - - - - - - - - - - - - - - - - - - - - - - - - - - - -

【例 10-1】绘制计算机年度销售额统计图的简易柱形图，结果如图 10-3 所示，图中标注的是柱形图的构成元素（由于只有一个数据系列，因此隐藏了图例）。

```
import matplotlib. pyplot as plt
plt. rcParams['font. family'] = ['simsun']    #设置字体以便正确显示中文
#定义数据
categories = ['第 1 季度','第 2 季度','第 3 季度','第 4 季度']    #水平轴(x 轴)分类
```

```
values = [61,137,95,86]
#绘制图形
plt. bar(categories,values,width = 0.7)   #添加数据系列,柱子的宽度为 x 轴分类宽度的70%
plt. title('年度销售额统计图')   #添加标题
plt. xlabel('季度')   #添加 x 轴标题
plt. ylabel('销售额(万元)')   #添加 y 轴标签
plt. show()   #显示图表
```

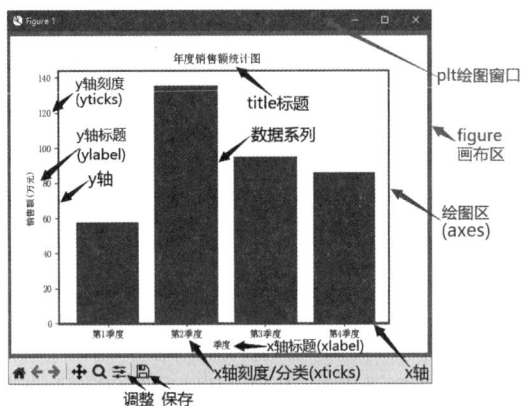

图 10-3　柱形图的构成元素

通常簇状柱形图中包含多个数据系列,每个系列(矩形)采用各自的填充色或填充图案(采用填充色效果漂亮适合屏幕显示或投影,图案填充适合黑白印刷,通常二者选择其一即可),所有系列的宽度相同,相邻系列构成一个簇,一个簇的宽度为 0.7~0.8。

【例 10-2】用簇状柱形图绘制具有三个系列的计算机硬件年度销售额统计图,如图 10-4 左图所示。为了演示簇状柱形图各元素的设置方法,本例对常用参数都进行了设定,实际工作中可以根据需要进行取舍。

```
import matplotlib. pyplot as plt
plt. rcParams['font. family'] = ['simsun']   #设置字体以便正确显示中文
categories = ['第 1 季度','第 2 季度','第 3 季度','第 4 季度']   #x 轴包括 4 个簇,每个簇为 1 个分类
#每个簇包含 3 个系列(台式机 Desktop、笔记本 Laptop、打印机 Printer 的本季度销售额)
Desktop = [61,137,95,86]
Laptop = [186,149,210,146]
Printer = [140,160,148,137]
#指定画布的宽、高(默认 10 ×6 英寸),分辨率(默认 80 dpi),画布背景(默认白色)
plt. figure(figsize = (8,6),dpi = 100,facecolor = 'orange')
plt. gca(). set_facecolor("cyan")   #gca 函数获取坐标轴对象(Get Coordinate Axis),设置绘图区背景色
#设定每个系列(矩形)宽度为 0.25,簇的总宽度为 0.75,label 为显示在图例中的序列名称
plt. bar([0.75,1.75,2.75,3.75],Desktop,width = 0.25,label = '台式机',color = 'deeppink',hatch = "//",
edgecolor = "k")
plt. bar([1,2,3,4],Laptop,width = 0.25,label = '笔记本',color = "orangered",hatch = "\\\\",edgecolor = "k")
```

plt. bar([1. 25,2. 25,3. 25,4. 25],Printer,width = 0. 25,label = '打印本',color = 'lime',hatch = " xxx",edgecolor
 =" k")

plt. title('年度销售额统计图',fontname = 'simhei',fontsize = 30,color = 'b')　#添加图表标题

#添加坐标轴标题。labelpad 含义如图 10-4(右)所示,ha(horizontal alignment)、va(vertical alignment) 指定标题边框上的哪个点作为定位的基准点。以下两种方法任选其一即可

plt. xlabel('季度',fontsize = 18,labelpad = -20,ha = 'left',va = 'bottom',position = (1. 01,0))　#添加 x 轴标签

##plt. xlabel('季度',fontsize = 18,labelpad = 0,loc = "center")　#loc 设置标签位于 x 轴的左端 left、中央 center(默认)、右端 right,它不能与 ha、va、position 这些参数同时使用

plt. xticks([1,2,3,4],categories,rotation = 30,fontsize = 18)　#将 x 轴的标签[1,2,3,4]替换为['第 1 季度','第 2 季度','第 3 季度','第 4 季度'],当分类标签太长导致重叠时可以旋转一定角度(本例可以不旋转)

plt. ylabel('销售额(万元)',fontsize = 18)　#添加 y 轴标签

plt. yticks(range(0,251,50),fontsize = 18)　#设置 y 轴刻度线范围和刻度密度

plt. grid(axis = 'y',linestyle = '--',linewidth = '0. 5',color = '0. 5')　#设置网格线,只显示 y 轴刻度对应的水平网格线,axis = 'both'同时显示横竖网格。常用线型有实线" - "、双划线" -- "、虚线(点线)":"等。0. 5 表示黑白色的灰度

plt. text(x = 3,y = 220,s = '销冠',fontname = 'simhei',color = 'g',fontsize = 18,ha = 'center',va = 'bottom')
#在坐标(3,220)处添加黑体、绿色、18 磅、内容为'销冠'的 string,文本框的基准点为底部中央

plt. legend(fontsize = 14,loc = 'best')　#loc 取值'best'(最佳位置)、'upper right'(右上角)、'upper left'(左上角)

plt. savefig("年度销售额统计. png",dpi = 300)　#直接存储图片,此处的 dpi 覆盖 plt. figure()中的设置

plt. show()　#显示图表,通常利用 plt 绘图窗口中的 Edit 按钮调整后再用 Save 按钮保存图片

说明:用 plt. text()方法在图中添加文本信息,位置控制比较灵活。x 轴标签也可以作为普通文本框进行添加。用 matplotlib 绘制簇状柱形图的优势是设置每个系列的填充图案较为方便,如果绘制只用颜色填充的簇状柱形图采用 pyechart 库绘制更快捷。

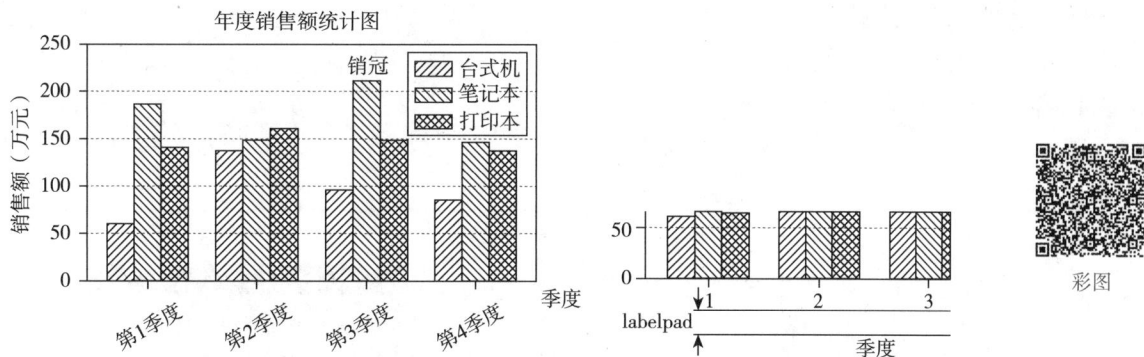

图 10-4　簇状柱形图

## 10. 2. 2 折线图

折线图适用于展示随时间变化的连续数据,通常指在相等时间间隔下数据的变化趋势。line 和 plot 两个函数都可以绘制折线图,通常 line 用于绘制 1 条折线,plot 用于同时展示多条折线而且附加设置功能更加强大。语法为:

plt. plot（x, y, label, linestyle, linewidth, color, marker, markersize, markerfacecolor, markeredgewidth, markeredgecolor, alpha, …）

常用参数如下（括号中为该参数的缩写）。

（1）x,y 数据点的横纵坐标，通常为两个元素个数相等的一维数组。

（2）label 显示在图例中的折线名称。

（3）linestyle,linewidth,color 设置折线的线型（ls）、线条宽度（lw）、线条颜色。

（4）marker 标记点的形状，常用值有实心圆'o'（默认）、正三角'^'、倒三角'v'、正方形's'、五角星'*'、Y 形'1'~'4'（对应不同旋转角度）等。

（5）markersize,markerfacecolor 设置标记点的大小（ms）、填充色（mfc）。

（6）markeredgewidth,markeredgecolor 设置标记点的边框线宽度（mew）和颜色（mec）。

（7）alpha 折线的透明度，1 表示完全不透明，0 表示完全透明。

【例 10-3】用折线图绘制具有三个系列的计算机硬件年度销售额统计图，如图 10-5（左）所示。数据存放于文件"季度销售额.csv"中，文件内容如图 10-5（右）所示。

```python
import pandas as pd
import matplotlib. pyplot as plt
plt. rcParams['font. family'] = ['simsun']     #指定字体以便于正确显示中文
df = pd. read_csv('季度销售额.csv',encoding = 'ANSI')    #df 为 DataFrame 类型的对象
x,y1,y2,y3 = df['季度'],df['台式机'],df['笔记本'],df['打印机']
plt. figure(figsize = (6,4),dpi = 100)
plt. plot(x,y1,label = '台式机',c = 'g',ls = '--',marker = '*',mfc = 'y',ms = 10,alpha = 0. 75)
plt. plot(x,y2,label = '笔记本',c = 'b',ls = '-.',marker = '^',mfc = 'y',ms = 10,alpha = 0. 75)
plt. plot(x,y3,label = '打印机',c = 'r',ls = '-',marker = 'o',mfc = 'g',ms = 10,alpha = 0. 75)
plt. yticks(range(0,251,50))    #y 轴的刻度
plt. ylabel('销售额（万元）')
plt. xlabel('季度')
plt. title('年度销售额统计图')
plt. legend()    #图例
plt. grid(axis = 'y')
plt. show()
```

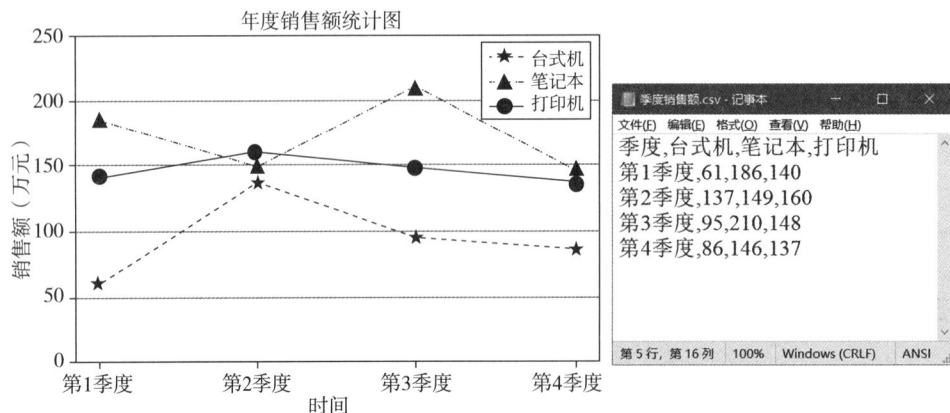

图 10-5 折线图

### 10.2.3　散点图

散点图表示位于两个坐标轴上的数值变量之间的相对关系。通常利用它从宏观上展示变量间的相关性。语法为：

$$\text{plt. scatter}(x, y, s, c, marker, alpha, \cdots)$$

其中的常用核心参数如下。

（1）x　散点图中数据的 x 坐标。通常为数据序列，元素个数需要和 y 保持一致。

（2）y　散点图中数据的 y 坐标。

（3）s　散点图中点的大小 size。

（4）c　散点的颜色 color，默认为 blue。

（5）marker　散点的形状，同折线图。

（6）alpha　散点的透明度（取值 0~1），0 表示完全透明。

【例 10-4】绘制某导体的电压和电流关系散点图，结果如图 10-6 所示。测量数据存放于文件"电阻测量结果 . csv"中，电压范围为 50 ~ 100V，每个电压测量 10 次。本例中增加了拟合曲线功能（斜体代码），绘制普通散点图时这部分功能可以不要。

```python
import pandas as pd
import numpy as np
import matplotlib. pyplot as plt
plt. rcParams['font. family'] = 'simhei'
df = pd. read_csv('电阻测量结果 . csv', encoding = 'ANSI')    #df 为 DataFrame 类型的对象
x, y = df['电压（V）'], df['电流（A）']
#利用numpy 库的polyfit 函数进行曲线拟合,拟合y = ax + b 的一次曲线时第三个参数为1；拟合y = ax²
+ bx + c 的二次曲线时第三个参数为2
xishu = np. polyfit (x, y, 1)   #返回ndarray 类型,值是方程ax + b 的系数[a, b]；若拟合二次曲线值为[a, b, c]
fangcheng = np. poly1d (xishu)   #poly1d ([a, b]) 的功能是生成"ax + b" 的方程表达式, poly 后面是数字1
#绘制散点图和拟合曲线
plt. figure (figsize = (6, 4), dpi = 100)
plt. scatter (x, y, s = 10, c = 'r')   #s 为散点大小（默认 20）；c 为散点颜色（默认 blue）
plt. plot (x, fangcheng (x), color = 'b')   #折线图中的y 通过方程计算得到
plt. yticks (range (20, 61, 5))   #y 轴的刻度
plt. xlabel ('电压（伏）')
plt. ylabel ('电流（安培）')
plt. title ('某导体的电压和电流')
plt. text (x = 50, y = 55, s = "拟合方程为y = {}". format (fangcheng))
plt. text (x = 50, y = 52, s = "该导体的电阻为{:.3f}欧姆". format (1/xishu [0]))
plt. show ()
```

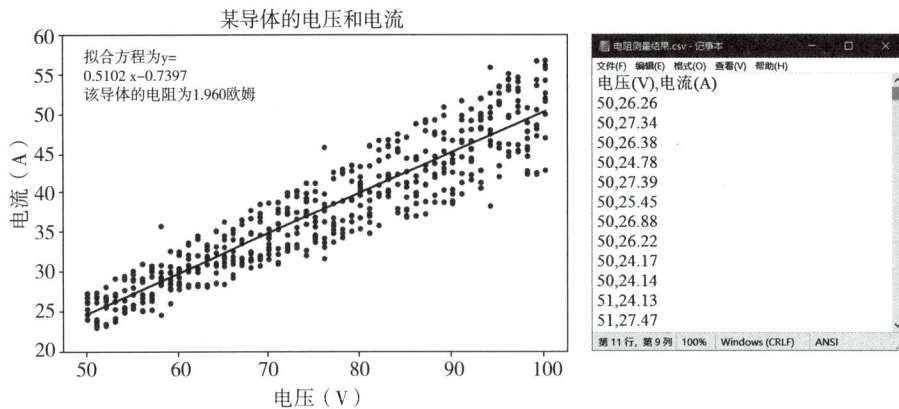

图 10-6　带拟合曲线的散点图

## 10.2.4 饼图

饼图又称饼状图，是利用每个扇形的圆心角表示该种类数据占总体比例（占比）的圆形统计图表。所有扇形合并到一起刚好构成一个完整的圆形。核心语法为：

plt. pie(x, labels = None, explode = None, autopct = None, shadow = False, startangle = 0, counterclock = True, wedgeprops = None, textprops = None)

其中，常用的核心参数如下。

（1）x　每个扇形代表的数据值，序列值。

（2）labels　每个扇形数据的分类名称，序列值（个数与 x 相同）。

（3）explode　饼图是否呈现爆炸式分离，序列值（个数与 x 相同，取值范围 0~1）。

（4）autopct　添加百分比显示，可以采用格式化的方法显示。例如 %. 2f%%。

（5）shadow　是否添加饼图的阴影效果。

（6）startangle　设置饼图的初始摆放角度，默认为 0，多设为 90。

（7）counterclock　是否以逆时针方向显示各种类数据。

（8）wedgeprops　设置饼图边界的属性，例如 {'edgecolor':'gray','linewidth':2}。

（9）textprops　设置饼图中文本的属性，例如 {'fontname':'simsum','fontsize':12}。

【例 10-5】利用饼图绘制某个班级期末成绩的分段统计结果，如图 10-7 所示。

```python
import matplotlib. pyplot as plt
plt. rcParams['font. family'] = 'simhei'
x = [7,13,8,3,1]
cat = ['优秀','良好','中等','及格','不及格']    #扇形数据的分类 category
plt. figure(figsize = (6,4), dpi = 100)
plt. pie(x,
    labels = cat,    #本参数和后面的 plt. legend()选择其一即可。
    explode = [0,0. 1,0,0,0],    #分离出代表"良好"的扇区
    autopct ='%. 2f%%',    #以百分比的形式(保留 2 位小数)显示每个扇形的占比
    startangle =90,
    counterclock = False,    #以顺时针方向显示
    textprops = {'fontname':'simsun','fontsize':10},    #可选,设置图中的文字属性
```

```
    )
    #plt. legend(cat,loc = 'center right')    #图例位于图的垂直居中、水平右侧的位置
    plt. title("期末考试成绩分段统计",fontsize = 18)
    plt. axis('equal')    #使饼图显示为正圆
    plt. show()
```

说明：plt. pie()函数中的 labels 参数和 plt. legend()选择其一即可。使用 pie 函数中的 labels，参数类别信息显示在扇区处，如图 10-7（左）所示；使用 legend 时，类别信息集中显示在图例区，如图10 - 7（右）所示。

plt. legend 中 loc 的取值有 upper left（左上角）、lower right（右下角）、center left（左侧中央）、center（图的中心）等，还可以设为 best 由系统决定最佳位置。

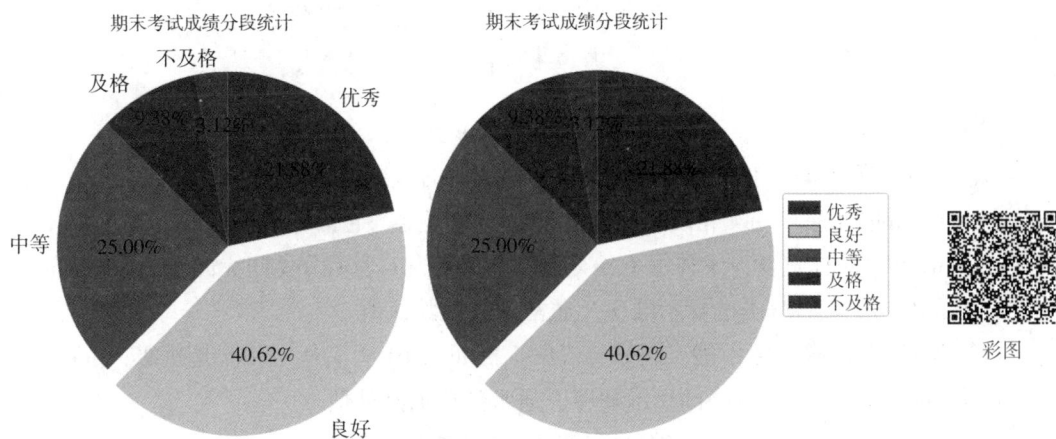

图 10-7　饼图

# 10. 3 seaborn 库

seaborn 是基于 matplotlib 开发的第三方库，它可以利用更简洁的代码制作出更漂亮的图表，官网地址为 https：//seaborn. pydata. org/examples/index. html。seaborn 库支持的图表种类丰富，其中箱线图（boxplot）、小提琴图（violin plot）、热力图（heatmap）、气泡图（scatterplot）与其他库相比具有显著优势。

seaborn 在首次使用之前需要先安装，在程序中导入 seaborn 库的语句通常为：

```
import seaborn as sns
```

## 10. 3. 1 箱线图

箱线图又称箱型图、盒须图或盒式图，是利用中位数、上下四分位数、上下限来直观反映一组数据分布情况的统计图，因其形状像箱子而得名。实际绘制时，除了这 5 个值外还可以展示平均值，如图10-8所示。核心语法为：

seaborn. boxplot(data, x, y, linecolor, linewidth, width, order, hue, hue_order, palette, color, saturation, showfliers, fliersize, flierprops, showmeans, meanprops, legend)
其中，常用的核心参数如下。

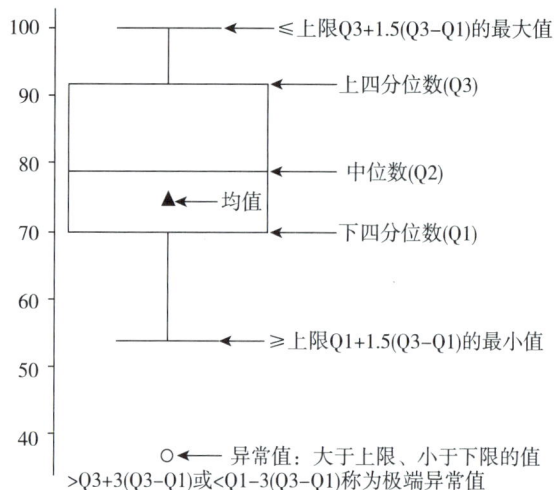

图 10-8　箱线图中元素的含义

（1）data　绘图的数据，pandas 库的 DataFrame 类型。

（2）x,y　指定 data 中作为 x 轴分类和 y 轴数值的分别为哪列。

（3）linecolor,linewidth　箱线图中的线条颜色和宽度，通常省略取默认值。

（4）width　箱体宽度占 x 轴每个分类宽度的比例（1 表示分类间无间隙），默认值为 0.8。

（5）order　x 轴各分类的显示顺序，通常省略取默认值。

（6）hue　簇状箱型图中的二级分类依据。例如图 10-9（中）order 是班级，hue 是性别。

（7）hue_order　二级分类的显示顺序，通常省略取默认值。

（8）palette　给每个分类的箱体人为指定不同颜色，例如 palette = {"男":"yellow","女":"cyan"}；或 palette ="pastel" 指定一个色系，由系统决定每个分类的具体颜色，可选值有 deep、muted、pastel、bright、dark、colorblind。通常省略取默认值。

（9）color　为所有箱体指定同一个颜色，优先级比 palette 低，通常省略取默认值。

（10）saturation　箱体填充色的饱和度（0 为纯灰色，1 为原始色），与透明度（alpha）不同。

（11）showfliers　是否显示异常值，默认为 True。

（12）fliersize　异常值标记点大小，或在 flierprops 中用 markersize 设置，通常省略取默认值。

（13）flierprops　异常值标记点属性，例如 {"marker":" *","markerfacecolor":"red","markeredgecolor":"yellow","markersize":8}，通常省略取默认值。

（14）showmeans　是否显示平均值，默认为 False。

（15）meanprops　平均值标记点的属性，例如 {"marker":"^","markerfacecolor":"yellow","markeredgecolor":"green","markersize":10}，通常省略取默认值。

（16）legend　当有二级分类时是否显示图例，默认为 True。

【例 10-6】绘制期末成绩分布统计的箱线图，班级为分类依据。期末成绩存放于文件"期末各班成绩分布.csv"中，运行结果如图 10-9（左）所示。为了展示参数功能，本例使用的参数较多，实际应用中可以采用默认值。

```python
import pandas as pd
import matplotlib.pyplot as plt
import seaborn as sns
plt.rcParams["font.family"] = "SimSun"
```

```
plt. figure(figsize = (7,5), dpi = 100)
marks = pd. read_csv("期末各班成绩分布 . csv", encoding = 'ANSI')
sns. boxplot(data = marks,
        x ="班级",
        y ="成绩",
        order = ['三班','二班','一班'],
        width = 0. 6,
        linecolor = "purple",
        linewidth = 2,
        palette = {"一班": "yellow","二班": "cyan","三班": "red"} ,
        saturation = 1 ,
        showfliers = True ,
        flierprops = {"marker":" ∗ ",'markerfacecolor':'blue','markeredgecolor':'orange',"markersize":8} ,
        showmeans = True ,
        meanprops = {" marker":" s",'markerfacecolor':'green','markeredgecolor':'black',"markersize":10} ,
        )
plt. title("期末各班成绩分布统计",fontsize = 18)
plt. ylabel(" 成绩",fontsize = 14)   #设置 y 轴标签
plt. yticks(fontsize = 10)   #设置 y 轴刻度字体大小,刻度范围由系统自行决定
plt. xlabel("")   #取消 x 轴标题"班级"的显示
plt. xticks(ticks = [0,1,2] ,fontsize = 15)
plt. show()
```

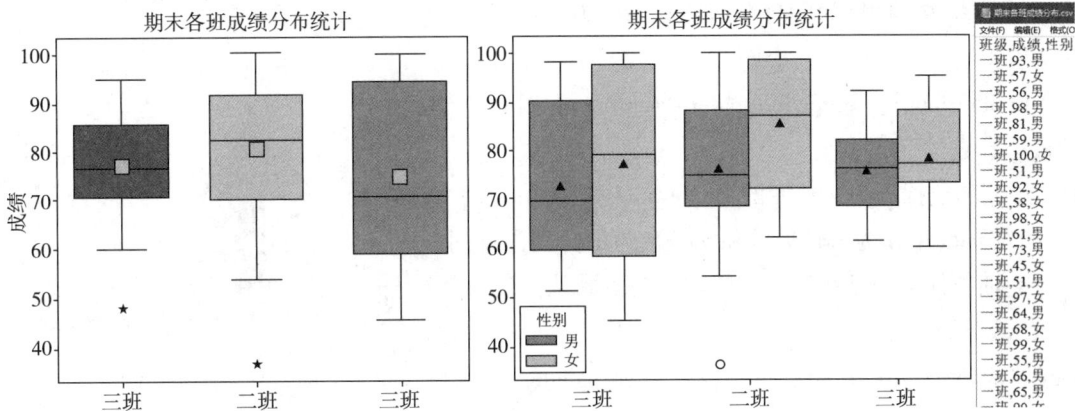

图 10-9　箱型图

【例 10-7】绘制期末成绩分布统计的簇状箱线图，班级为一级分类性别为二级分类。期末成绩存放于文件"期末各班成绩分布 . csv"中，结果如图 10-9（中）所示。为了体现 seaborn 库的优势，本例中尽量采用默认参数。

```
import pandas as pd
import matplotlib.pyplot as plt
import seaborn as sns
plt.rcParams["font.family"] = "SimSun"
plt.figure(figsize = (7,4), dpi = 100)
marks = pd.read_csv("期末各班成绩分布.csv", encoding = 'ANSI')
sns.boxplot(data = marks,
            x = "班级",     #x 轴一级分类
            y = "成绩",
            hue = '性别',    #x 轴二级分类，在班级的基础上再次划分
            palette = {"男":"yellow", "女":"cyan"},
            saturation = 1,
            showmeans = True)
plt.title("期末各班成绩分布统计", fontsize = 18)
plt.ylabel("成绩", fontsize = 14)
plt.yticks(fontsize = 10)
plt.xlabel("")
plt.xticks(ticks = [0,1,2], fontsize = 15)
plt.show()
```

## 10.3.2 小提琴图

小提琴图和箱型图一样都是通过中位数等信息反映数据的分布，不同的是，小提琴图增加了概率密度用于进一步展示数据在不同区间的分布情况，如图 10-10 所示。

核心语法为：

　seaborn.violinplot(data, x, y, order, hue, palette, saturation, split)

其中，常用的核心参数如下。

（1）data　绘图的数据，pandas 库的 DataFrame 类型。

（2）x,y　指定 data 中作为 x 轴分类和 y 轴数值的分别为哪列。

（3）order　x 轴各分类的显示顺序，通常省略取默认值。

（4）hue　二级分类依据。

（5）palette　为每个分类指定不同颜色，例如 palette = {"男": "yellow", "女":"cyan"}；或 palette = "pastel" 指定一个色系，可选值有 deep、muted、pastel、bright、dark、colorblind。通常省略取默认值。

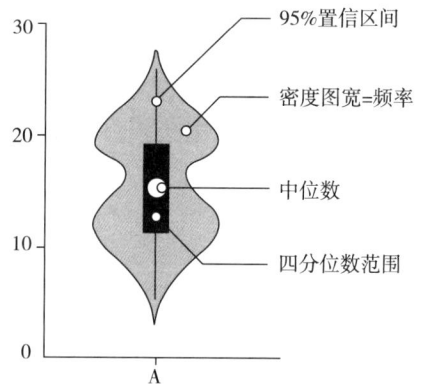

图 10-10　小提琴图元素简介

（6）saturation　箱体填充色的饱和度（0 为纯灰色，1 为原始色），与透明度（alpha）不同。

（7）split　是否将二级分类用独立的半个小提琴表示。

【例 10-8】绘制期末成绩分布统计的小提琴图，期末成绩存放于文件"期末各班成绩分布.csv"中，结果如图 10-11 所示。

```
import pandas as pd
import matplotlib. pyplot as plt
import seaborn as sns
plt. rcParams["font. family"] ="SimSun"
marks = pd. read_csv("期末各班成绩分布. csv", encoding =' ANSI')
plt. figure(figsize =(6,4), dpi =100)
sns. violinplot(data = marks, x ="班级", y ="成绩", palette ="bright", saturation = 1)    #只按班级分类,结果如
左图所示
#sns. violinplot(data = marks, x ="班级", y ="成绩", hue ="性别", palette ="bright", saturation = 1)    #在班级分
类的基础上再对性别进行二级分类统计,结果如中图所示
#sns. violinplot(data = marks, x =" 班级", y =" 成绩", hue = " 性别", palette = " bright", saturation = 1, split =
True)    #每个二级分类用半个小提琴表示,结果如右图所示
plt. title("期末各班成绩分布统计", fontsize = 18)
plt. xlabel("")
plt. ylabel("成绩", fontsize = 14)
plt. yticks(fontsize = 10)
plt. show()
```

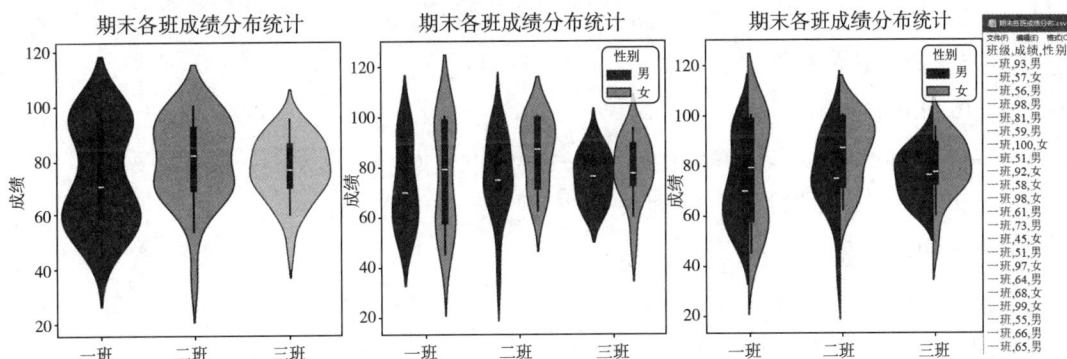

图 **10-11**　小提琴图

## 10.3.3 数据热图

热图是利用颜色变化表示数值大小的可视化方式,常用于展示矩阵数据的分布情况。核心语法为:

seaborn. heatmap(data, cmap, annot = False, annot_kws, fmt, cbar = True, cbar_kws, linewidth = 0, linecolor = ' w', xlabelticks, ylabelticks, vmax, vmin)

其中,常用的核心参数如下。

(1) data　绘制热图的二维数据,通常为 pandas 的 DataFrame 类型。

(2) cmap　热图颜色的色系风格,常用的有 Reds、YlOrRd、hot_r、gist_heat_r、autumn_r、bwr、seismic、coolwarm、Blues 等。

(3) annot　是否在每个色块中显示对应的数值,默认值 False。

(4) annot_kws　用字典类型设置色块中数值标签的属性,例如{'color':'black','size':8,'family':'simsun', …}。

（5）fmt　对小方格中显示的数据进行格式化，例如 fmt ='.2f'。当 data 中的数据为科学计数法表示（例如 1.2e3、1.2e +3 等）时，设置 fmt ='g'可以在每个小方格中显示 1200 而不是 1.2e +03。

（6）cbar　是否显示右侧的颜色标尺（颜色条），默认值为 True。

（7）cbar_kws　用字典类型设置颜色标尺的属性，例如{" orientation":"horizontal"," shrink":0.5,"location":"top",...}。

（8）linewidth　小方格间分割线的宽度，默认值为 0。

（9）linecolor　分割线的颜色，默认值为白色。

（10）xlabelticks，ylabelticks　热图标签，['label1 ',label2 ',...]，若 data 为 DataFrame 类型且从文件读取数据时已经设置好了 columns 与 index，则直接显示标签可以省略此参数。

（11）vmax,vmin　标尺中最大值与最小值的范围，默认取 data 中的最小值到最大值。

【例 10-9】绘制某医学研究领域近十年来发文量 TOP10 作者的年度发文量热图，原始数据存放于文件"作者年度发文量 .csv"或"作者年度发文量 .xlsx"中，以作者的总发文量降序排序，如图 10-12 所示。

```python
import matplotlib. pyplot as plt
import pandas as pd
import seaborn as sns
plt. rcParams["font. family"] = ['simsun']
df = pd. read_csv("作者年度发文量 .csv",encoding ="ANSI",index_col =0)    #从 csv 文件中读取
#df = pd. read_excel("作者年度发文量 .xlsx", sheet_name =0,index_col =0)    #从 Excel 文件中读取,第
二个参数也可写为 sheet_name ="sheet1"
plt. figure(figsize = (6,4),dpi =100)
sns. heatmap(data = df,cmap ='Reds',annot = True,cbar = True,linewidth =0.5,linecolor ='gray')
plt. title('发文量 TOP10 作者的年度发文量热图',fontsize =18)
plt. xlabel('年份',fontsize =10)
plt. show()
```

说明：利用 pandas 库读取文件时，index_col =0 或 index_col ="作者"指定首列（作者）为行标题（行索引），即图中的 y 轴标签；默认值 header =0 指定首行为列标题，即 x 轴的标签。

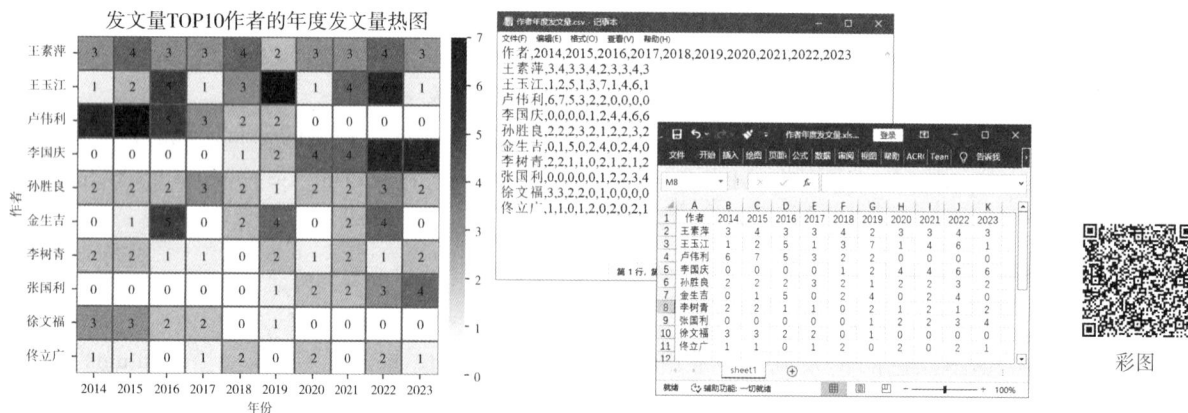

图 10-12　发文量 TOP10 作者的年度发文量热图

通过此热图可以获得以下信息。

1）王素萍是本领域专家，其团队长期从事本医学领域研究，年度发文量比较稳定。

2）王玉江也是长期从事本领域研究的专家，其年度发文量变化较大。通常每隔几年申请一个本领域的科研课题，结题前集中发表文章，结题后发文量骤减。

3）卢伟利和李国庆的发文量也很多，但卢伟利是本领域的老专家，很可能已经退休，无需再关注跟踪其最新文献；李国庆是领域新秀，很可能刚博士或博士后毕业参加工作，非常值得关注跟踪其科研进展情况。

### 10.3.4 气泡图

气泡图的本质是点的大小随对应数值大小而变化的散点图。可以利用 X 轴、Y 轴、气泡大小、气泡颜色分别表示不同的信息，从而使一个气泡图可以表示四维的数据信息。核心语法为：

$$seaborn.scatterplot(data, x, y, size, sizes, hue, hue\_order, palette, alpha, legend)$$

其中，常用的核心参数如下。

（1）data　DataFrame 类型（绘制气泡图的数据集）或字典类型（由标题为键、列表型数据为值构成的键值对）。

（2）x,y　DataFrame 类型中的列标题或字典中的键，分别指定气泡图中的 X 轴和 Y 轴。

（3）size　DataFrame 类型中的列或字典中的键，根据此值等比例确定气泡的大小。

（4）sizes　tuple 类型，指定图中气泡的尺寸范围，例如 sizes = (30,300)。

（5）hue　DataFrame 类型中的列或字典中的键，用于对图中气泡进行分类（不同分类可以赋予不同颜色）。

（6）hue_order　list 列表类型，指定图例中显示的分类显示顺序。

（7）palette　可以是为连续数值型分类（例如年龄、产量等）指定的 seaborn 库提供的配色方案，如"bright"（最多只有 10 个颜色）、"YlOrRd"（黄橙红暖色系）、"RdYlBu"（红黄蓝冷暖色系，也可以写为"coolwarm"）、"YlGn"（黄绿过渡色）、RdYlGn（红黄绿过渡色）等，在某个色系名后面添加"_r"表示颜色顺序倒过来，例如 RdYlBu_r 就是蓝黄红（从冷到暖）；也可以是为非连续型分类（例如性别、职称、省份等）指定的字典型数据，如 palette ={" 教授":"red","副教授":"orange","讲师":"green","助教":"blue"}。

（8）alpha　气泡颜色的透明度。0 表示完全透明，1 表示完全不透明。

（9）legend　'full'表示在图例中显示所有气泡的信息、'brief'表示在图例中显示部分信息（例如气泡大小只给出几个尺寸的数值）。

【例 10-10】以"十个上市药企的研发数据.csv"文件内容为依据，绘制这十个上市药企 2023 年研发投入的气泡分析图。为了便于阅读，用 Excel 打开 csv 文件的结果如图 10-13 所示，可视化结果如图 10-14 所示。

| 企业名称 | 企业类别 | 研发投入(亿) | 营业收入(亿) | 研发人数 | 研发人员数量占比（%） |
| --- | --- | --- | --- | --- | --- |
| 恒瑞医药 | 私企 | 61.5 | 228.2 | 5110 | 26.1 |
| 上海医药 | 国企 | 26.02 | 2628.28 | 1666 | 3.46 |
| 长春高新 | 民企 | 24.19 | 145.64 | 1329 | 14.72 |
| 复星医药 | 民企 | 59.37 | 414.02 | 3491 | 8.65 |
| 天士力 | 央企 | 13.15 | 86.68 | 1388 | 15.05 |
| 信立泰 | 合资 | 10.47 | 33.63 | 784 | 22.29 |
| 乐普医疗 | 民企 | 12.42 | 79.82 | 1676 | 16.6 |
| 丽珠集团 | 民企 | 12.35 | 124.25 | 906 | 10.14 |
| 华北制药 | 国企 | 11.73 | 101.21 | 738 | 7.26 |
| 贝达药业 | 民企 | 10.02 | 24.56 | 562 | 29.03 |

图 10-13　文件内容

```
import matplotlib. pyplot as plt
import seaborn as sns
import pandas as pd
import numpy as np
df = pd. read_csv("十个上市药企的研发数据 . csv",encoding = "ANSI")
df['研发占营收占比'] = np. array(df["研发投入(亿)"])/np. array(df["营业收入(亿)"])    #增加新列
df. sort_values(by = ["研发占营收占比"],ascending = False,inplace = True)    #按研发占营收占比排序,使
结果大体形成一条上升线(看起来更加美观)
plt. rcParams["font. family"] = ['simsun']
plt. figure(figsize = (9,6),dpi = 100)
#sns. scatterplot(data = df,x = "研发占营收占比",y = "企业名称",size = "研发投入(亿)",sizes = (30,300),
hue = "企业类别",hue_order = ["央企","国企","民企","私企","合资"],palette = {"央企":"red","国企":
"orange","民企":"green","私企":"cyan","合资":"blue"},alpha = 1. 0,legend = 'full')    #以非连续数据(企
业性质)作为分类
sns. scatterplot(data = df,x = "研发占营收占比",y = "企业名称",size = "研发投入(亿)",sizes = (30,300),
hue = "研发人数",palette = "RdYlGn",alpha = 1. 0)    #以连续的数值(人数)作为分类
plt. grid(axis ='both')    #x 只显示垂直网格线,y 只显示水平网格线,both 同时显示
plt. legend(labelspacing = 0. 75,    #根据图例中点的大小调整这个图例中文本行距的值
            loc = "lower left",    #以图例的左下角为定位点
            bbox_to_anchor = (1,0),    #图例的位置
            borderaxespad = 0. 5    #图例和图之间的距离
            )
plt. title('2023 年上市药企的研发投入',fontsize = 16)
plt. gca(). xaxis. set_major_formatter(plt. FuncFormatter(lambda x,_:'{:.0% }'. format(x)))    #以百分比显示
plt. show()
```

说明:

(1) 如果直接在原始文件中增加"研发占营收占比"列,然后再读取,代码会更简单。本例这么写是为了讲解此功能。同理,也可以在读取之前对原始数据文件中的"研发占营收占比"列进行降序排序。

(2) 以非连续数据(企业性质)作为分类时,可以为每个分类指定不同的颜色(图 10-14A);以连续数值(人数)作为分类时,可以采用(连续的)色系进行配色(图 10-14B)。

(3) 由于图例较大,本例将其放置在绘图区外面的右侧。将图 10-14A 中的 legend 设为'full',图 10-14B 的 legend 取默认值'brief',以供对比。

(4) plt. gca()是 Matplotlib 库中的函数(gca 为 get current axes 的缩写),用于获取当前的坐标轴对象,进而对坐标轴做进一步设置。本例将 x 轴标签显示为百分比格式(将默认的 0. 35 显示为 35%的形式)。

(5) 默认的气泡图宽高比较大,放置于绘图区右侧的图例可能显示不完整,可以通过 Subplot configuration tool 工具对图表的 right 参数进行拖动调节(图 10-14C)。

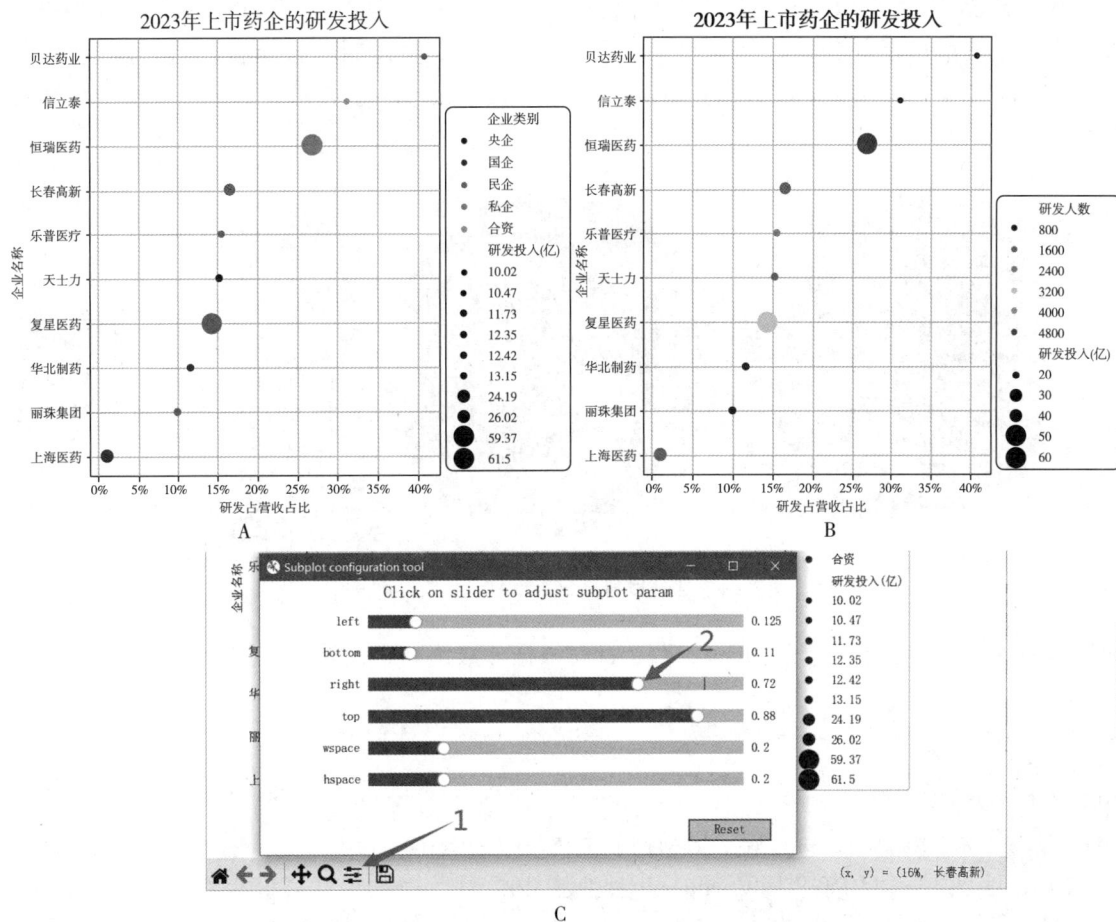

图 10-14　上市药企的研发投入分析气泡图

# 10.4 plotly 库

plotly 库能够生成网页格式的交互式图表，允许用户动态缩放、平移数据并与数据进行交互。它支持多种图表类型，其中旭日图（sunburst）与其他库相比具有显著优势。

旭日图是一种用于展示层级结构数据的层级之间关系的可视化图表，它以中心圆为基础，外面嵌套多层同心圆环，数据结构层级越多、子节点越多，其优势越明显。

在数据结构上，内层的数据是外层对应数据的父节点。在某一层级上，它可以像饼图一样展示局部数据和该层整体数据间的比例关系；在相邻层上，它可以像树状图一样展示层级关系，还可以利用颜色表示每个数据点的数值大小。

【例 10-11】绘制哺乳纲中部分目、科、属三级动物分类的旭日图，原始数据存放于文件"哺乳纲中部分目科属三级动物分类.xlsx"中，可视化结果如图 10-15 所示；单击袋鼠目则只显示以袋鼠目为中心的分类。

```python
import pandas as pd
import plotly.express as px
data = pd.read_excel('哺乳纲中部分目科属三级动物分类.xlsx', sheet_name = 0)
fig = px.sunburst(data, path = ['目','科','属'])
fig.update_traces(textinfo = 'label + percent root')    #显示标签(默认)和百分比
fig.show()
```

说明：本例中表达的只是层级关系，由于没有数值大小（无 values 参数），每个数据点的大小由其出现的频次决定。根据最里层的分类（袋鼠目、单孔目、偶蹄目、奇蹄目、长鼻目）进行颜色分配。'percent root'表示相对原始旭日图中心圆数据总量的百分比，'percent parent'表示相对自己上层数据的百分比。

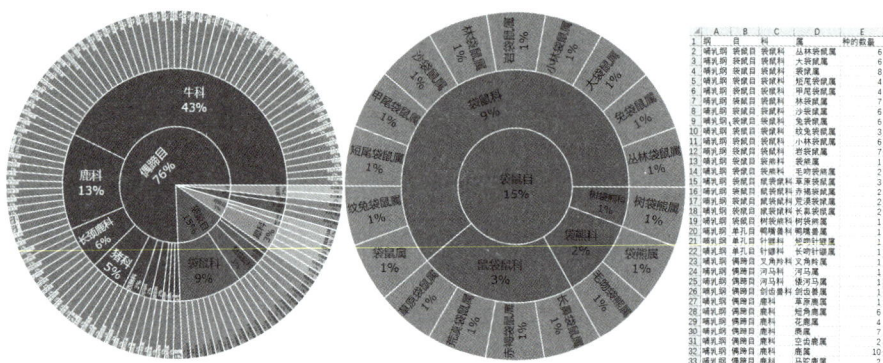

图 10-15　哺乳纲中部分目科属三级动物分类的旭日图

下面的代码为 sunburst 函数指定了 values 参数，此时根据参数值确定最外层分类的比例大小，运行结果如图 10-16 所示。

```
import pandas as pd
import plotly. express as px
data = pd. read_excel('哺乳纲中部分目科属三级动物分类 . xlsx ', sheet_name =0)
fig = px. sunburst(data, path = ['目', '科', '属'], values = '种的数量')
fig. update_traces(textinfo = 'label + percent parent')    #显示相对自己上层数据的百分比
fig. show()
```

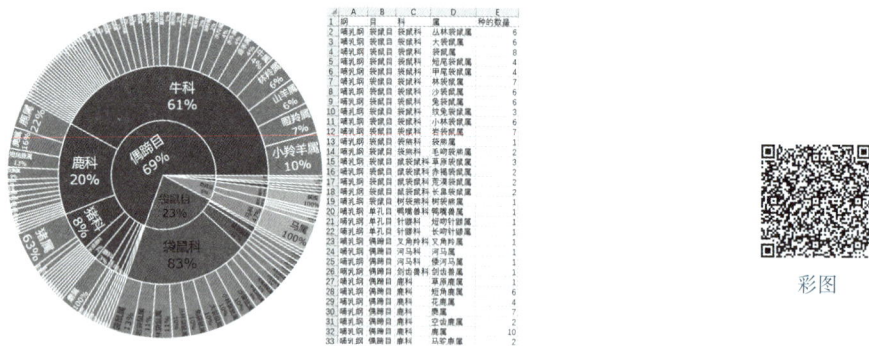

图 10-16　指定 values 参数的旭日图

默认情况下，旭日图中的颜色按大类（中心圆的分类）进行分配，同一类区域的颜色一致。若为 sunburst()函数指定了 color 参数，所有分类将共用 1 个配色方案，扇区越大颜色越深，如图 10-17A 所示；如果 color 参数指定的列和 values 参数指定的列不同，那么每个扇区的大小由 values 值决定、颜色由 color 值决定，如图 10-17B 所示。例如：

```
import pandas as pd
import plotly. express as px
data = pd. read_csv('2022 年北京冬奥会获奖数据 . csv', encoding = 'ANSI')
fig = px. sunburst(data, path = ['洲', '国'], values = '奖牌数', color = '奖牌数', color_continuous_scale = 'reds')
```

```
#此语句中 values 和 color 都是奖牌数,其表示的信息相同(奖牌数越多该扇区越大、颜色越深)
#fig = px. sunburst(data, path = ['洲','国'], values = '奖牌数', color = '金牌数', color_continuous_scale = 'blues')
#此语句中 values 为奖牌数 color 为金牌数,扇区越大表示奖牌数越多、颜色越深表示金牌数越多
fig. update_traces( textinfo = 'label + value + percent parent')
fig. show()
```

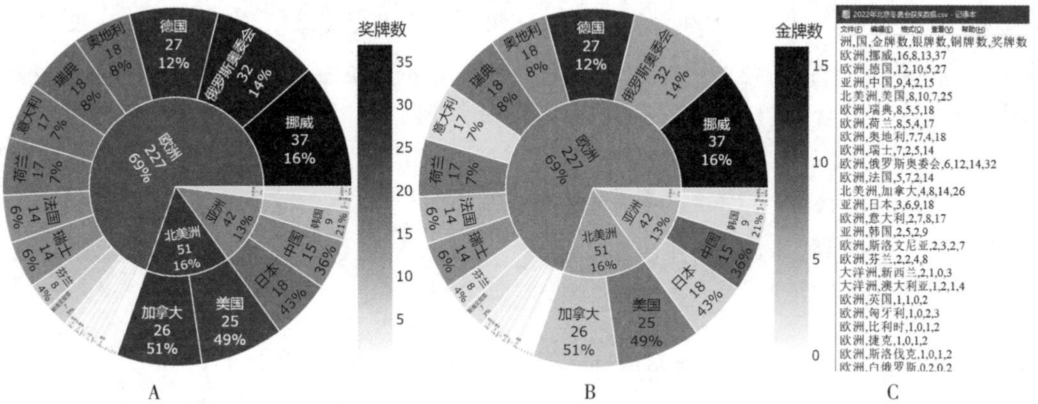

图 10-17　同时指定 values 和 color 参数的旭日图

# 10. 5　pyecharts 库

pyecharts 是将 python 与百度开源的 echarts 相结合的强大数据可视化工具库。它可以生成独立的网页，也可以在 Jupyter Notebook 中集成使用。支持的图表种类非常丰富，其中南丁格尔玫瑰图（Polar）、桑基图（Sankey）、地图（Map）、时间线动态图表（Timeline）、组合图（Grid）等与其他库相比具有显著优势，当然也可以绘制常规的柱形图、折线图等。

利用 pyecharts 库绘图，通常大部分参数采用默认值即可，因此代码量比直接用 matplotlib 库书写要少得多。但是如果对图表元素进行更多设定通常比较困难，因为 pyecharts 库对各元素的控制是利用 options 模块实现的，其代码书写非常繁琐。

## 10. 5. 1　南丁格尔玫瑰图

南丁格尔玫瑰图（PolarBar）又称鸡冠花图、极化堆积柱形图，是弗罗伦斯·南丁格尔提出的一种可视化图表，如图 10-18 所示，每个分类（扇区）所占比例相同、每个分类包含相等的数据系列（金牌数、银牌数、铜牌数）、每个数据系列的径向长度表示具体数值。利用 matplotlib 库也可以绘制南丁格尔玫瑰图，而且对各图表元素的设置更加灵活，但其代码书写量比 pyecharts 库要大得多。

【例 10-12】利用南丁格尔玫瑰图绘制 2022 年北京冬奥会奖牌总数达到 10 枚的国家奖牌榜可视化分析图，结果如图 10-18 所示。

```
from pyecharts import options as opts    #导入 pyecharts 的配置模块
from pyecharts. charts import Polar    #导入极坐标系图表模块
country = ['挪威','俄罗斯','德国','加拿大','美国','瑞典','奥地利','日本','荷兰','意大利','中国','瑞士','法国']
c = (Polar()    #创建一个极坐标系图表对象
```

```
    . add_schema(angleaxis_opts = opts. AngleAxisOpts(data = country, type_= "category", start_angle = 0, is_
clockwise = True, boundary_gap = True), radiusaxis_opts = opts. RadiusAxisOpts(z = 2, min_= 0, max_= 40))
    . add("金牌数", [16,6,12,4,8,8,7,3,8,2,9,7,5], type_= "bar", stack = True)
    . add("银牌数", [8,12,10,8,10,5,7,6,5,7,4,2,7], type_= "bar", stack = True)
    . add("铜牌数", [13,14,5,14,7,5,4,9,4,8,2,5,2], type_= "bar", stack = True)
    . set_global_opts(title_opts = opts. TitleOpts(title = "2022 年北京冬奥会奖牌榜", subtitle = '2022/02/04−
2022/02/20'), legend_opts = opts. LegendOpts(pos_left = "center", pos_top = "bottom"))
    . render("南丁格尔玫瑰图 . html")    #将图表渲染为 HTML 文件
)
#c. render("南丁格尔玫瑰图 . html")    #render 方法也可以写在这里
#c. render_notebook()    #直接在 Notebook 中渲染图表
```

说明：

（1）用 Polar(). add_schema() 方法设置角度轴和径向轴的相关参数。

（2）angleaxis_opts 设置角度轴参数。boundary_gap = False 时径向刻度位于类别挪威的中央。

（3）radiusaxis_opts 设置径向轴参数。z 值控制元素的上下顺序，以免径向轴刻度被遮挡。

（4）用 Polar(). add 方法添加数据系列。stack = True 设置各系列的柱状图采用堆叠方式。

（5）用 Polar(). set_global_opts 方法设置全局参数，如标题、图例等。

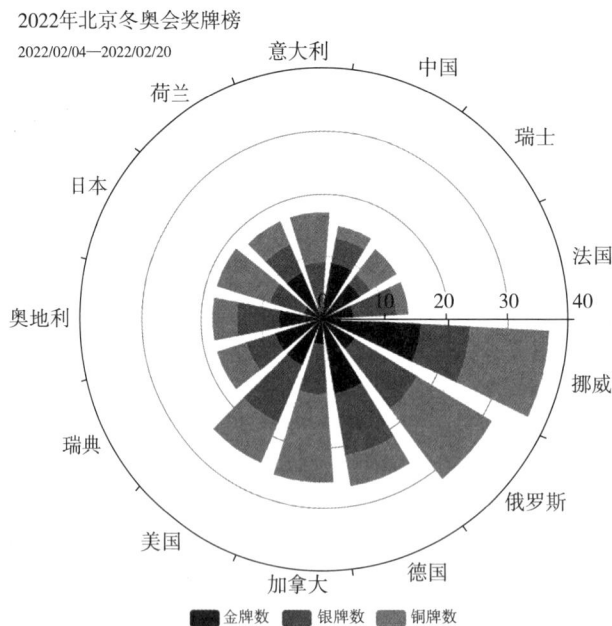

图 10-18　南丁格尔玫瑰图

当只有 1 个数据系列时（可以理解为 1 层的饼图），可以利用 pyecharts 中的 Pie 模块绘制更加漂亮的玫瑰型饼图。每个数据系列的圆心角表示其占比，半径表示其数值。

【例 10-13】利用 pyecharts 的 Pie 函数绘制七月份各水果销售量（万元）的玫瑰型饼图，结果如图 10-19 所示。

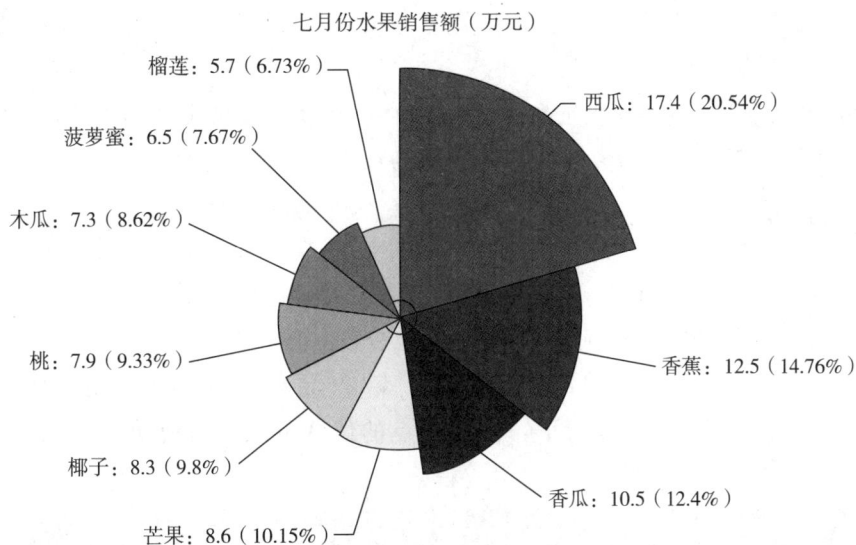

图 10-19　玫瑰型饼图

```
from pyecharts. charts import Pie
from pyecharts import options as opts
fruits = {'香蕉':12.5,'桃':7.9,'椰子':8.3,'西瓜':17.4,'香瓜':10.5,'榴莲':5.7,'芒果':8.6,'菠萝蜜':6.5,'木瓜':
7.3}
fruits = sorted(fruits. items() ,key = lambda x:x[1] ,reverse = True)
pie = (Pie(init_opts = opts. InitOpts(width = '800px',height = '600px',bg_color = 'lightskyblue'))
    . add('国产',    #系列名称,通常写为 ''
        fruits,    #绘制图表的数据项(元素为元组格式的列表)
        radius = ['5%','70%'],    #5% 为内核的半径,70% 为最大花瓣半径(100% 为图表高度的一半)
        center = ['50%','50%'],    #玫瑰图中心点在整个图表的水平、垂直方向的位置
        rosetype = 'radius',
        is_clockwise = True,
        )
    . set_series_opts(label_opts = opts. LabelOpts(position = "outside",formatter = "{b}:{c}({d}%)"))
    . set_global_opts(title_opts = opts. TitleOpts(title = '七月份水果销售额(万元)',pos_left = 'center',pos_
top = '20',title_textstyle_opts = opts. TextStyleOpts( color = 'black',font_size = 22)) ,
                legend_opts = opts. LegendOpts(is_show = False)
                )
    #. set_colors(['rgb({r} ,0,{b})'. format(r = 255 - 25 * x,b = 255 - 25 * (len(fruits) - x)) for x in range
(len(fruits))])
    . set_colors([ 'red','orangered','orange','yellow','greenyellow','green','darkcyan','deepskyblue','cyan'])
    . render('用 pyecharts 绘制玫瑰型饼图 . html ')
)
```

说明:

(1) 将 fruits 进行 sorted 处理有两个目的:①转换元素为元组格式的列表 [('西瓜', 17.4),('香蕉',
12.5), …];②排序后绘制出的图表更加美观。

(2) Pie. add() 的第 1 个参数是系列名称, 由于只有 1 个系列, 通常都写为空字符串''。

（3）rosetype 有 2 个取值。'radius'表示圆心角为百分比、半径为值的大小；'area'表示圆心角均分（不展示百分比）、半径为值的大小。

（4）LabelOpts 的参数中 position 决定数据标签显示在扇形区域的外部" outside" 还是内部" inside"，格式化字符中|a|为系列名称、|b|为数据项名称、|c|为数值、|d|为百分比。

## 10.5.2 桑基图

桑基图（Sankey Diagram）又称桑基能量分流图，是一种通过节点和连线直观展示在不同步骤之间数据流量分布的可视化分析图表。节点间连线的宽度代表数据流量的大小。

【例 10-14】利用 pyecharts 的 Sankey 函数绘制厂家-产品分类-通关量-销售地的商品流通桑基图（单位：万台），结果如图 10-20 所示（图中节点的位置可以自由拖动）。

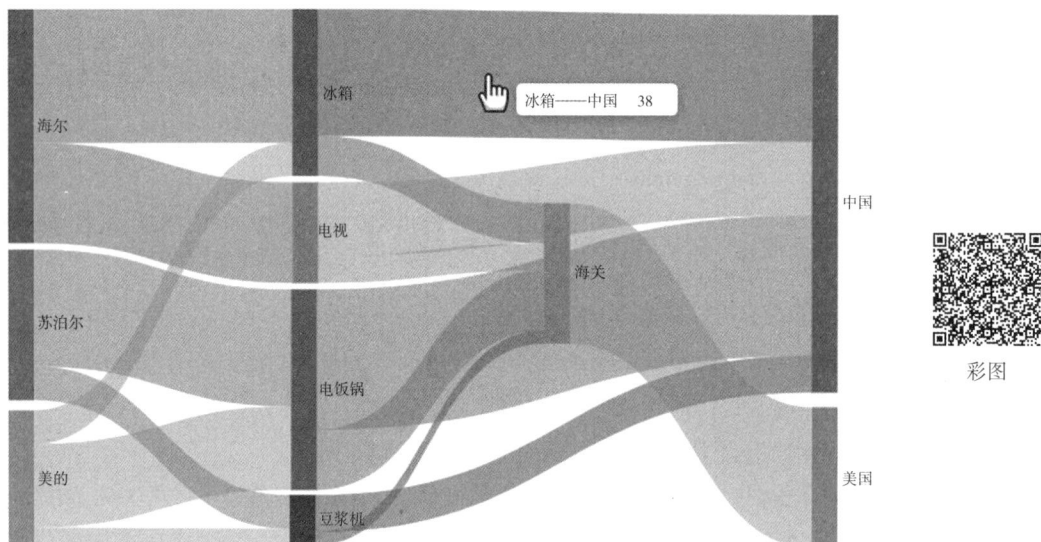

图 10-20　桑基图

提示：绘制桑基图需要提供格式为[{'name': '节点 A'},{'name': '节点 B'},…]的所有节点信息，以及格式为[{'source': '上游节点','target': '下游节点','value': 流通值},{'source':'上游节点 ','target':'下游节点,'value':流通值},…]的所有上下游流通值信息。

```
from pyecharts. charts import Sankey
from pyecharts import options as opts
node = [{'name':'海尔'},{'name':'美的'},{'name':'苏泊尔'},{'name':'冰箱'},{'name':'电视'},{'name':'电饭
锅'},{'name':'豆浆机'},{'name':'海关'},{'name':'中国'},{'name':'美国'}]
link = [{'source':'海尔','target':'冰箱','value':40},{'source':'海尔','target':'电视','value':30},
        {'source':'美的','target':'冰箱','value':10},{'source':'美的','target':'电饭锅','value':25},
        {'source':'美的','target':'豆浆机','value':5},{'source':'苏泊尔','target':'电饭锅','value':35},
        {'source':'苏泊尔','target':'豆浆机','value':10},{'source':'冰箱','target':'中国','value':38},
        {'source':'冰箱','target':'海关','value':12},{'source':'电视','target':'中国','value':22},
        {'source':'电视','target':'海关','value':8},{'source':'电饭锅','target':'中国','value':42},
```

```
             {'source':'电饭锅','target':'海关','value':18},{'source':'豆浆机','target':'中国','value':11},
             {'source':'豆浆机','target':'海关','value':4},{'source':'海关','target':'美国','value':42}]
pic = (Sankey()
      .add(",   #系列数据的名称(由于只有1个系列通常省略)
          node,   #节点信息
          link,   #连线信息
          linestyle_opt = opts. LineStyleOpts(opacity = 0. 3,   #线条透明度
                                  curve = 0. 5,   #信息流曲线的弯曲度
                                  color = 'source'),   #线条颜色和左侧的源的颜色一致
                                  label_opts = opts. LabelOpts (position = 'right'),   #标题在右侧
                                  显示
                                  node_gap = 20,   #相同级别节点间的距离
                                  )
          )
      . set_global_opts(title_opts = opts. TitleOpts(title = '厂家-产品-通关-销售地流通桑基图(单位:万台)'))
pic. render('用 pyechars 绘制桑基图_厂家 - 产品 - 销售地 . html')
```

**知识拓展**

**快速构建 node 和 link 列表**

绘制桑基图的语法并不复杂，实际工作中的难点在于当节点数量和层级较多时，构建标准格式的 node 和 link 列表会非常耗时且非常容易出错。

如何利用前面所学的 Python 知识快速构建 node 和 link 列表，请自行思考。

### 10. 5. 3 地理热图

地理热图（Map）又称地理热力图，是一种用于表示某种现象在地理空间中分布情况的可视化热图。pyecharts 库提供了世界级、洲级、国家级、省级、市级、县区级等多级地图数据，以便于快捷创建各级地理热图。

【例 10-15】利用 pyecharts 的 Map 函数绘制 2008 年北京奥运会各参赛国的奖牌分布地理热图，要求将金牌、银牌、铜牌数量分别作为独立的数据系列。单击图表顶部图例中的金牌、银牌、铜牌可以实现三种数据的独自或组合显示。图中没有颜色的国家/地区表明这些国家/地区没有在数据文件中出现（没有获奖）。

```
from pyecharts import options as opts    #用于设定地图参数
from pyecharts. charts import Map    #用于创建地图对象
from pyecharts. globals import ThemeType    #用于指定图表的主题格调
import pandas as pd
df = pd. read_csv('2008 年北京奥运会奖牌排行榜 . csv',encoding = 'ANSI')    #df 为 DataFrame 类型的对象
data1 = [(x,y)for x,y in zip(df['country'],df['金牌'])]    #格式为[('China',48),('United States',36),...]
data2 = [(x,y)for x,y in zip( df[ 'country'],df[ '银牌'])]
```

```
data3 = [(x,y) for x,y in zip(df['country'],df['铜牌'])]
map_chart = Map(init_opts = opts.InitOpts(theme = ThemeType.LIGHT))
map_chart.add('金牌',data1,maptype = 'world',label_opts = opts.LabelOpts(is_show = False))
map_chart.add('银牌',data2,maptype = 'world',label_opts = opts.LabelOpts(is_show = False))
map_chart.add('铜牌',data3,maptype = 'world',label_opts = opts.LabelOpts(is_show = False))
map_chart.set_global_opts(
        title_opts = opts.TitleOpts(title = '世界地理热图',subtitle = '2008 年北京奥运会奖牌榜'),
        legend_opts = opts.LegendOpts(is_show = True),
        visualmap_opts = opts.VisualMapOpts(is_piecewise = False,max_ = 110,min_ = 0)
        )
map_chart.render('世界地理热图_2008 年北京奥运会奖牌排行榜.html')
```

说明：

（1）ThemeType.LIGHT 设置主题风格，可选风格有 CHALK、DARK、ESSOS、HALLOWEEN、INFOGRAPHIC、LIGHT、MACARONS、PURPLE_PASSION、ROMA、WHITE。

（2）maptype = 'world'设置展示世界地图以国家为赋值单位；'asia'、'europe'展示洲级地图；'china'、'us'、'japan'展示国家级地图（以省份为赋值单位）；'china-cities'、'us-cities' 展示国家级地图（以城市为赋值单位）；'辽宁'展示省级地图（以地级市为赋值单位）；'沈阳'展示市级地图（以区县为赋值单位）。

（3）opts.LabelOpts(is_show = 布尔值)设置是否显示地图中每个地区的名称。

（4）is_piecewise = 布尔值，设置按颜色块（True）还是连续色带（False）显示数值范围。

### 📎 知识拓展

#### 如何准确书写各国的英文名称

在世界地图中，提供的国家名称（英文形式）必须和 pyecharts 地图库中的国家名称一致，否则会出现指定国家的区域被忽略（未上色）的情况。由于很多国家的英文名称都有多种写法，因此很难准确知道应该使用哪个（例如 USA、America、the States、United States、the United States、United States of America 都是美国；Britain、England、United Kingdom、the United Kingdom 都是英国）。

设置 opts.LabelOpts(is_show = True)即可从地图中未上色区域快速找到其准确名称。

## 10.5.4 时间线图

时间线图（Timeline）又称时间线轮播图、时间轴图，其实质是通过轮播方式展示每个时间点的不同静态图表从而形成动态效果，适用于时间序列数据的可视化展示。图表形式主要采用地理热图、柱形图、条形图（水平柱形图）、饼图等。

【例 10-16】利用 pyecharts 的 Timeline 函数绘制 2000—2024 年夏季奥运会五常国家的金牌和奖牌总数的时间线条形图，文件中的数据结构和可视化结果如图 10-21 所示。单击图表顶部图例中的金牌数、奖牌总数可以实现两种数据的独自显示或组合显示。

```
from pyecharts import options as opts
from pyecharts.charts import Bar,Timeline
import pandas as pd
```

```
df = pd. read_excel("2000—2024 年夏季奥运会五常国家金牌和奖牌总数 . xlsx",sheet_name =0,index_col =0)
tl = Timeline()
for i in range(2000,2025,4) :
    bar = (Bar()
        . add_xaxis(list( df. index))    #由 DataFrame 的索引列构成的列表['中国','美国','俄罗斯','英国','法国']
        . add_yaxis("金牌数",list( df[str(i) +"金"]),label_opts = opts. LabelOpts(position ="right"))
        . add_yaxis("奖牌总数",list(df[str(i) +"奖"]),label_opts = opts. LabelOpts(position ="right"))
        . reversal_axis()    #没有这个语句就是竖向的正常柱形图(通常 position 设为 top)
        . set_global_opts(title_opts = opts. TitleOpts(title ="时间线条形图",subtitle =" ‖年夏季奥运会五常国
家奖牌榜)". format(i)))
        )
    tl. add(bar," ‖年". format(i))
tl. render("时间线条形图_2000—2024 年夏季奥运会五常国家金牌和奖牌总数 . html")
```

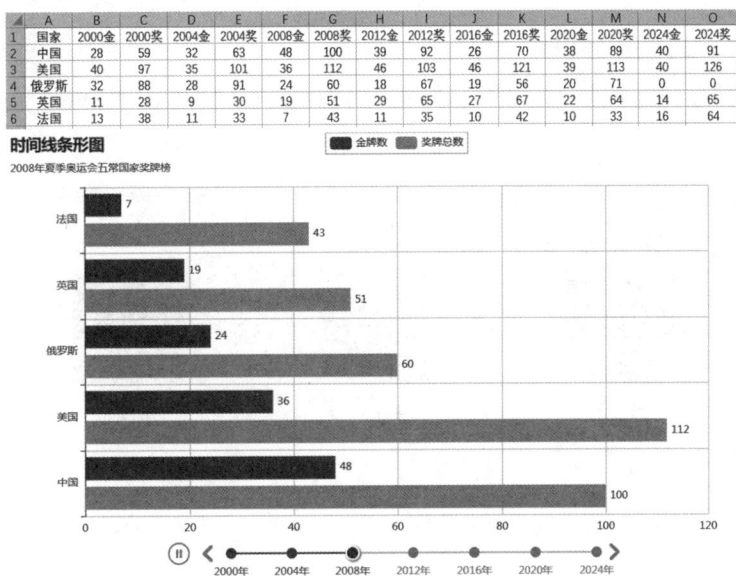

图 10-21　时间线条形图

---

🔗 **知识拓展** - - - - - - - - - - - - - - - - - - - - - - - - - - - - - - - - - - - - - - - - - - - - - - - - - - - - - - - - - - - - - - - - - - - - - - - - - -

**Python 中的库并非版本越高越好**

随着 Python 的火爆,其完善和更新速度越来越快,具体表现在 Python 自身和库版本的快速更新。给开发者带来功能福音的同时也不可避免地引入了新的 bug 隐患。

当 Python 程序出现诡异的结果又无法调试时,可以通过在不同的 Python 和库的版本上运行,如果症状消失,就可以说明是目前版本的 bug 问题了。

例如:用 pyecharts2. 0. 6 绘制时间线条形图/柱形图,会在右侧/顶部重复显示 x 轴的类标签,如果不同时间节点的 x 轴标签不同(例如奖牌榜 Top10 降序的国家名称),右侧/顶部会将所有时间节点的 x 轴标签全部显示(完全杂乱、无法识别)。更换为 pyecharts2. 0. 4 就不再出现这个问题。另外用 Python 3. 12 绘制填充的五角星,会发生中心五边形未被填充的问题,更换为 Python3. 11 就不会出现。

【例 10-17】 利用 pyecharts 的 Timeline 函数绘制 1960—2020 六十年间各省的 GDP 演变。

```
from pyecharts import options as opts
from pyecharts. charts import Map,Timeline
import pandas as pd
df = pd. read_excel("1960—2020 六十年间各省 GDP 演变 . xlsx",sheet_name = 0,index_col = 0)
tl = Timeline()
for i in list(df. keys()):
    map0 = (Map()
            . add("GDP 收入",[list(z) for z in zip(df. index,df[i])],maptype = "china")
            . set_global_opts(title_opts = opts. TitleOpts(title ="时间线地理热图",subtitle ="中国各地区‖年
的 GDP 收入". format(i)),
                    visualmap_opts = opts. VisualMapOpts(min_= min(df[i]),max_= max(df[i]))
                    )
            )
    tl. add( map0," ‖年". format(i))
tl. render("时间线地理热图_pyecharts_1960—2020 六十年间各省 GDP 演变 . html")
```

书网融合……

微课 1

微课 2

微课 3

# 第 11 章　数据分析与应用

📖 学习目标

　　1. 通过本章学习，掌握基于 Pandas、Numpy 等第三方库的常用统计分析方法；熟悉基于 sci-kit－learn、SciPy 的机器学习算法。

　　2. 具有利用 Python 实现常用数据统计分析和机器学习模型构建的能力。

　　3. 建立科学的思维方法，培养独立分析和解决生物医药相关专业领域数据问题的计算思维与创新精神。

　　数据分析在科学研究与实际生产应用中发挥着至关重要的作用。通过系统的统计分析方法，我们能够从数据中提取有价值的信息，发现潜在的规律和趋势。这不仅可以帮助我们更好地理解数据，还可以为后续的决策提供有力支持。随着人工智能和大数据技术的不断发展，在机器学习等智能算法的加持下，数据分析已经不是仅停留在基础的统计描述层面，还能通过算法实现预测、分类和优化等复杂任务，为生物医药领域的自动化、智能化发展提供强大动力。

　　Python 有诸多用于数据统计分析与机器学习的第三方库，涵盖了从基础数据处理到复杂算法实现的完整流程。Pandas 和 Numpy 是数据处理的基础库，能够高效地进行数据清洗和处理；SciPy 则提供了丰富的统计学功能；scikit－learn 是应用最广泛的机器学习库，涵盖了线性回归、支持向量机、决策树等多种经典算法；TensorFlow 和 PyTorch 则是当前最热门的深度学习框架，支持复杂的神经网络模型。

　　本章结合实际案例，讲解如何利用这些库进行数据统计分析和机器学习算法实践。由于篇幅限制及提高学习效率，本章仅介绍常用的函数和方法且只列出常用的重要参数，更多详细内容可参考各库的官方文档。

## 11.1 常用数据分析库

PPT

　　Python 拥有丰富而高效的数据处理和分析工具，是数据分析领域的首选程序设计语言。Python 的开源特性使得数据分析工作更加灵活，而且可以根据实际需求个性化定制。同时，Python 拥有强大的第三方数据处理和分析库，可以满足从基础统计分析到机器学习算法实现等各种需求。

　　**1. Numpy（Numerical Python）**　是 Python 中用于科学计算的基础库，提供了高性能的多维数组对象（NdArray）和相应的操作函数。NumPy 库可以对数组进行高效处理，适用于各种数学和科学计算任务。

　　**2. Pandas（Panel data & Data Analysis）**　是一个强大的数据处理和分析库，提供了高性能、易用的数据结构（DataFrame、Series 等），用于处理和分析结构化数据。支持数据清洗、转换、合并和统计分析等操作。它使得在 Python 语言中进行各种数据操作变得更加简单和直观，尤其适用于处理表格型数据。

　　**3. SciPy（Scientific Python）**　是一个基于 NumPy 的科学计算库，提供了许多数学、科学和工程计算的函数和工具。SciPy 包含了优化、积分、插值、统计、信号处理等模块，适用于各种科学计算任务。

它与 NumPy 无缝集成，能够处理更加复杂的计算需求，是科学研究和工程计算中的重要工具。

**4. scikit – learn** 简称 sklearn，scikit 是 SciPy Toolkit 的缩写，是一个用于机器学习的简单而有效的工具集。它包含了各种机器学习算法和工具，用于分类、回归、聚类、降维等任务。提供了一致的 API，使得用户能够轻松实现各种机器学习任务，同时还包括数据预处理、模型评估、特征工程等功能。

**5. TensorFlow** 是一个用于构建和训练深度学习模型的开源框架，广泛应用于图像识别、自然语言处理、语音识别等领域。支持静态计算图，拥有强大的分布式计算和高性能计算能力。

**6. PyTorch** 是一个用于机器学习和深度学习的开源框架，主要用于构建和训练神经网络，在研究和实验领域广受欢迎。灵活、直观的接口使得模型的构建和调试更加自然。

以上 6 个用于数据分析的 Python 第三方库各有所长，其功能和特点如表 11-1 所示。

表 11-1 常用数据分析库对比

| 名称 | 功能 | 优点 | 缺点 |
|---|---|---|---|
| Pandas | 数据处理与操作 | 提供高效、灵活的数据结构；支持大规模数据集处理；内置多种基础统计函数 | 需要进行类型转换时可能会导致性能下降 |
| Numpy | 科学计算 | 提供广泛的数值运算工具；支持向量化操作；有良好的并行计算能力 | 不直接支持复杂的数据结构；在处理非数字数据时相对麻烦 |
| SciPy | 科学计算 | 提供丰富的科学计算工具；与 NumPy 无缝集成 | 依赖于 NumPy；对于极大规模的数据和计算任务，性能可能不如一些专门优化的库或工具 |
| scikit – learn | 机器学习 | 包含了多种经典的机器学习算法；提供了评估指标和交叉验证等工具 | 没有深度学习相关的组件 |
| TensorFlow | 深度学习 | 提供了强大的神经网络建模工具；支持 GPU 加速 | 入门门槛较高；需要配合 Keras 或者 TensorFlow.js 使用 |
| PyTorch | 深度学习 | 提供了动态计算图的编程接口；支持自动求导 | 文档相对较少；初学者上手较为困难 |

# 11.2 T 检验

假设检验是统计分析中的重要工具，用于判断数据之间是否存在显著差异，在医药领域的实验数据分析中有着非常广泛的应用。统计学中常用的假设检验包括 T 检验、F 检验和卡方检验等，在 Python 语言中，我们常用 SciPy 库中的 stats 模块进行假设检验分析。除了 SciPy 库，Python 中还有许多其他模块和库也可以实现各种统计分析功能。例如 Statsmodels 就是一个专门用于统计建模和计量经济学的库，提供了大量的统计模型和检验方法，如线性回归、时间序列分析等。这些统计分析的模块和库与 Numpy、Pandas、Seaborn、scikit – learn 等数据分析、可视化和机器学习的库相结合，可以实现各种复杂的统计建模和数据探索。

无效假设 $H_0$ 是统计假设检验中的一个重要概念，其基本含义是假设两个总体或样本之间的差异是由抽样误差引起的，而不是由本质差异造成的。在统计推断中，无效假设 $H_0$ 通常被设定为没有差异或没有效果的情况。

无效假设 $H_0$ 是统计检验中的一个基本假设（是后续计算的前提基础），其目的是通过样本数据来代表总体。如果样本数据支持 $H_0$，即没有足够的证据表明总体之间存在差异（例如 $P \geq 0.05$），那么接受 $H_0$，即无显著差异；如果样本数据不支持 $H_0$，即存在足够的证据表明总体之间存在差异（$P < 0.05$），则拒绝 $H_0$，即存在显著差异。

T 检验又称 Student's t test，主要用于样本量较小（$n < 30$）且服从正态分布的假设检验，利用 t 分布理论推论差异发生的概率从而比较两个平均数的差异是否显著。

（1）理论上总体呈正态分布时，样本数据也会呈正态分布。分析前应该先对样本数据进行正态分布检验，可以采用 w_stat, p = stats. shapiro（样本数据）函数，如果总体是正态分布但样本数据不呈正态分布（$P < 0.05$），可以重新取样或者扩大样本量。①w_stat 是 Shapiro – Wilk（夏皮罗 – 威尔克）统计量，值接近 1 表示样本数据与正态分布拟合得非常好；W 值越小表示样本数据与正态分布拟合得越差。②$P$ 值决定是否拒绝原假设，通常 $P < 0.05$ 时拒绝原假设，表明样本数据不符合正态分布。

（2）对于大样本数据，理论上 $z$ 检验的可靠性更高。

（3）T 检验又分为单样本 T 检验、配对样本 T 检验和两独立样本 T 检验。

## 11.2.1 单样本 T 检验

单样本 T 检验用于检验样本均值是否与已知总体均值有显著差异。当总体均值已知而样本量较小时，可以采用单样本 T 检验来判断样本均值是否与总体均值显著不同。

原假设条件 $H_0$ 是这批符合正态分布的样本数据与已知的总体均值无差异。语法为：

$$\text{t–statistic, p–value = stats. ttest\_1samp ( sample\_data, popmean )}$$

常用参数为：①sample_data：表示样本数据，通常为数值型序列。②popmean：表示已知总体均值。

返回值包括：①t–statistic：T 统计量，表示样本均值与总体均值差异的标准化值。结果为正说明样本的均值大于已知的总体均值，结果为负说明样本均值小于已知的总体均值。②p–value：$P$ 值，用于判断检验结果是否显著。当 $P$ 值小于显著性水平（通常取 0.05）时，拒绝原假设，认为样本均值与总体均值存在显著差异。通常：$P < 0.05$ 表示比较结果存在显著差异，在表格或图中通常用 * 表示；$P < 0.01$ 表示比较结果存在极显著差异（明显显著性差异），通常用 ** 表示；$P < 0.001$ 表示比较结果存在极显著差异（高度显著性差异），用 *** 表示，该指标使用频率较低。

【例 11–1】某研究希望检验一种新药物治疗后，患者的血糖水平是否显著低于已知的平均血糖水平 6.5mmol/L。研究采集了 10 名患者服药后的血糖数据（6.1、6.3、6.4、6.0、6.2、6.7、6.5、6.3、6.1、6.2），进行单样本 T 检验。

```
from scipy import stats    #程序中的库名写为 scipy,不能写 SciPy
#患者服药后的血糖值(mmol/L)
after_drug = [6.1,6.3,6.4,6.0,6.2,6.7,6.5,6.3,6.1,6.2]
w_stat,p_value = stats. shapiro(after_drug)
print(f"统计量:{w_stat:.3f},P 值:{p_value:.3f}")
if p_value < 0.05:
    print("样本数据不符合正态分布,不能采用 T 检验")
else:
    print("样本数据符合正态分布,可以采用 T 检验")
```

运行结果为：

```
统计量:0.951,P 值:0.684
样本数据符合正态分布,可以采用 T 检验
```

```
#已知平均血糖水平(mmol/L)
population_mean = 6.5
#单样本 T 检验
t_stat, p_value = stats.ttest_1samp(after_drug, population_mean)
#输出分析结果
print(f"T 统计量:{t_stat:.3f},P 值:{p_value:.3f}")
if p_value < 0.01:
    print("存在极显著差异")
elif p_value < 0.05:
    print("存在显著差异")
else:
    print("无统计学差异")
```

运行结果为:

```
T 统计量:-3.317,P 值:0.009
存在极显著差异
```

结果解读:T 统计量为 -3.037(样本的血糖均值更低),$P$ 值为 0.009($P < 0.01$),结果有高度显著性差异,可以拒绝原假设。就这批样本来说,服用新药物后患者的平均血糖水平与总体均值存在高度显著性差异,新药物有效降低了血糖水平。

## 11.2.2 配对样本 T 检验

配对样本 T 检验用于检验同一组个体在两种不同条件下的均值是否有显著差异,用于配对的、具有关联关系的(related)样本数据。

配对样本检测要求两组样本的数量必须相等,且两组数据按顺序一一对应(对应数据出自同一个来源:同一个人服药前后、同一个人采用不同治疗方法、对同一个测试样本采用不同的测试方法等)。

其假设是两组数据中配对数据的差值符合正态分布——配对 T 检验的本质就是对差值构成的数据进行单样本 T 检验,此时的已知总体均值为 0。如果差值构成的样本数据不满足正态分布,不应采用 T 检验,可以使用非参数检验中的 Wilcoxon 符号秩检验。

语法为:

$$t-statistic, p-value = stats.ttest\_rel(sample1, sample2)$$

常用参数为:①sample1:表示第一组数据,通常为数值型序列。②sample2:表示第二组数据,与第一组数据配对。

返回值 t - statistic 和 p - value 的含义同单样本 T 检验。

【例 11-2】某研究记录了 10 名患者在服用药物前后的血压数据(本例只考虑收缩压),如表 11-2 所示,应用配对样本 T 检验来检验药物对血压的影响是否具有显著性。

表 11-2  患者服药前后的血压值

| 患者 ID | 1 | 2 | 3 | 4 | 5 | 6 | 7 | 8 | 9 | 10 |
| --- | --- | --- | --- | --- | --- | --- | --- | --- | --- | --- |
| 服药前 | 147 | 145 | 160 | 165 | 158 | 152 | 144 | 150 | 149 | 143 |
| 服药后 | 132 | 125 | 147 | 156 | 133 | 142 | 139 | 141 | 132 | 133 |

```
#两组数据差值的正态分布检验
import numpy as np
from scipy import stats
#服药前后的血压值(mmHg)
before = np. array([147,145,160,165,158,152,144,150,149,143])
after = np. array([132,125,147,156,133,142,139,141,132,133])
difference = before-after
stat,p_value = stats. shapiro(difference)
print(f"两组间差值的统计量:{stat:.3f},P 值:{p_value:.3f}")
if p_value<0.05:
    print("两组间的差值不符合正态分布")
else:
    print("两组间的差值符合正态分布")
```

运行结果为:

```
两组间差值的统计量:0.944,P 值:0.594
两组间的差值符合正态分布
```

```
#配对样本 T 检验
stat,p_value = stats. ttest_rel(before,after)
print(f"T 统计量:{stat:.3f},P 值:{p_value}")
if p_value<0.01:
    print("P 值 <0.01,结果有极显著差异")
elif p_value<0.05:
    print("P 值 <0.05,结果有显著差异")
else:
    print("无统计学差异")
```

运行结果为:

```
T 统计量:6.987,P 值:6.415449192281505e-05
P 值 <0.01,结果有极显著差异
```

结果解读：T 统计量为 6.987 $>0$，表明样本 before 的均值 $>$ after 的均值；P 值为 6.42e－5 $<0.01$，统计结果有高度显著性差异。这意味着可以拒绝原假设，表明患者服用药物后，血压显著下降，即该药物在降压方面具有极显著的效果。

## 11.2.3 两独立样本 T 检验

两独立样本 T 检验用于检验两组独立样本的均值是否有显著差异。与配对样本 T 检验不同，两独立样本之间没有配对关系。两组数据的样本数量可以不同。两组数据各自都应该符合正态分布并具有相同方差。

语法为：

```
t-statistic, p-value = stats. ttest_ind(sample1,sample2,equal_var = True)
```

常用参数为：①sample1：表示第一组数据，通常为数值型序列。②sample2：表示第二组数据。③equal_var：布尔型参数，表示两组数据是否具有相同方差，默认值为 True。

返回值 t-statistic 和 p-value 的含义同单样本 T 检验。

【例 11-3】某研究希望比较两组患者在服用不同降压药物后的血压变化值，如表 11-3 所示，应用两独立样本 T 检验来检验两组药物的效果是否存在显著差异。每组分别有 10 名患者。

表 11-3　两组患者服用不同降压药物的血压变化值

| 患者 ID | 1 | 2 | 3 | 4 | 5 | 6 | 7 | 8 | 9 | 10 |
| --- | --- | --- | --- | --- | --- | --- | --- | --- | --- | --- |
| A 药组 | 15 | 18 | 20 | 22 | 16 | 19 | 21 | 17 | 23 | 20 |
| B 药组 | 25 | 27 | 30 | 26 | 28 | 29 | 31 | 24 | 32 | 28 |

```python
#两组数据的正态分布检验
import numpy as np
from scipy import stats
#服用不同药物后的血压变化值(mmHg)
dataA = [15,18,20,22,16,19,21,17,23,20]
dataB = [25,27,30,26,28,29,31,24,32,28]
stat,p_value = stats.shapiro(dataA)
print(f"dataA 组数据的统计量:{stat:.3f},P 值:{p_value:.3f}")
stat,p_value = stats.shapiro(dataB)
print(f"dataB 组数据的统计量:{stat:.3f},P 值:{p_value:.3f}")
```

运行结果为：

```
dataA 组数据的统计量:0.975,P 值:0.935
dataB 组数据的统计量:0.980,P 值:0.963
```

两个 $P$ 值均大于 0.05，说明两组数据都符合正态分布。

```python
#下面的代码采用从 csv 文件读取的方式获取数据
import pandas as pd
from scipy import stats
#两组患者服用不同药物后的血压变化值(mmHg)
df = pd.read_csv("两组患者服药后的血压变化值.csv",index_col = "组别",encoding ="ANSI")
dataA = df.loc["drugA",:].values    #将 drugA 行的数据转换为一维的 ndarry 类型
dataB = df.loc["drugB",:].values
#两独立样本 T 检验
stat,p_value = stats.ttest_ind(dataA,dataB)
print(f"T 统计量:{stat:.3f},P 值:{p_value}")
if p_value<0.01:
    print("P 值 <0.01,结果有极显著差异")
elif p_value<0.05:
    print("P 值 <0.05,结果有显著差异")
else:
    print("无统计学差异")
```

运行结果为：

> T 统计量：−7.679,P 值:4.3702667633994926e−07
>
> P 值 < 0.01,结果有极显著差异

结果解读：T 统计量为 −7.679，表明 drugA 的均值 < drugB 的均值；P 值为 4.37e−07（$P < 0.01$），表明统计结果具有高度显著性差异。可以认为两组药物对患者血压的影响存在极显著的差异，其中 drugB 的降压效果更好。

# 11.3 方差分析

方差分析又称 F 检验（F-test）、联合假设检验、方差比率检验、方差齐性检验，是由 R. A Fisher 提出的基于 F 分布的一种统计分析方法。

方差分析通常用于多组数据样本的比较，前提假设条件为独立、正态和方差齐。原理是通过比较组间方差和组内方差的比值大小来判断组间差异是否显著。如果比值较大，说明组间方差相对组内方差来说较大，此时组间差异显著；反之，如果比值较小，说明组间方差相对组内方差来说较小，此时组间差异不显著。

目前方差分析常用的方法有单因素方差分析、多因素方差分析和协方差分析 3 种。本节主要介绍利用 SciPy 库中的 stats 模块进行单因素方差分析。

单因素方差分析用于比较多组独立样本的均值是否存在显著差异。其假设前提是各组数据来自正态分布，且组间方差相同。

当 F 检验的结果显示多组间整体存在统计性差异时，还需要进一步利用 t 检验对每两组间进行差异检验。理论上，当多组样本数据整体呈现显著性差异时，两组之间进行分析时不应该出现任意两组之间差异都不显著的情况；但实际中确实存在，此时通常发生在整体 P 值接近 0.05 的情况下。造成这种结果的原因很多，比如样本量减少导致统计功效降低等。

语法为：

$$F\text{-statistic}, p\text{-value} = stats. f\_oneway(group1, group2, group3, \dots)$$

其中，常用参数 group1,group2,group3,... 表示各组独立样本数据，通常为数值型序列。

返回值 F-statistic 即 F 统计量，表示组间方差和组内方差的比值；p-value 即 P 值，用于判断检验结果是否显著。当 P 值小于显著性水平（通常取 0.05）时，拒绝原假设，认为各组样本均值之间存在显著差异。

【例 11−4】某项研究希望比较三种药物（A、B、C）在治疗高血压患者时的疗效，分别记录了三组患者在服药后血压的下降值（表 11−4），利用单因素方差分析检验三种药物的效果是否存在显著差异。

表 11−4 三组患者服用不同药物后的血压下降值

| 患者 ID | 1 | 2 | 3 | 4 | 5 | 6 | 7 | 8 | 9 | 10 |
|---|---|---|---|---|---|---|---|---|---|---|
| A 药组 | 20 | 22 | 21 | 20 | 21 | 22 | 23 | 24 | 25 | 22 |
| B 药组 | 19 | 20 | 22 | 23 | 24 | 23 | 26 | 22 | 25 | 23 |
| C 药组 | 25 | 27 | 26 | 23 | 24 | 25 | 26 | 24 | 24 | 24 |

```
#三组数据的正态分布检验
from scipy import stats
#服用不同药物后的血压变化值(mmHg)
```

```
dataA = [20,22,21,20,21,22,23,24,25,22]
dataB = [19,20,22,23,24,23,26,22,25,23]
dataC = [25,27,26,23,24,25,26,24,24,24]
stat, p_value = stats. shapiro(dataA)
print(f"dataA 组数据的统计量:{stat:.3f},P 值:{p_value:.3f}")
stat, p_value = stats. shapiro(dataB)
print(f"dataB 组数据的统计量:{stat:.3f},P 值:{p_value:.3f}")
stat, p_value = stats. shapiro(dataC)
print(f"dataC 组数据的统计量:{stat:.3f},P 值:{p_value:.3f}")
```

运行结果为:

```
dataA 组数据的统计量:0.935,P 值:0.494
dataB 组数据的统计量:0.962,P 值:0.813
dataC 组数据的统计量:0.924,P 值:0.389
```

三组样本数据的 $P$ 值均远大于 0.05,说明其均符合正态分布,可以采用 F 检验。

```
#下面的代码采用从 Excel 文件中读取的方式获取数据
import pandas as pd
from scipy import stats
#三组患者服用不同药物后的血压下降值(mmHg)
#读取 Excel 文件中的行数据,list 类型或一维 ndarry 类型都行
df = pd. read_excel("三组患者服药后的血压下降值.xlsx",sheet_name = 0, index_col ="分组")
drugA = df. loc["A 药组",:]. tolist()    #转换为 list 类型[20,22,21,20,21,22,23,24,25,22]
drugB = df. loc["B 药组",:]. tolist()
drugC = df. loc["C 药组",:]. tolist()
#单因素方差分析(F 检验)
f_stat, p_value = stats. f_oneway(drugA,drugB,drugC)
print(f"F 统计量:{f_stat:.3f},P 值:{p_value}")
if p_value < 0.01:
    print("P 值 <0.01,结果有极显著差异")
elif p_value < 0.05:
    print("P 值 <0.05,结果有显著差异")
else:
    print("无统计学差异")
```

运行结果为:

```
F 统计量:7.378,P 值:0.0027771514240327853
P 值 <0.01,结果有极显著差异
```

结果解读:F 统计量为 7.378,比值较大,说明组间方差相对组内方差来说较大;$P$ 值为 0.0028($P$ <0.01),表明结果具有高度显著性差异。这意味着可以拒绝原假设,认为三组药物治疗高血压患者的效果存在极显著差异,也就是说,不同药物对血压的降低效果不同,但哪些组之间存在差异还需要进一

步利用 T 检验做两两比较，从而确定哪一种药物降压效果最显著。

```
t_stat, p_value = stats. ttest_ind(drugA, drugB)
print(f"AB 间：T 统计量：{t_stat:.3f}, P 值：{p_value} ")
t_stat, p_value = stats. ttest_ind(drugA, drugC)
print(f"AC 间：T 统计量：{t_stat:.3f}, P 值：{p_value} ")
t_stat, p_value = stats. ttest_ind(drugC, drugB)
print(f"CB 间：T 统计量：{t_stat:.3f}, P 值：{p_value} ")
```

运行结果为：

```
AB 间：T 统计量：-0.829, P 值：0.41771440463501
AC 间：T 统计量：-4.332, P 值：0.00040161011327 67227
CB 间：T 统计量：2.719, P 值：0.014082177781987138
```

结果解读：AB 间 $P$ 值 =0.418 ($P>0.05$)，无统计学差异；AC 间 $P$ 值 =0.0004 ($P<0.001$)，有高度显著性差异，T 统计量为负说明 C 的降压效果优于 A；CB 间 $P$ 值 =0.014 ($P<0.05$)，有显著差异，且 T 统计量为正说明 C 的降压效果优于 B。综上可知，药品 C 的降压效果最显著。

# 11.4 卡方检验 ▣微课1

T 检验和方差分析（F 检验）都是针对数值变量，而分类变量组间比较通常采用卡方检验。卡方检验是一种用于分类数据的假设检验方法，常用于分析两个或多个分类变量之间的关联性，不要求每组的样本总数相等。

卡方检验中的一个重要概念是期望频数（理论频数），它是基于无效假设（$H_0$，无差异的假设）下，理论上每个类别中应该观察到的频数。它反映了在无效假设成立时，各类别之间的分布情况。

卡方检验通过比较观察频数（实际）与期望频数（理论）之间的差异来判断变量之间是否存在显著关联性。计算出的卡方值越大，表明观察值（实际）与期望值（理论）之间的偏离程度越大，当超过临界卡方值（$P$ 值小于显著性水平）时拒绝原假设，即差异显著。

常见的卡方检验有独立性检验和适合度检验。本节以独立性检验为例，介绍基于 SciPy 库中的 stats 模块的卡方检验实现。

独立性检验用于检验两个分类变量是否相关联。语法为：

$$Chi2-statistic, p-value, dof, expected = stats. chi2\_contingency(observed)$$

其中，常用参数 observed 表示观测频数的二维数组（又称列联表），数据为整数型，每组数据的总样本数可以不等。

返回值包括：①Chi2-statistic：卡方统计量（0~∞），用于衡量观测值和期望值的差异。卡方值越大，表示实际观测值与理论值之间的偏离程度越大，存在差异显著的可能性越大；卡方值越小（越接近于 0），表示实际观测值与理论值之间的偏离程度越小，存在差异显著的可能性越小。②p-value：P 值，用于判断检验结果是否显著。当 P 值小于显著性水平（如 0.05）时，拒绝原假设，认为变量之间存在显著关联。③dof：表示用于计算卡方统计量的自由度，自由度 =（行数-1）×（列数-1）。④expected：期望频数表。

【例 11-5】某项研究希望检验三种止疼药物 A、B、C 在治疗膝关节走路疼痛方面的疗效是否具有显著差异。假设有 150 名膝关节疼痛患者，随机分为三组，每组 50 人（实际各组人数也可以不等），分别接受药物 A、药物 B、药物 C 的治疗，记录患者是否感觉到疼痛症状减轻（无效、有效）的频数（表 11-5）。利用卡方检验，判断三种药物的疗效是否存在显著差异。

表 11-5 药物治疗效果统计数据

| 药物 | 效果 | |
|---|---|---|
| | 无效 | 有效 |
| A | 11 | 39 |
| B | 16 | 34 |
| C | 23 | 27 |

```python
import numpy as np
from scipy import stats
#构建列联表:行表示不同药物,列表示疗效或行表示疗效,列表示不同药物都可以
#按行书写
#observed = np.array([[11,39],   #药物 A 的效果
                      [16,34],   #药物 B 的效果
                      [23,27]])  #药物 C 的效果
#按列书写
#observed = np.array([[11,16,23],   #无效人群服用的药物
#                      [39,34,27]])  #有效人群服用的药物
#卡方检验
chi2_stat, p_value, dof, expected = stats.chi2_contingency(observed)
print(f"卡方统计量:{chi2_stat:.3f},P 值:{p_value},自由度:{dof}")
print(f"期望频数表:\n{expected}")
if p_value < 0.01:
    print("P 值 <0.01,结果有极显著差异")
elif p_value < 0.05:
    print("P 值 <0.05,结果有显著差异")
else:
    print("P 值 ≥0.05,无统计学差异")
```

运行结果为:

```
卡方统计量:6.540,P 值:0.03800642707517432,自由度:2
期望频数表:
[[16.66666667  33.33333333]
 [16.66666667  33.33333333]
 [16.66666667  33.33333333]]
P 值 <0.05,结果有显著差异
```

结果解读：卡方统计量为 6.540，值较大，表示实际观测值与理论值之间的偏离程度较大；$P$ 值为 0.038，小于显著性水平 0.05。这意味着拒绝原假设，表明药物 A、B、C 之间的疗效存在显著差异；期望频数表显示了在无差异情况下的频数分布。

结果表明这三种药物在治疗膝盖走路疼痛方面的效果存在显著的差异性。具体哪个药物的疗效更

好，还需要继续用卡方检验对这三种药品两两之间进行比较。

```
#药品 AB 间比较
observed = np. array([[11,39],    #药物 A 的效果
                      [16,34]])    #药物 B 的效果
chi2_stat, p_value, dof, expected = stats. chi2_contingency(observed)
print(f"AB 间卡方统计量:{chi2_stat:. 3f},P 值:{p_value},自由度:{dof}")
print(f"AB 间期望频数表:\n{expected}")
#药品 AC 间比较
observed = np. array([[11,39],    #药物 A 的效果
                      [23,27]])    #药物 C 的效果
chi2_stat, p_value, dof, expected = stats. chi2_contingency(observed)
print(f"AC 间卡方统计量:{chi2_stat:. 3f},P 值:{p_value},自由度:{dof}")
print(f"AC 间期望频数表:\n{expected}")
#药品 BC 间比较
observed = np. array([[16,34],    #药物 B 的效果
                      [23,27]])    #药物 C 的效果
chi2_stat, p_value, dof, expected = stats. chi2_contingency(observed)
print(f"BC 间卡方统计量:{chi2_stat:. 3f},P 值:{p_value},自由度:{dof}")
print(f"BC 间期望频数表:\n{expected}")
```

运行结果为：

```
AB 间卡方统计量:0. 812,P 值:0. 36759726748530230,自由度:1
AB 间期望频数表:
[[13. 5 36. 5]
 [13. 5 36. 5]]
AC 间卡方统计量:5. 392,P 值:0. 020227453708576957,自由度:1
AC 间期望频数表:
[[17. 33. ]
 [17. 33. ]]
BC 间卡方统计量:1. 513,P 值:0. 21864522553014284,自由度:1
BC 间期望频数表:
[[19. 5 30. 5]
 [19. 5 30. 5]]
```

结果解读：AB、BC 之间的疗效差异都不显著，AC 之间差异显著；根据观测频数可知药物 A 的疗效显著优于药物 C，药物 A 和药物 B 之间的疗效无显著差异。

### 📚 知识拓展

#### 分类与显著性

对于利用卡方检验的数据，分类划分地越细，结果间差异的显著性越不容易体现。例如药物 A 无效数量 11、有效数量 39，药物 B 无效数量 22、有效数量 28，检验结果为差异显著；将效果划分为三类，

把原来的有效划分为"有效、非常有效",整体数据不变,细化为药物 A 无效数量 11、有效数量 18、非常有效 21,药物 B 无效数量 22、有效数量 13、非常有效 15,检验结果则变为无统计学差异。

因此,当进行卡方检验时,如果希望提升分析结果的差异性,可以进行单元格合并(例如把非常满意、满意合并为满意,把不满意、非常不满意合并为不满意)。

---

# 11.5 非参数检验 ℮ 微课 2

PPT

非参数检验是一种不依赖于数据分布假设的统计检验方法,适用于不满足正态分布(理论上对满足正态分布的数据,T 检验的结果可信度更高)或样本量较小的情况。与参数检验相比,非参数检验对数据的假设要求较低。在医药领域,非参数检验常用于分析小样本数据、具有异常值的数据或不对称分布的数据,确保结论的稳健性。

常见的非参数检验方法包括 Wilcoxon 符号秩检验、Man – Whitney U 检验、Kruskal–Wallis H 检验和 Friedman 检验等。

Wilcoxon 符号秩检验通过将所有操作数(每对观察值的差的绝对值)按照从小到大的次序排列,为每个非零的操作数按照次序编号,称为秩(秩次)。差值为负的操作数的秩次绝对值不变,秩值取负;完毕分别计算正秩和 W + 和负秩和 W – ,最终的统计值为 $\min(W+, |W-|)$,即正秩和与负秩和的绝对值中的最小值。当概率 $P < 0.05$ 时,认为两组数据间存在显著差异。

【例 11–6】某项研究记录了 10 名患者在服用某降压药物前后的收缩压数据(表 11–6),请检验该药物是否具有降压的显著性疗效。

表 11–6　患者服用药物前后的血压值

| 患者 ID | 1 | 2 | 3 | 4 | 5 | 6 | 7 | 8 | 9 | 10 |
|---|---|---|---|---|---|---|---|---|---|---|
| 服药前 | 152.3 | 153.15 | 140.12 | 142.11 | 141.67 | 139.02 | 158.71 | 137.85 | 139.34 | 150.98 |
| 服药后 | 144.1 | 145.3 | 134.68 | 135.47 | 133.56 | 132.97 | 132.11 | 130.72 | 131.85 | 134.12 |

这两行数据属于配对数据样本,如果其差值符合正态分布建议采用配对 T 检验;如果不符合正态分布,考虑其样本量较小,建议采用 Wilcoxon 符号秩检验。

```python
import numpy as np
from scipy import stats
#服药前后的血压值
before = np.array([152.3,153.15,140.12,142.11,141.67,139.02,158.71,137.85,139.34,150.98])
after = np.array([144.1,145.3,134.68,135.47,133.56,132.97,132.11,130.72,131.85,134.12])
difference = before-after
stat,p_value = stats.shapiro(difference)
print(f"两组间差值的统计值:{stat:.3f},P 值:{p_value}")
if p_value<0.05:
    print("两组间的差值不符合正态分布")
else:
    print("两组间的差值符合正态分布")
```

运行结果为：

> 两组间差值的统计值：0.659，P 值：0.00028506017406471074
>
> 两组间的差值不符合正态分布

> #由于不满足配对 t 检验的条件，鉴于其数据量较小，采用 Wilcoxon 符号秩检验
>
> stat, p_value_A = stats. wilcoxon(before, after)
>
> #打印 Wilcoxon 符号秩检验结果
>
> print(f"Wilcoxon 统计量：{stat}，P 值：{p_value}")

运行结果为：

> Wilcoxon 统计量：0.0，P 值：0.00028506017406471074

结果解读：Wilcoxon 统计量为 0，表示所有患者服药后的血压值变化趋势是一致的（血压均下降）。P 值为 0.000285（$P < 0.01$），表明受试者在服用药物前后的血压具有高度显著性差异。

# 11.6 线性回归

PPT

## 11.6.1 线性回归的基本概念

线性回归（linear regression）是利用数理统计中的回归分析方法，由一个或几个变量来预测另一个变量的一种机器学习算法。

回归分析中，如果只包括一个自变量和一个因变量，且二者之间的关系可用一条直线近似表示，称为一元线性回归分析。如果回归分析中包括两个或两个以上的自变量和一个因变量，且因变量和自变量之间是线性关系，则称为多元线性回归分析。

线性回归的数学形式为：

$$y = a_1 x_1 + a_2 x_2 + \cdots + a_n x_n + b \qquad \text{（式 11 –1）}$$

其中，$y$ 为因变量；$x_1$、$x_2$、$\cdots$、$x_n$ 为不同的自变量，一元线性回归中就是 $y = ax + b$；$b$ 为截距，即当自变量均为 0 时因变量的值；$a_1$、$a_2$、$\cdots$、$a_n$ 为回归系数，表示不同的自变量每变化一个单位时，因变量的平均变化量。

机器学习算法分为监督学习算法和无监督学习算法两种，其最大的区别在于监督学习的训练数据中带有标签（同时拥有特征和标签），监督学习就是通过训练使机器能自己找到特征和标签之间的关系（模型），根据这种已知关系（某个特征数据对应的标签结果是什么）训练得到一个最优模型，例如回归算法和分类算法。在无监督学习中，需要采用某种算法从无标签的训练集中找到这组数据的潜在结构，例如聚类算法和降维算法。

线性回归是一种用于解决回归问题的监督学习算法，通常使用最小二乘法来寻找模型的最佳参数，即使得预测值和实际值之间的距离平方和达到最小。它通过梯度下降法等方法更新式 11-1 中的截距和回归系数，使得式 11-2 所示的均方误差（mean squared error，MSE）损失函数达到最小。

$$MSE = \frac{1}{n} \sum_{i=1}^{n} (y_i - \hat{y}_i)^2 \qquad \text{（式 11 –2）}$$

其中，MSE 为损失函数，表示模型的预测误差；$n$ 为样本数量，表示数据集中样本的总数；$y_i$ 为预测值，表示模型对第 $i$ 个样本的预测结果；$\hat{y}_i$ 为真实值，表示第 $i$ 个样本的实际目标值。

## 11.6.2 基于 sklearn 的线性回归算法实现

sklearn（scikit - learn）是 Python 中最常用的机器学习库之一，提供了一系列简单且高效的工具，用于数据挖掘和数据分析，能够处理分类、回归、聚类、降维等多种机器学习任务。

sklearn 支持多种经典的监督学习算法，例如线性回归、逻辑回归、支持向量机、决策树和随机森林，适用于分类和回归问题，也支持多种无监督学习，如 K-means 聚类、主成分分析（PCA）等方法，帮助用户发现数据中的隐藏模式或结构。

sklearn 还包含模型选择与评估工具，支持交叉验证和网格搜索，以优化模型参数，并通过准确率、均方误差等指标衡量模型性能。总之，sklearn 是一个功能强大且易于上手的工具，适合各类机器学习应用，其高效实现和广泛应用的特性使得初学者和专业数据科学家都能受益。

sklearn 库的名称比较乱（叫法多，不同地方的写法不同），安装 sklearn 库时不能写 pip install sklearn，而应该写为：

pip install scikit-learn-i https://pypi. tuna. tsinghua. edu. cn/simple

监督学习算法的核心是根据已知数据（训练集）构建模型，再使用这个模型对未知数据（测试集）进行预测，基本流程的步骤如图 11-1 所示。

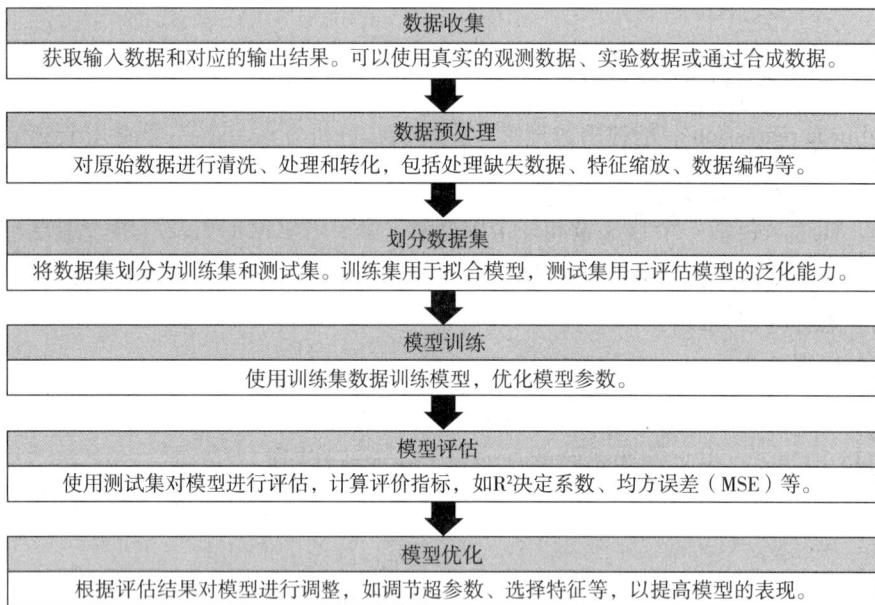

| 数据收集 |
| :--- |
| 获取输入数据和对应的输出结果。可以使用真实的观测数据、实验数据或通过合成数据。 |

| 数据预处理 |
| :--- |
| 对原始数据进行清洗、处理和转化，包括处理缺失数据、特征缩放、数据编码等。 |

| 划分数据集 |
| :--- |
| 将数据集划分为训练集和测试集。训练集用于拟合模型，测试集用于评估模型的泛化能力。 |

| 模型训练 |
| :--- |
| 使用训练集数据训练模型，优化模型参数。 |

| 模型评估 |
| :--- |
| 使用测试集对模型进行评估，计算评价指标，如$R^2$决定系数、均方误差（MSE）等。 |

| 模型优化 |
| :--- |
| 根据评估结果对模型进行调整，如调节超参数、选择特征等，以提高模型的表现。 |

图 11-1　机器学习模型构建基本流程

在本节中，我们着重讲解划分数据集、模型训练与模型评估部分的代码实现，数据预处理与模型优化及机器学习的其他相关知识可以自行查阅资料了解。

**1. 划分数据集**　在构建机器学习模型时，通常将数据划分为训练集和测试集，其目的是评估模型在新数据上的表现，避免过拟合。

过拟合是指模型在训练集上表现很好，但在新数据上表现较差，不能很好地泛化（泛化指模型对新样本的预测能力。换言之，就是指一个机器学习算法对于没有见过的样本的识别能力，即模型能够在未见过的数据上表现出良好的预测结果）。

将数据划分为训练集和测试集，常见的划分比例是将数据的80%作为训练集，20%作为测试集，也可以根据数据量的大小选择其他比例，如7：3、9：1 等。按比例计算的训练集或测试集如果样本数量不是整数，自动按四舍五入取整。

在 Python 的 sklearn 库中，可以使用 train_test_split 函数实现数据集的划分，语法为：

from sklearn. model_selection import train_test_split

X_train, X_test, y_train, y_test = train_test_split( * arrays, test_size = None, train_size = None, random_state = None, shuffle = True, stratify = x)

其中，常用的核心参数如下。

①* arrays：需要划分的数据集。一个或多个数组，可以是 ndarray、DataFrame 或其他序列类型。这些数组将根据指定的比例被分割。

②test_size：测试集所占数据集的比例，取值为浮点数或整数，默认值为 None。如果是浮点数（如 0.2），表示测试集占总数据集的比例（即 20% 的数据用于测试）；如果是整数，表示测试集的样本数量。如果设置了 test_size，参数 train_size 会被忽略。

③train_size：含义同 test_size，如果指定了 train_size，本参数被忽略。

④random_state：随机种子，用于控制划分的随机性。如果指定相同的 random_state，多次运行时会得到相同的划分结果。例如：random_state = 2024 表示设置随机种子值为 2024。如果取默认值 None，表示每次运行的划分结果都不同。

⑤shuffle：是否在划分前打乱数据集顺序，默认为 True。在大多数情况下，将数据打乱是有利于模型训练的。shuffle = False 表示不打乱数据，按原顺序划分。

⑥stratify：比例划分的依据。例如设置 test_size = 0.2，默认地从自变量 $x$ 中划分出 80% 为训练集、20% 为测试集，对于多分类可能某种分类的情况测试集中没有；如果设置 stratify = y，在多分类情况中根据因变量($y$)里的分类按比例进行划分（每个分类都按 test_size 指定的比例进行划分）。

返回值包括：①X_train，表示训练集的特征数据；②X_test，表示测试集的特征数据；③y_train，表示训练集的目标值；④y_test，表示测试集的目标值。

**2. 模型的构建与训练**　线性回归模型的构建可以使用 sklearn 库中的线性模型模块 linear_model，其中的 LinearRegression 函数用于构建线性回归模型，语法为：

from sklearn. linear_model import LinearRegression

model = LinearRegression(fit_intercept = True, normalize = False, copy_X = True, n_jobs = None)

其中，常用参数含义如下。

①fit_intercept：布尔值，决定是否计算截距（intercept），默认为 True。如果为 False，模型将不包括截距项。②normalize：布尔值，默认为 False。如果为 True，则在回归之前对输入变量进行归一化。③copy_X：布尔值，默认为 False。如果为 True，则在拟合之前复制输入变量 X。④n_jobs：整数或 None，默认为 None。用于设置并行计算的作业数量。

对回归模型 model 的操作如下。

（1）fit 函数　用于训练线性回归模型，使用输入特征 $X$ 和对应的目标值 $y$ 进行模型参数的学习，语法为：

$$model. fit(X, y)$$

其中，常用参数：X 为输入特征（自变量）；y 为目标值（因变量）。

（2）predict 函数　用于生成对新数据的预测。输入特征数据 $X$，返回模型对这些数据的预测值，语法为：

$$predictions = model.predict(X\_test)$$

其中，常用参数 X_test 为数组或数据框，形状为[n_samples, n_features]。输入特征，用于对测试集数据进行预测。

（3）intercept_属性　用于获取模型中的截距，即与 y 轴的交点 B，语法为：

$$intercept = model.intercept\_$$

（4）coef_属性　用于获取模型中的系数（coefficient），即回归系数 $a_1$、$a_2$、$\cdots$、$a_n$，语法为：

$$coefficients = model.coef\_$$

**3. 模型评估**　构建线性回归模型并进行模型训练之后，通常使用测试集的数据对模型的泛化能力进行评价。

常用的模型评价指标有均方误差（MSE）和 $R^2$ 决定系数。MSE 衡量预测值与真实值之间的平均平方误差，值越小表示预测效果越好。$R^2$ 用于衡量模型解释目标变量波动的能力，取值在 0 到 1 之间，越接近 1 表示模型拟合效果越好。

（1）sklearn 库 metrics 模块中的 mean_squared_error 函数　用于输出线性回归模型的评估指标，计算预测值与真实值之间的均方误差，该值越小表示模型性能越好，语法为：

$$from\ sklearn.metrics\ import\ mean\_squared\_error$$

$$mse = mean\_squared\_error(y\_true, y\_pred)$$

其中，常用参数：y_true 为数组，表示真实的目标值；y_pred 为数组，表示模型预测的目标值。

（2）r2_score 函数　用于计算模型的决定系数（$R^2$），表示模型解释目标变量变异的能力。$R^2$ 值越接近 1，模型拟合越好，语法为：

$$from\ sklearn.metrics\ import\ r2\_score$$

$$r2 = r2\_score(y\_true, y\_pred)$$

常用参数与 mean_squared_error 相同。

## 11.6.3 基于线性回归模型的产品销量预测

【例 11-7】某医疗器械公司通过三种方式向市场投放可穿戴式医疗器械的商品广告。希望通过近年来这三种渠道投入的广告投放金额和商品销售额数据，利用线性回归算法构建商品销售额预测模型。

advertising. csv 文件中共有 200 条记录，每一行代表一次商品广告投入与销售额信息，表 11-7 中为部分行的数据。

以微博（weibo）、微信（wechat）和其他渠道（others）为自变量，销售额（sales）为因变量，基于 sklearn 库构建商品销售额预测线性回归模型，并对模型性能进行评价。

表 11-7 模型部分数据

| 微信（wechat） | 微博（weibo） | 其他渠道（others） | 销售额（sales） |
| --- | --- | --- | --- |
| 304.4 | 93.6 | 294.4 | 9.7 |
| 1011.9 | 34.4 | 398.4 | 16.7 |
| 1091.1 | 32.8 | 295.2 | 17.3 |
| 85.5 | 173.6 | 403.2 | 7 |
| 1047 | 302.4 | 553.6 | 22.1 |
| 940.9 | 41.6 | 155.2 | 17.2 |
| 1277.2 | 111.2 | 296 | 16.1 |
| 38.2 | 217.6 | 16.8 | 5.7 |
| 342.6 | 162.4 | 260 | 11.3 |
| 347.6 | 6.4 | 118.4 | 9.4 |

```python
import pandas as pd
from sklearn. model_selection import train_test_split
from sklearn. linear_model import LinearRegression
from sklearn. metrics import mean_squared_error, r2_score
#读取数据
data = pd. read_csv('advertising. csv','encoding = "utf - 8")
#将 data 中的特征数据保存在变量 x,标签数据保存在变量 y
x = data. iloc[:,0:3]
y = data. iloc[:,3]
#分割训练集和测试集,训练集 80% ,测试集 20%
x_train, x_test, y_train, y_test = train_test_split(x,y,test_size = 0. 2,random_state = 2024)
#构建线性回归模型
model = LinearRegression()
#利用训练集数据训练模型
model. fit(x_train, y_train)
#输出训练后的模型参数,得到线性回归方程
A = model. coef_    #获取系数, 即方程 y = a1x1 + a2x2 + ⋯ + anxn + b 里的 a1、a2、⋯、an
B = model. intercept_    #获取截距, 即上面方程里的 b
print(f"线性模型的权重系数是{A}")
print(f"线性模型的截距(偏置)是{B}")
print(f"线性回归方程是 y = {A[0]:.5f}x1 + {A[1]:.5f}x2 + {A[2]:.5f}x3 + {B:.5f}")
#利用测试集测试模型, 输出 MSE 和 R2 评价指标
y = model. predict(x_test)    #z 是按照此模型, 计算得到的对应 x_test 测试集的理论结果集
error = mean_squared_error(y_test, y)
r2 = r2_score(y_test, y)
print(f"当前回归模型的均方误差 MSE 为{error:.4f},R2 值为{r2:.4f}")
```

运行结果为:

线性模型的权重系数是[0. 0119605    0. 01309322  − 0. 00028629]
线性模型的截距(偏置)是 4. 774427317620967
线性回归方程是 y = 0. 01196x1 + 0. 01309x2 +  − 0. 00029x3 + 4. 77443
当前回归模型的均方误差 MSE 为 1. 8450,R2 值为 0. 9406

结果解读:模型系数展示了每个自变量对因变量的影响程度。例如,微信(x1)的系数为 0. 0119605,表明在其他因素不变的情况下,微信广告投入每增加一个单位,销售额平均增加 0. 0119605。从结果可以得出,微信和微博的广告投入远大于其他渠道广告投入对销售额的影响。

模型的均方误差 MSE 值为 1. 8450,表示预测值与真实值之间的平均平方误差。较低的 MSE 值通常表示模型性能较好。$R^2$ 值为 0. 94,表示模型能够解释约 94% 的因变量(销售额)的变异。这意味着该模型取得了令人满意的拟合效果。

## 11.7 Logistic 回归

### 11.7.1 逻辑回归的基本概念

逻辑回归是一种用于解决分类问题的机器学习算法。尽管其名称中包含"回归",但是它解决的并非回归问题而是分类问题,主要用于估计一个实例属于某个特定类的概率。逻辑回归通过使用 Sigmoid 函数将线性回归的输出映射到 0 和 1 之间,表示事件发生的概率,从而实现对分类问题的处理。

与线性回归不同,逻辑回归的输出是类别标签而非连续值,适合用于判别类别归属:例如评判是否为垃圾邮件、评判客户是否具有良好信用、投资有无风险等。

逻辑回归的数学形式为:

$$y = \frac{1}{1 + e^{-(a_1 x_1 + a_2 x_2 + \cdots + a_n x_n + b)}}$$

其中,$y$ 表示因变量为 1 的概率;$x_1$、$x_2$、$\cdots$、$x_n$ 为不同的自变量;b 为截距;$a_1$、$a_2$、$\cdots$、$a_n$ 为回归系数,表示自变量对因变量的影响程度。

逻辑回归模型的原理如图 11-2 所示。

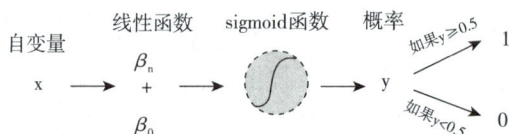

图 11-2 逻辑回归模型原理

逻辑回归是一种监督学习算法,通常使用最大似然估计来寻找最佳参数,使得真实类别与预测概率之间的差异最小化。损失函数通常采用如式 11-4 所示的对数损失(Log Loss)形式:

$$LogLoss = -\frac{1}{n} \sum_{i=1}^{n} \left[ y_i \log(y_i) + (1 - \dot{y}_i) \log(1 - y_i) \right] \qquad (式 11-4)$$

其中,$y_i$ 表示模型对第 i 个样本的预测概率;$\dot{y}_i$ 表示第 i 个样本的真实类别。

对于二分类逻辑回归问题,两种分类分别用 0 和 1 表示。其中 1 表示阳性(正样本,例如患病、是垃圾邮件、有风险等)、0 表示阴性(负样本,例如未患病、非垃圾邮件、无风险等)。逻辑回归也可以解决多分类问题,这些分类分别用 0、1、$\cdots$、$n-1$ 表示。

### 11.7.2 基于 sklearn 的逻辑回归算法实现

**1. 模型的构建与训练** 逻辑回归模型可通过 sklearn 库中 linear_model 模块的 LogisticRegression 函数构建。该函数能够处理二元和多元分类问题,并提供了正则化选项以提高模型的泛化能力。语法为:

```
from sklearn.linear_model import LogisticRegression
model = LogisticRegression(solver = 'lbfgs', max_iter = 100, random_state = 0)
```

其中,常用参数为:solver 为优化算法的选择,常用的有'lbfgs'、'liblinear'等;max_iter 为最大迭代次数,用于控制优化过程的收敛,默认为 100 次;random_state 为随机种子,用于确保每次运行时的结果可复现。

逻辑回归算法在数据集的划分、模型训练和模型预测方面与线性回归的方法相同。

**2. 模型评估** 用于解决分类问题的逻辑回归与用于解决回归问题的线性回归不同,主要根据模型预测结果构建混淆矩阵，基于准确率、召回率、F1-score 等指标进行模型评价。这些指标从不同的角度反映模型的性能，帮助我们更全面地理解模型在分类任务中的表现。sklearn 库的 metrics 模块提供了对分类模型进行评价的相关函数，函数中用到的主要参数如图 11-3 所示。

图 11-3　逻辑回归分类判断中的四个重要指标

（1）准确率（accuracy）　是最常用的评价指标之一，表示模型正确分类的样本占总样本的比例。计算公式为：

$$准确率 = \frac{预测正确的样本数}{样本总数} = \frac{TP + TN}{TP + FP + TN + FN} \qquad （式 11-5）$$

使用 accuracy_score 函数计算准确率，返回一个浮点数，表示准确率的值。语法为：

$$accuracy\_score(y\_true, y\_pred)$$

其中，常用参数：y_true 代表真实的目标值；y_pred 代表模型预测的目标值。

说明：①在样本类别均衡的情况下，准确率能够很好地反映模型的性能；②在类别不平衡的情况下，准确率可能会失真（无实际意义）。例如，若正类样本占数据集的95%，负类样本仅占5%，那么即使该模型将所有样本都预测为正类，准确率也能达到95%，实际上该模型并未有效地进行类别判断。

（2）精确率（precision）　又称精准率，衡量的是在所有预测为正的样本中，实际为正的比例。精确率的实际意义在于关注模型对正类样本预测的准确性，减少误诊。例如，在医疗诊断中，若将健康患者错误地诊断为患病（假阳性），可能会导致不必要的担忧和治疗费用。计算公式为：

$$精确率 = \frac{预测为正样本实际也是正样本的数量}{预测为正样本的数量} = \frac{TP}{TP + FP} \qquad （式 11-6）$$

使用 precision_score 函数来计算精确率，返回一个浮点数，表示精确率的值。语法为：

$$precision\_score(y\_true, y\_pred, average = 'binary')$$

其中，常用参数 y_true, y_pred 的含义同前。average 表示指定计算方式，常见选项包括：①'binary'二分类（默认值）；②'micro'全局计算；③'macro'对每个类别计算精确率后求平均；④'weighted'对每个类别计算精确率后加权平均。

（3）召回率（recall）　衡量的是在所有实际为阳（正）的样本中，预测为阳（正）的比例。召回率的实际意义在于强调模型对正类样本的识别能力。高召回率意味着模型能有效捕捉大多数正类样本，减少漏诊。计算公式为：

$$召回率 = \frac{预测为正样本实际也为正样本的数量}{实际为正样本的数量} = \frac{TP}{TP + FN} \qquad （式 11-7）$$

使用 recall_score 函数来计算召回率，返回一个浮点数，表示召回率的值。语法为：

$$recall\_score(y\_true, y\_pred, average = 'binary')$$

其中，常用参数的含义同前。

(4) F1-score　是精确率和召回率的调和平均，综合考虑了两者的表现。F1-score 适用于样本类别不平衡的情况。计算公式为：

$$F1\text{-}score = \frac{2(\text{精确率} \times \text{召回率})}{\text{精确率} + \text{召回率}} \qquad (\text{式}11-8)$$

使用 f1_score 函数来计算 F1-score，返回一个浮点数，表示 F1-score 的值。语法为：

$$f1\_score(y\_true, y\_pred, average = 'binary')$$

其中，常用参数的含义同前。

(5) y_scores　是用 model. predict_ proba()函数预测（predict）每个 x 样本归属每个分类的概率（probability），语法为：

$$y\_scores = model.\ predict\_proba(x\_test)$$

例如：二分类的逻辑回归测试集中有 4 个 x 样本，最终判断每个 x 样本归属于负类(0)或正类(1)的 y_socres 值的形式为：

$$\begin{bmatrix} [0.02935956\ 0.97064044] \\ [0.99408847\ 0.00591153] \\ [0.96174098\ 0.03825902] \\ [0.27661795\ 0.72338205] \end{bmatrix}$$

每行的前后两个值，分别表示该 x 样本隶属于负类(0)或正类(1)的概率，每行的概率之和为 1.0。

y_score 是决定预测结果的计算依据，而不是模型的最终预测结果。预测结果是 y_pred 的值，即 model. predict 函数的结果。对于上面的例子来说，预测结果为：

$$[1\ 0\ 0\ 1]$$

求下面的 ROC 和 AUC 函数时，参数 y_scores 的值为 model. predict_proba(x_test)[:,1]，此时只包含模型对正类的预测概率。对于上面的例子来说，其值为：

$$[0.97064044\ 0.00591153\ 0.03825902\ 0.72338205]$$

(6) ROC 曲线（receiver operating characteristic curve）　是通过改变模型阈值绘制的真阳性率（召回率，阳判为阳）与假阳性率（阴的样本中被误判为阳的比例）的曲线图，反映模型在不同阈值下的分类性能。通常用于二分类的情况。

使用 roc_curve 函数计算 ROC 曲线的真阳性率和假阳性率，语法为：

$$fpr, tpr, thresholds = roc\_curve(y\_true, y\_scores)$$

其中，常用参数为：y_true 代表真实的目标值，即测试集中的 y_test；y_scores 代表模型对正类的预测概率。

返回值为：fpr 为假阳性率（false positive rate），表示在所有负类样本中被错误分类为正类的比例；tpr 为真阳性率（true positive rate），表示在所有正类样本中被正确分类为正类的比例，也称为召回率；thresholds 为用于生成 fpr 和 tpr 的分类阈值。

(7) AUC（area under the curve）　是 ROC 曲线下的面积值，取值范围为 0 ~ 1。AUC 越接近 1，表明模型的分类性能越好；AUC 为 0.5 则表示模型的分类能力与随机猜测相当。

使用 roc_auc_score 函数计算 AUC 值，返回值为一个浮点数，语法为：

$$roc\_auc\_score(y\_true, y\_scores)$$

其中，常用参数的含义同前。

### 11.7.3 基于逻辑回归模型的糖尿病患病风险预测

【例 11-8】某医疗研究机构希望通过患者的生理特征预测其糖尿病患病风险。数据集中包含了多项特征，如年龄、体重、血糖水平等，以及相应的糖尿病诊断结果（1 表示患病，0 表示未患病），部分数据示例如表 11-8 所示。希望通过患者的生理指标数据，利用逻辑回归算法构建糖尿病患病风险预测模型。

diabetes.csv 文件中共有 768 条记录，每一行代表一名患者的信息。以数据集中的 8 个生理指标为自变量，患者是否患有糖尿病为因变量，基于 sklearn 库构建糖尿病患病风险预测逻辑回归模型，并对模型性能进行评价。

表 11-8　糖尿病风险预测数据示例

| 患者 ID | 怀孕次数 Pregnancies | 葡萄糖浓度 Glucose | 血压 BloodPressure | 皮肤厚度 SkinThickness | 胰岛素 Insulin | BMI | 糖尿病谱系功能 Diabetes Pedigree Function | 年龄 Age | 结果 Class |
|---|---|---|---|---|---|---|---|---|---|
| 1 | 6 | 148 | 72 | 35 | 0 | 33.6 | 0.627 | 50 | 1 |
| 2 | 1 | 85 | 66 | 29 | 0 | 26.6 | 0.351 | 31 | 0 |
| 3 | 8 | 183 | 64 | 0 | 0 | 23.3 | 0.672 | 32 | 1 |
| 4 | 1 | 89 | 66 | 23 | 94 | 28.1 | 0.167 | 21 | 0 |
| 5 | 0 | 137 | 40 | 35 | 168 | 43.1 | 2.288 | 33 | 1 |
| 6 | 5 | 116 | 74 | 0 | 0 | 25.6 | 0.201 | 30 | 0 |
| 7 | 3 | 78 | 50 | 32 | 88 | 31 | 0.248 | 26 | 1 |
| 8 | 10 | 115 | 0 | 0 | 0 | 35.3 | 0.134 | 29 | 0 |
| 9 | 2 | 197 | 70 | 45 | 543 | 30.5 | 0.158 | 53 | 1 |
| 10 | 8 | 125 | 96 | 0 | 0 | 0 | 0.232 | 54 | 1 |

```
import pandas as pd    #读取文件内容
from sklearn.model_selection import train_test_split    #对训练集和测试集进行划分
from sklearn.linear_model import LogisticRegression    #建立逻辑回归模型
from sklearn.metrics import accuracy_score, precision_score, recall_score, f1_score, roc_curve, roc_auc_score    #导入检验指标函数
import matplotlib.pyplot as plt    #绘制 ROC 曲线图
plt.rcParams['font.sans-serif'] = ['SimHei']    #设置中文字符的显示字体
#读取文件中的数据
data = pd.read_csv('diabetes.csv')
#特征 X 和标签 y
X = data.drop(columns = ['Class'])    #这两种写法等价
#X = data.drop("Class", axis = 1)
y = data['Class']
#分割数据集, 训练集 80%, 测试集 20%
X_train, X_test, y_train, y_test = train_test_split(X, y, test_size = 0.2, random_state = 2020)
#构建逻辑回归模型
model = LogisticRegression(max_iter = 1000)
#用训练集对回归模型进行训练
model.fit(X_train, y_train)
#用测试集对回归模型进行测试——预测测试集 X_test 对应的理论计算值 y_pred
y_test_pred = model.predict(X_test)    #每个 x 样本数据的最终预测结果, 而非概率
```

```
y_scores = model. predict_proba(X_test)[:, 1]    #每个 x 样本数据被判定为正类的概率
#计算评价指标
accuracy = accuracy_score(y_test, y_test_pred)    #准确率 – 无论阴性、阳性,判断正确的总比例
precision = precision_score(y_test, y_test_pred)    #精确率 – 判为阳性的人里有多少人真是阳性
recall = recall_score(y_test, y_test_pred)    #召回率 – 阳性的人群里有多少人被诊断出了阳性
f1 = f1_score(y_test, y_test_pred)    #综合考虑精确率和召回率的评判标准
#输出评价指标
print(f"准确率:{accuracy:.4f}")
print(f"精确率:{precision:.4f}")
print(f"召回率:{recall:.4f}")
print(f"F1 分数:{f1:.4f}")


#计算 ROC 曲线
fpr, tpr, thresholds = roc_curve(y_test, y_scores)    #列表类型的返回值
auc = roc_auc_score(y_test, y_scores)    #ROC 曲线下的面积值,取值(0 ~ 1)
#绘制 ROC 曲线
plt. figure(figsize = (8,6))
plt. plot(fpr, tpr, label = f" ROC 曲线(AUC = {auc:.4f})")
plt. plot([0,1], [0,1], linestyle = '--', color = 'g')
#plt. plot([0,1], [0,1], ls = '--', c = 'g')    #上面一句话的简写
#plt. plot([0,1], [0,1], 'g--')    #上面一句话的简写
plt. xlabel('假阳性率', fontsize = 12)
plt. xlim([0. 0,1. 0])
plt. xticks(fontsize = 12)
plt. ylabel('真阳性率', fontsize = 12)
plt. ylim([0. 0,1. 05])
plt. yticks(fontsize = 12)
plt. title('ROC 曲线', fontsize = 18)
plt. legend(loc = 'lower right', fontsize = 12)
plt. grid()
plt. show()
```

运行结果为:

```
准确率:0. 7922
精确率:0. 7959
召回率:0. 6393
F1 分数:0. 7091
```

　　模型的准确率为 0. 7922,意味着模型在约 79%的情况下预测正确,表明模型整体表现良好。然而,准确率在数据不平衡的情况下可能不够全面,因此需要结合其他指标进行分析。精确率为 0. 7959 表示在模型预测为糖尿病患者的个体中,有约 80%确实患有糖尿病。召回率为 0. 6393,意味着在所有真实

的糖尿病患者中，有约 64% 被成功识别。这在糖尿病筛查中至关重要，因为未被检测出的患者可能会错过早期治疗的机会，进而导致健康状况恶化。综合以上结果该模型虽然在早期发现糖尿病方面整体上是有效的，但仍需进一步优化，提升召回率。

0.7091 的 F1 分数表明，模型在精确率和召回率之间取得了较好的平衡。在医疗领域，尤其是处理糖尿病这种需要精确筛查的疾病时，保持精确率和召回率之间的平衡至关重要。F1 分数较高说明模型在准确识别患者的同时，也避免了过多的误诊。AUC 表示 ROC 曲线下的面积（图 11-4），用于衡量模型的分类能力。0.8856 的 AUC 值意味着模型能够较好地区分糖尿病患者和非患者。AUC 值接近 1 表示模型具有很强的判别能力，可以在不同的阈值下有效预测结果。在实际应用中，这意味着医生在使用该模型进行诊断时，能够以较高的置信度判断患者的糖尿病风险。

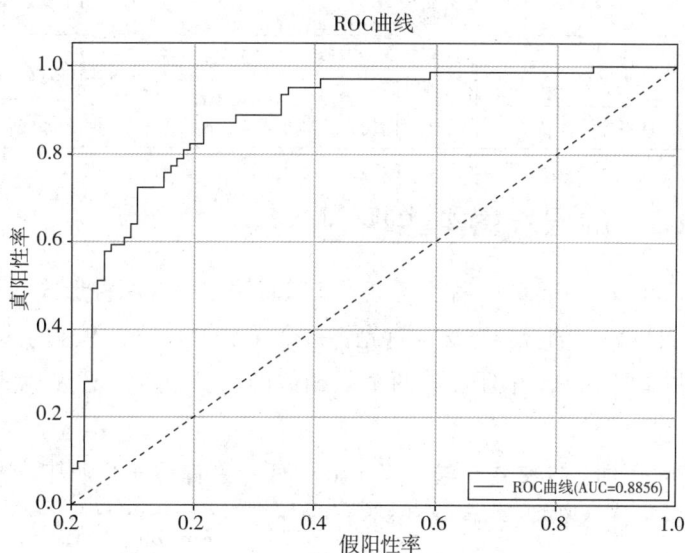

图 11-4　ROC 曲线

# 11.8　聚类分析

## 11.8.1　聚类分析概述

聚类分析是一种直接比较各种事物属性的无监督学习机器学习算法。其中，具有相似性质的事物归属为相同属性的类别，差异性较大的事物归属为不同属性的类别，通过"物以类聚"的理念来将具有相同特征的样本聚集在一起，总的来说就是运用大量的数据训练出分类的规则。

聚类算法根据其原理主要可以分为以下几类。

**1. 基于划分的聚类**　将数据集划分为 K 个簇，例如 K-means 算法。这类算法通过最小化簇内的平方误差来寻找最佳的簇划分。

**2. 层次聚类**　通过构建一个树状结构（树形图）来表示数据的聚类关系，常见算法有自下而上的凝聚聚类和自上而下的分裂聚类。这类方法不需要预设簇的数量，适合需要层次结构的应用。

**3. 基于密度的聚类**　通过发现高密度区域来形成簇，常见的算法有 DBSCAN 和 OPTICS。这类算法能够识别任意形状的簇，并能有效处理噪声数据。

**4. 基于模型的聚类**　假设数据来自于不同的概率分布，常见的算法有高斯混合模型。这类方法提供了簇的概率分布信息，可以处理复杂的簇形状。

**5. 基于网格的聚类**　将数据空间划分为有限数量的单元格，并在这些单元格上进行聚类，代表性算法有 STING 和 CLIQUE。这类方法通常计算速度较快，适合处理大规模数据集。

常用聚类算法的特点与适用情况如表 11-9 所示。

表 11-9　常用聚类算法比较

| 算法名称 | 优势 | 不足 | 适用情况 |
| --- | --- | --- | --- |
| K – means | 计算简单，速度快，适合大规模数据 | 对初始值敏感，需预先设定 K 值 | 数据簇形状较为圆形且大小相似的情况 |
| 层次聚类 | 不需预设簇数，易于理解 | 计算复杂度高，难以处理大规模数据 | 数据规模较小且需要层次结构的情况 |
| DBSCAN | 能够发现任意形状的簇，能够处理噪声数据 | 对参数选择敏感，难以处理高维数据 | 数据簇形状不规则，且含有噪声的情况 |
| 谱聚类 | 能够处理复杂形状的簇，利用图论方法 | 计算复杂度高，对数据规模有一定限制 | 适用于复杂结构的聚类任务 |
| 高斯混合模型 | 能够提供簇的概率分布信息 | 计算复杂，需预先设定簇数，对初始值敏感 | 数据符合高斯分布且簇之间有重叠的情况 |
| 自组织映射 | 可视化高维数据，具备非线性特征 | 训练时间较长，易受噪声影响 | 适用于非线性数据及高维数据的聚类分析 |

## 11.8.2 基于 SciPy 的层次聚类实现 ⓔ 微课 3

层次聚类（hierarchical clustering）也称系统聚类，其算法主要有两种形式（图 11-5）。

**1. 凝聚层次聚类**　自下而上的聚类方法。首先将每个样本作为一个单独的簇（聚类），然后计算每个簇之间的相似度（如欧式距离），并且合并两个最相似的簇。重复上述步骤直到所有样本合并为一个簇。

**2. 分裂层次聚类**　自上而下的聚类方法。首先将所有对象置于一个簇中，然后将这个簇分开至至少两个相似的簇，直到每个样本都独自为一个聚类。

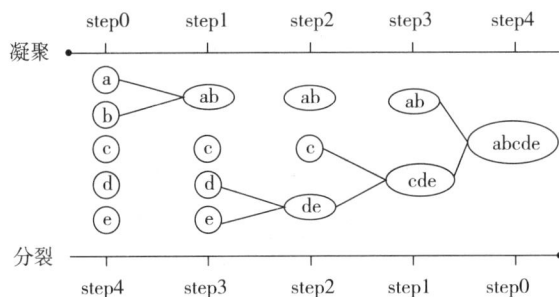

图 11-5　层次聚类算法示意图

在 Python 语言中，层次聚类可以使用 SciPy 库中的 cluster. hierarchy 模块来实现。主要的函数有 linkage 和 dendrogram。

（1）聚类之前，由于原始数据中各自变量间的数值差异较大（例如企业的营业额列数值为几亿、人数列数值为几千，而科研比例列数值为 0~1），为了平衡数值差异造成的影响，需要先对原始数据进行标准化处理，将每列数据标准化成均值为 0、标准差为 1。方法是求每列的均值和标准差，每个数减去均值再除以标准差。

标准化操作采用 sklearn. preprocessing. StandardScaler 对象的 fit_transform() 函数。

```
from sklearn. preprocessing import StandardScaler   #导入标准缩放器函数 StandardScaler
scaler = StandardScaler()   #生成标准缩放器对象 scaler
data_scaled = scaler. fit_transform(X)   #对观测向量(原始数据 X)进行标准化处理
```

（2）利用 linkage()函数计算层次聚类的链接矩阵，语法为：

from scipy. cluster. hierarchy import linkage

Z = linkage( data_scaled, method = 'single', metric = 'euclidean')

其中，常用参数：data_scaled 代表标准化处理后的观测数据，可以是一维压缩向量（距离向量），也可以是二维观测向量（坐标矩阵）；method 代表聚类方法，如'single'（默认）、'complete'、'average'、'ward'；metric 代表距离度量方式，如'euclidean'（默认）、'cityblock'等。

返回值 Z 为 ndarray 类型的链接矩阵，包含每个聚类合并的信息，其内容解读如图 11-6 所示。

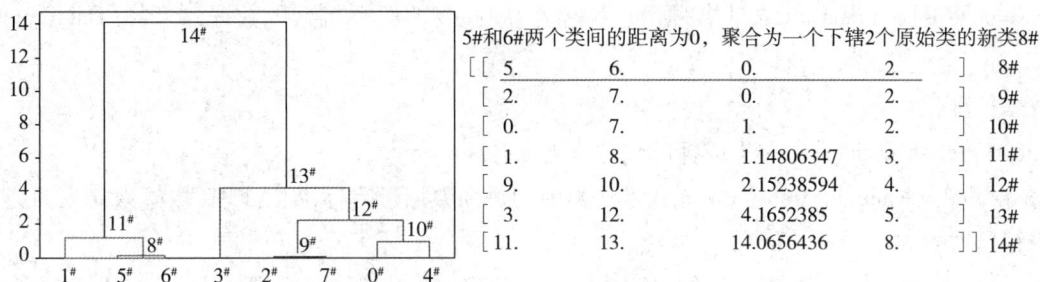

5#和6#两个类间的距离为0，聚合为一个下辖2个原始类的新类8#

```
[[ 5.    6.     0.          2.  ]    8#
 [ 2.    7.     0.          2.  ]    9#
 [ 0.    7.     1.          2.  ]    10#
 [ 1.    8.     1.14806347  3.  ]    11#
 [ 9.   10.     2.15238594  4.  ]    12#
 [ 3.   12.     4.1652385   5.  ]    13#
 [11.   13.    14.0656436   8.  ]]   14#
```

图 11-6　链接矩阵的形式和解读

（3）利用 dendrogram()函数绘制系统树状图。该函数无返回值，直接在当前的图形窗口中绘制出树状图，语法为：

from scipy. cluster. hierarchy import dendrogram

dendrogram(Z, labels = ClusterNo, orientation = 'top', ** kwargs)

其中，常用参数：Z 代表由 linkage 函数返回的链接矩阵；labels 为树状图中的每个叶子节点提供标签（样本名称），默认为簇的编号（源数据中第 1 行的簇编号为 0）；orientation 设置绘制的树状图的方向，可选值包括'top'从上到下（默认）、'bottom'从下到上、'left'从左到右和'right'从右到左。

## 11.8.3 基于聚类分析的创新医疗器械企业技术能力分析

【例 11-9】通过对创新医疗器械上市公司技术能力相关指标进行聚类分析，可以探究该领域上市公司目前的行业特征与技术创新能力现状，为企业未来发展提供建议与参考。

companydata. csv 文件中是 10 家创新医疗器械上市公司的财务报表相关数据，包括企业名称、员工数、营业收入、利润总额、研发支出占比等数据（表 11-10）。以数据集中的 7 项公司经营情况指标为自变量，基于 SciPy 库 cluster. hierarchy 模块构建创新医疗器械上市公司技术能力聚类分析模型，并将聚类结果以谱系图的形式输出。

表 11-10　创新医疗器械上市公司财务数据示例

| 企业名称 | 员工数（人） | 营业收入（万元） | 利润总额（万元） | 净利润（万元） | 研发支出占比（%） | 研发人员占比（%） | 硕士以上学历占比（%） |
|---|---|---|---|---|---|---|---|
| 爱博诺德 | 579 | 43307 | 18777 | 16775 | 15. 31 | 23. 14 | 11. 23 |
| 北京天智航 | 281 | 15602 | − 10470 | − 8265 | 70. 37 | 34. 88 | 29. 54 |
| 北京乐普 | 10941 | 1065973 | 214615 | 178042 | 10. 43 | 28 | 7. 21 |
| 北京春立正达 | 951 | 110814 | 36738 | 32236 | 9. 46 | 27. 39 | 5. 36 |
| 厦门艾德 | 1096 | 91703 | 25198 | 23902 | 17. 02 | 41. 15 | 23. 45 |

```
import pandas as pd    #读取 csv 文件
from sklearn. preprocessing import StandardScaler    #用于对矩阵数据进行标准化处理
from scipy. cluster. hierarchy import dendrogram, linkage    #生成聚类图
import matplotlib. pyplot as plt    #绘制聚类图
plt. rcParams["font. family"] = ["SimHei","SimSun"]    #绘图时显示中文字符的字体
#从文件读取数据
data = pd. read_csv('companydata. csv', encoding = "ANSI")    #读取的结果 data 为 DataFrame 类型
X = data. drop(columns = ['企业名称'])    #剔除"企业名称"列后剩余的数据,类型为 DataFrame
y = data['企业名称']
#数据标准化
scaler = StandardScaler()    #生成标准化操作的对象 scaler
data_scaled = scaler. fit_transform(X)    #对 X 中的每列数据进行标准化处理(均值为0,标准差为1)
#进行层次聚类
Z = linkage(data_scaled, method = 'ward')
#print(Z)    #输出链接矩阵,了解聚类的依据
#绘制树状图
plt. figure(figsize = (12,8))
dendrogram(Z, labels = [y[i] for i in range( data. shape[0])], distance_sort = 'descending', show_leaf_
counts = True)
plt. xticks(fontsize = 12, ha = 'right', va = 'center', rotation = 30, rotation_mode = 'anchor')
plt. ylabel('距离', fontsize = 12)
plt. yticks(fontsize = 12)
plt. show()
```

运行结果如图 11-7 所示。

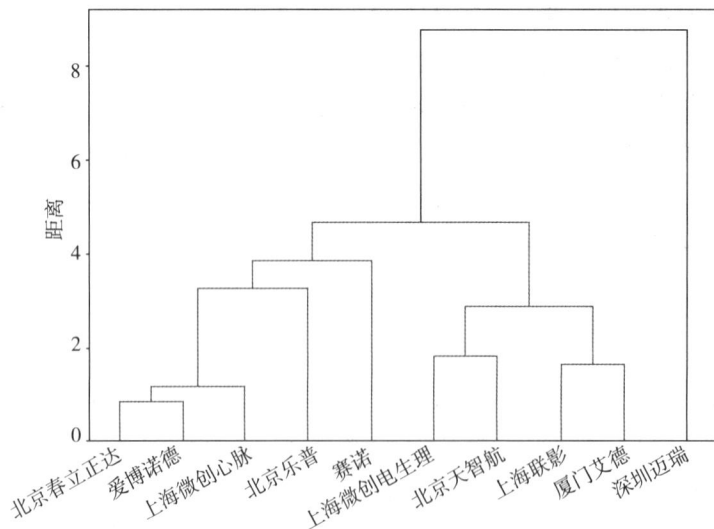

图 11-7　创新医疗器械企业技术能力聚类分析谱系图

根据谱系图可以看出如果将 10 家上市公司分为 2 类,第一类有 9 家公司,第二类有 1 家;分为 3
类的话,第一类有 5 家公司,第二类有 4 家,第三类有 1 家;分为 4 类的话,第一类有 4 家公司,第二

类有 1 家，第三类有 4 家，第 4 类有 1 家。通过对图的分析，并结合实际情况，将 10 家上市公司分为 3 类，聚类结果如表 11-11 所示。

表 11-11　聚类分析结果

| 类别 | 包含样本 | 样本数量 |
|---|---|---|
| 第一类 | 北京春立正达、爱博诺德、上海微创心脉、北京乐普、赛诺 | 5 |
| 第二类 | 上海微创电生理、北京天智航、上海联影、厦门艾德 | 4 |
| 第三类 | 深圳迈瑞 | 1 |

为了更好地分析每个类别当中样本的各项数据信息，可以计算原始数据中各指标的描述统计量平均值、最小值、最大值等，对照各样本原始数据对聚类结果进行深入分析。在本例中，第三类仅包含深圳迈瑞生物医疗电子股份有限公司一家公司。该公司无论从公司规模、经营情况，还是技术能力方面，均在行业内均具有明显优势，属于技术创新龙头企业。第一类与第二类企业虽然在企业规模与经营状况上没有明显的差异，但在技术人员与技术研发资金投入上呈现出明显差异。相较于第一类企业，同等规模的第二类企业更注重技术能力的提升。

---

书网融合……

| 微课1 | 微课2 | 微课3 |
|---|---|---|

# 第 12 章　Python 爬虫基础及应用

PPT

## 学习目标

　　1. 通过本章学习，掌握爬虫库的安装和基本用法；熟悉 BeautifulSoup 库的解析过程；了解 re 库的常用函数功能。

　　2. 具有从互联网爬取数据并存储的能力。

　　3. 树立法治和责任意识，培养自主学习能力、创新精神和社会责任感。

　　爬虫（crawler）又称网络爬虫或网页蜘蛛，是一种按照一定规则自动抓取万维网信息的程序。它们能够遍历网页，提取需要的数据，并可以进一步处理或存储这些数据。Python 因其简洁的语法和丰富的第三方库，成为爬虫开发的热门语言之一。

　　爬虫的使用也存在一定的争议和法律风险，使用者应该关注在抓取网站数据时是否涉及版权和隐私问题，爬虫程序需要遵守相关法律法规和网站的使用协议。

## 12.1 爬虫的应用场景

　　互联网上提供了很多有价值、免费公开的数据集，其中大部分是被分散、结构化地存在于不同网站的网页中，下面简单了解一些爬虫收集数据的应用场景。

　　**1. 搜索引擎领域**　搜索引擎公司利用爬虫程序爬取互联网上的网页信息，建立庞大的网页索引数据库。例如百度搜索引擎，通过爬虫不断收集网页内容，分析网页中的关键词、链接结构等信息，当用户进行搜索时，能够快速准确地返回相关的搜索结果。

　　**2. 数据分析与市场研究**　企业通过爬虫获取竞争对手的产品信息、价格变化、用户评价等数据，以便进行针对性的市场分析和决策制定。比如电商企业通过爬取其他电商平台上同类商品的价格和销售情况，来调整自己的产品定价和营销策略。

　　**3. 学术研究**　科研人员使用爬虫收集特定领域的学术文献、研究报告、实验数据等信息，帮助他们进行文献综述和数据挖掘。例如在药理学研究中，研究人员通过爬取中药类数据库上的药物、疾病和靶点等数据，用于开展网络药理学研究。

　　**4. 内容聚合与信息服务**　一些内容聚合平台利用爬虫从多个网站收集特定类型的内容，如新闻、博客、图片、视频等，经过整理和分类，提供给用户集中浏览。例如一些新闻聚合 APP，它们通过爬虫抓取不同新闻网站的新闻资讯，为用户提供多样化的新闻来源。

### 知识拓展

#### 法律与道德问题

　　爬虫活动必须遵循相应的法律法规（例如《计算机信息网络国际联网安全保护管理办法》《网络安全法》等），同时也要尊重网站的 robots.txt 协议。在进行数据抓取时，应维护用户隐私，避免搜集敏感信息，包括但不限于个人身份信息和隐私数据。

# 12.2 爬虫库与浏览器驱动器的安装

## 12.2.1 常见爬虫库

常见的 Python 爬虫库如表 12-1 所示。

表 12-1　Python 常见爬虫库

| 库名 | 描述 |
|---|---|
| requests | 用于发送 HTTP 请求, 是大多数爬虫项目的基础 |
| BeautifulSoup | 用于解析 HTML/XML 文档抓取数据 |
| Selenium | 用于模拟用户与网页的交互, 抓取 JavaScript 渲染的数据 |
| Scrapy | 一个快速高级的 Web 抓取框架 |

## 12.2.2 爬虫库和浏览器驱动器的安装

**1. 第三方爬虫库的安装与测试**　以 requests 库为例, 使用前需要提前安装, 在 "windows 命令提示符" 窗口中输入如下命令并执行:

```
pip install requests
```

为了提高安装速度, 可以使用国内镜像:

```
pip install requests-i https://mirrors. aliyun. com/pypi/simple
```

测试库是否安装成功, 在 Python Shell 命令窗口中运行:

```
>>> import requests
```

如果没有提示错误, 表示库被成功安装。

BeautifulSoup 库的安装:

```
pip install beautifulsoup4-i https://mirrors. aliyun. com/pypi/simple
```

selenium 库的安装:

```
pip install selenium-i https://mirrors. aliyun. com/pypi/simple
```

**2. Microsoft Edge WebDriver 安装**　selenium 库需要搭配浏览器驱动器使用, 本书选用的浏览器为 Microsoft Edge。

（1）查看 Edge 浏览器版本　打开 Edge 浏览器, 依次点击右上角三个点—"设置及其他"—"帮助和反馈"—"关于 Microsoft Edge", 打开 "设置" 页面, 版本号如图 12-1 所示。

（2）下载 Edge WebDriver　访问 Microsoft Edge WebDriver 官方网站, 找到并下载与 Edge 浏览器版本号相同的 Edge WebDriver。

（3）安装 Edge WebDriver　拷贝 Edge WebDriver 压缩包中的 "msedgedriver. exe" 程序文件到 Python 安装目录下, 重新命名为 "MicrosoftEdgeDriver. exe", 如图 12-2 所示。

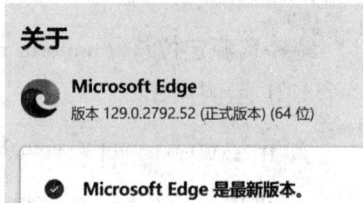

关于

Microsoft Edge
版本 129.0.2792.52 (正式版本) (64 位)

✓ Microsoft Edge 是最新版本。

图 12-1　Microsoft Edge 版本号

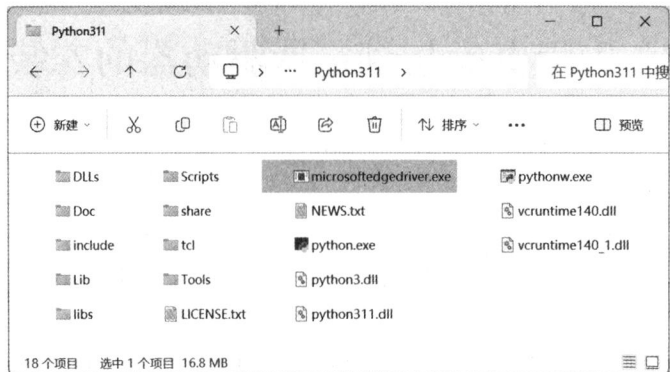

图 12-2　安装 Edge WebDriver

# 12.3 爬虫基础

## 12.3.1 工作原理

爬虫程序首先向目标网站发送请求；目标网站接收到请求后会返回一个响应，内容包括网页的 HTML代码、状态码等；爬虫程序接收到响应后，对网页进行解析，提取数据信息。爬虫的基本工作原理如图 12-3 所示。

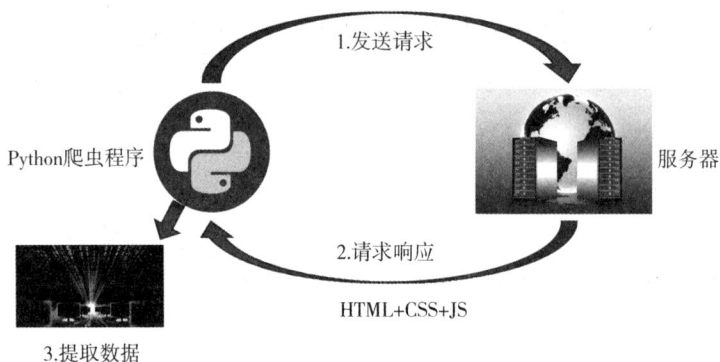

图 12-3　爬虫的基本工作原理

## 12.3.2 URL

统一资源定位符（uniform resource locator，URL）是互联网上用于标识资源位置的字符串。以下是一个 URL 示例：

https://www.example.com:8080/path/resource? p1 = value1&p2 = value2#fragment

其中，"https" 表示协议，"www.example.com" 表示域名，"：8080" 表示端口，"/path/resource" 表示路径，"? p1 = value1&p2 = value2" 表示查询字符串，"#fragment" 表示锚记。

## 12.3.3 超文本

超文本（hypertext）是一种通过链接和交互方式来组织和呈现信息的文本形式，最常使用的是超文本标记语言（HTML），由一系列标签和内容构成，比如< body ></ body >、< p ></ p >、< div ></ div >、

< img > 等。

## 12.3.4 查看页面源代码 📱 微课 1

在编写爬虫程序之前，了解网页的数据结构是非常重要的一步。通常，可以通过以下两种方法查看网页的源代码。

**1. 查看页面源代码**　在网页上右击鼠标，选择"查看页面源代码"选项。这将打开一个新的标签页，展示整个网页的原始 HTML 代码。通过搜索特定的关键词或标签，可以定位到目标位置。

**2. 开发人员工具**　右击网页的任意位置，选择"检查"（或直接按下 F12 快捷键），进入"开发人员工具"模式。如图 12-4 所示，在"元素"（elements）选项卡中，可以看到当前页面的 HTML 结构。该工具不仅提供了更直观的方式来浏览和查找元素，还可以实时查看和修改页面的样式和结构，这对于理解页面布局和动态内容非常有帮助。

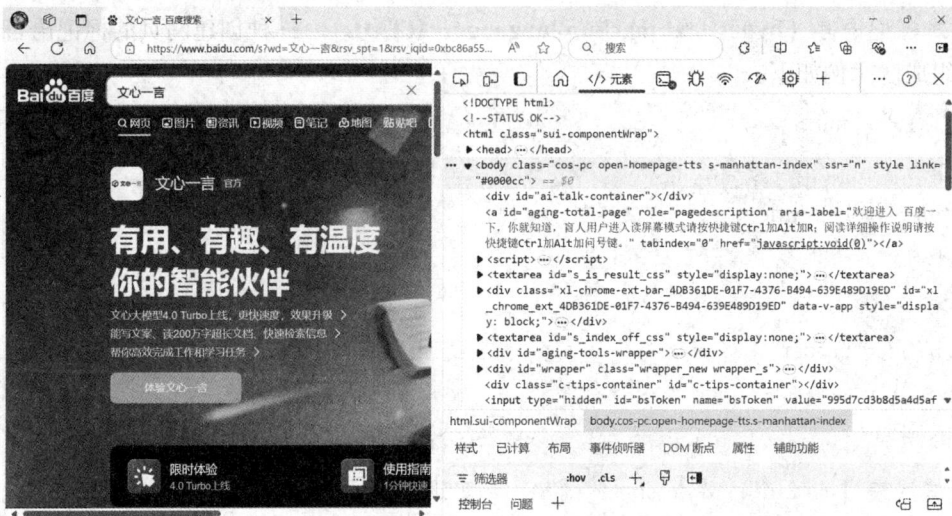

图 12-4　"开发人员工具"模式

## 12.3.5 HTTP、HTTPS 及安全证书

超文本传输协议（Hyper Text Transfer Protocol，HTTP）实现通过网络将超文本数据传输到本地浏览器；超文本传输安全协议（Hyper Text Transfer Protocol over Secure Socket Layer，HTTPS）是以安全为目标的 HTTP 通道，可以理解为 HTTP 的安全版本，加入了 SSL 层，传输的内容被 SSL 加密。

使用 HTTPS 协议的网站，需要有 CA 机构颁发的安全证书，如果证书过期或者不是 CA 颁发的，浏览器会显示"你的连接不是专用连接"，此时，如果坚持访问，可以点击"高级"—"继续访问"，如图 12-5 所示。

图 12-5　隐私错误

爬虫程序在遇到证书错误时，将无法继续运行，此时，可以设置忽略证书错误来解决，代码如下：

```
my_options = webdriver. EdgeOptions()
my_options. add_argument(' -- ignore - certificate - errors ')
driver = webdriver. Edge(options = my_options)
```

# 12.4 网页基础

网页前端设计主要涵盖三大核心技术：HTML、CSS 和 JavaScript。其中，HTML 负责定义网页的内容与结构，CSS 用来描述网页的布局与样式，而 JavaScript 则用于赋予网页交互功能。

## 12.4.1 网页前端技术简介

1. **超文本标记语言（hyper text markup language，HTML）** 一种创建网页的标记语言，由一系列标签和内容组成。示例如下：

```
<! DOCTYPE html >
<head >
    <title> 首页 </title>
</head>
<body>
    <div id ="header"> </div>
</body>
</html>
```

2. **层叠样式表（cascading style sheet，CSS）** 实现对网页内容的布局控制和样式美化。CSS 样式可以分为三类，如表 12-2 所示。

表 12-2 CSS 样式分类

| 分类 | 描述 |
| --- | --- |
| 内联样式 | 样式写在 HTML 标签里，只对该标签起作用 |
| 内部样式表 | 样式写在 HTML 的 head 标签之间，只对该 HTML 起作用 |
| 外部样式表 | 样式引用写在 head 标签之间，对引用该 CSS 文件的网页起作用 |

3. **JavaScript** 通常简称为 JS，是一种用于前端开发的编程语言，它能够动态地修改网页的内容、结构以及样式。此外，JavaScript 还能够实现复杂的用户交互和表单处理功能。

## 12.4.2 DOM 树

文档对象模型树（document object model tree，DOM 树）包含了网页中所有元素的层次结构。

DOM 树的根节点是 < html > 元素，它内部包含了 < head > 和 < body > 两个主要部分，以及它们各自包含的子元素和文本内容，共同构成了一个复杂而有序的树状结构，用于表示和操作 HTML 文档。在 DOM 树中，节点之间存在着层级关系，通常用父节点（parent）、子节点（child）和兄弟节点（sibling）等术语来描述。

## 12.4.3 CSS 选择器

爬虫程序可以通过 CSS 选择器来定位 HTML 中的元素（表 12-3）。

表 12-3　CSS 选择器

| 选择器 | 描述 | 示例 |
|---|---|---|
| 标签 | 通过标签名选择元素 | p{color:red;} |
| 类 | 通过 class 属性选择元素 | .myclass{background-color:blue;} |
| ID | 通过 ID 属性选择元素 | #myid{font-size:20px;} |
| 通配符 | 通过星号（*）选择所有元素 | *{margin:0;} |
| 属性 | 通过属性选择元素 | input[type="text"]{color:green;} |
| 伪类 | 通过特定状态选择元素 | a:hover{color:orange;} |

# 12.5　百度贴吧首页的爬取与解析 ⓔ 微课2

## 12.5.1　requests 库的使用

在百度贴吧中搜索"人工智能"，显示与人工智能有关的帖子，如图 12-6 所示。

图 12-6　人工智能吧-百度贴吧

　　URL 地址是"https://tieba.baidu.com/f?ie=utf-8&kw=人工智能&pn=0"，其中，"https://tieba.baidu.com/f"为客户端请求的主网址，"?ie=utf-8&kw=人工智能&pn=0"是查询字符串，kw 表示查询关键词（keyword），pn 为页面编号（page number）。Python 爬虫程序如下：

```
import requests   #导入 requests 库
url ="https://tieba.baidu.com/f?ie=utf-8&kw=人工智能&pn=0"
response = requests.get(url)    #使用 requests 库的 get() 函数获取网页内容,并返回一个 Response 对象(由变量 response 标识)
html = response.text    #Response 对象的 text 属性返回页面内容(用变量 html 标识)
print(html)
```

## 12.5.2　使用 BeautifulSoup 库解析页面内容

**1. BeautifulSoup 库的导入**

```
from bs4 import BeautifulSoup
```

bs4 指 Beautiful Soup 4，其中 4 是版本号，从 bs4 中导入 BeautifulSoup 库后使用。

**2. BeautifulSoup 库的基本用法**

（1）解析 html 文档内容

```
soup = BeautifulSoup(html, 'html. parser')
```

变量 html 标识页面内容，'html. parser'表示 HTML 解析器，此外，BeautifulSoup 还支持对 XML 文档的解析；解析完成后，返回一个 BeautifulSoup 类实例，代表整个文档的解析树。

（2）BeautifulSoup 库常见函数　如表 12-4 所示。

表 12-4　BeautifulSoup 库常见函数

| 函数 | 描述 |
|---|---|
| find() | find(self, name = None, attrs = {}, recursive = True, text = None, …)<br>搜索匹配条件的第一个元素 |
| find_all() | find_all(self, name = None, attrs = {}, recursive = True, text = None, …)<br>搜索匹配条件的所有元素，返回列表 |
| select() | select(self, selector, namespaces = None, limit = None, …)<br>使用 CSS 选择器定位元素，返回列表，基本用法如表 12-5 所示 |

表 12-5　通过 CSS 选择器定位元素

| 选择器 | 描述 | 用例 |
|---|---|---|
| 标签 | 所有 HTML 标签，如 div、p、a 等 | soup. select('div') |
| 类 | 类名前须加点，如 . sentence | soup. select('. sentence') |
| id | id 前须加#，如#topic | soup. select('#topic') |
| 子元素 | 父元素与子元素之间加大于号 | soup. select('div > p') |
| 后代元素 | 父元素与后代元素之间加空格 | soup. select('div p') |
| 多个标签 | 选择器使用逗号表示多个选择器 | soup. select('h1 , h2 ') |

**3. 解析人工智能吧的数据信息**　观察百度贴吧页面"源代码"，找到回复数和标题信息的位置，为提取数据做准备，如图 12-7 所示。

图 12-7　百度贴吧 – 人工智能吧页面部分"源代码"

```
import requests, pandas as pd
from bs4 import BeautifulSoup
url ="https://tieba. baidu. com/f? ie = utf-8&kw = 人工智能 &pn = 0"
response = requests. get(url)
html = response. text
soup = BeautifulSoup(html, 'html. parser')
```

```
lis_with_title = soup.find_all(attrs = {'class':'j_thread_list clearfix thread_item_box'})
counts,titles = [],[]
for li in lis_with_title:
    counts.append(int(li.find(attrs = {'class':'threadlist_rep_num center_text'}).text))
    titles.append(li.find(attrs = {'class':'j_th_tit'}).text)
df = pd.DataFrame({'counts':counts,'titles':titles})
df.sort_values('counts',ascending = False,inplace = True)
df.to_excel('data.xlsx',index = None)
```

代码解析：soup 为页面解析树的内容；使用 find_all() 方法按属性值查找所有匹配的 li 元素（由变量 lis_with_title 标识）；通过遍历每个 li 元素，使用 find() 方法找到表示回复数和标题的元素，并将内容（元素的 .text 属性）分别添加到列表 counts 和 titles 中；以字典形式创建 DataFrame 对象并按回复数排序；将爬取结果保存成 Excel 文件。

# 12.6 中国知网的爬取与解析

中国知网（CNKI）数据库平台植根于广泛的学术资源与信息技术融合，专注于汇聚、整理并传播各类学术文献与知识。该平台通过构建涵盖期刊、论文、学位论文、会议论文等多类型文献的综合性数据库，以及利用先进的检索与分析工具，为科研人员、学者及教育工作者提供了便捷获取权威学术资源、追踪学科前沿动态的渠道，旨在促进学术交流与合作，推动知识创新与科研成果转化。

## 12.6.1 CNKI 数据库的仿真操作

**1. 在"开发人员工具"模式下观察元素**　访问 CNKI 网站首页，进入"开发人员工具"模式，鼠标在右侧元素代码中移动，逐步定位到"高级检索"链接的位置，id 是"highSearch"，如图 12-8 所示。

图 12-8　"开发人员工具"模式定位页面元素

**2. 使用 selenium 库模拟人工操作步骤**

（1）建立浏览器对象。

（2）找到 id 值为"highSearch"的超链接并执行点击动作，浏览器出现新窗口"高级检索—中国知网"，如图 12-9 所示，将句柄切换到新窗口。

图 12-9    "高级检索—中国知网"页面

（3）找到自定义属性 classid ="YSTT4HG0"的元素并执行点击动作（相当于点击"学术期刊"选项卡）。

（4）将参数"主题"改为"作者单位"，找到自定义属性 data-tipid ="gradetxt-1"的元素，设置内容为"沈阳药科大学"，找到"检索"按钮并执行点击动作。

（5）建立 Excel 工作簿文件，将循环得到的网页表格内容抽取出来，保存到表格当中，全部获得后保存文件。

## 12.6.2 CNKI 数据库的爬取

```python
#导入 selenium、openpyxl、time 等库或库函数
from selenium import webdriver
from selenium.webdriver.common.by import By
from selenium.webdriver.support.ui import WebDriverWait
from selenium.webdriver.support import expected_conditions as EC
from selenium.webdriver.common.keys import Keys
from selenium.webdriver.common.action_chains import ActionChains
from openpyxl import Workbook
import time


edge_options = webdriver.EdgeOptions()
edge_options.add_argument('--ignore-certificate-errors')    #创建 Edge 浏览器对象（由变量 driver
标识），设置忽略证书错误选项
driver = webdriver.Edge(options = edge_options)
```

```
driver. get("https://www.cnki.net/")    #通过浏览器对象的 get()方法,访问目标网站

original_window = driver. current_window_handle
driver. find_element(By. ID,'highSearch'). click()
all_windows = driver. window_handles
for window in all_windows:
    if window != original_window:
        driver. switch_to. window(window)
        break


element = driver. find_element(By. CSS_SELECTOR,'[classid ="YSTT4HG0"]')
element. click()
element = driver. find_element(By. ID,'gradetxt')
element = driver. find_element(By. CLASS_NAME,'sort - default'). find_element(By. TAG_NAME,'span')
driver. execute_script("arguments[0]. setAttribute('value',' AF') ;",element)
driver. execute_script("arguments[0]. textContent = arguments[1] ;",element,"作者单位")
driver. find_element(By. CSS_SELECTOR,'[data - tipid ="gradetxt-1"]'). send_keys('沈阳药科大学')
driver. find_element(By. CSS_SELECTOR,"input[value ='检索']"). click()
headless = True


try:
    wb = Workbook()
    ws = wb. active
    while True:
        grid_table_div = WebDriverWait(driver,10). until(
            EC. presence_of_element_located((By. ID,"gridTable"))
        )
        table = grid_table_div. find_element(By. TAG_NAME,"table")
        if headless == True:
            headers = [header. text for header in table. find_elements(By. TAG_NAME,"th")]
            ws. append(headers)
            headless = False


        rows = table. find_elements(By. TAG_NAME,"tr")
        for row in rows[1:]:
            cells = row. find_elements(By. TAG_NAME,"td")
            row_data = [cell. text for cell in cells]
            ws. append(row_data)
```

```
        try:
            next_button = driver.find_element(By.ID,"PageNext")
            actions = ActionChains(driver)
            actions.send_keys(Keys.ARROW_RIGHT).perform()
            time.sleep(2)
        except:
            break
    #保存工作簿
    output_file = 'output.xlsx'
    wb.save(output_file)
    print(f"数据已成功保存到{output_file}")
finally:
    driver.quit()
```

代码解析：导入 selenium、openpyxl、time 等库或库函数；创建 Edge 浏览器对象（由变量 driver 标识），设置忽略证书错误选项；通过浏览器对象的 get()方法，访问目标网站；记录当前窗口句柄，通过 find_element()方法，找到 ID 值为'highSearch'的元素，调用 click()方法模拟点击行为；获取所有窗口句柄，切换到当前新窗口；找到自定义属性 classid = "YSTT4HG0"的元素，执行 click()方法；找到 id 值为'gradetxt'元素，继续查找类名为'sort-default'里的第一个 span 标签；调用 execute_script()函数执行 javascript 代码，动态调整页面元素信息，将类型调整为作者单位；查找自定义属性 data - tipid = "gradetxt - 1"的元素，通过调用 send_keys()方法模拟键盘输入内容"沈阳药科大学"；找到"检索"按钮，并执行点击操作；创建新工作簿；循环执行如下操作，获得 id 值为"gridTable"的 div 元素，继续找到里面的 table 标签元素，获得所有 th 标签内容为表格标题（仅一次）；查找所有 tr 标签，从每个 tr 标签中得到所有 td 标签的值构成列表，添加到数据表中成为一行记录；查找 id 值为 PageNext 的按钮，如果存在，执行按右键动作，等待 2 秒后，如果未产生异常，表示有"下一条"按钮，也就是进入下一分页；重复上面的部分操作，继续读取当前页的记录，直到结束；保存 Excel 文件。

---

**知识拓展**

### 动态加载数据的处理

许多现代网站使用 JavaScript 动态加载数据（如 Ajax 请求），传统的 HTTP 请求方式无法直接获取这些数据。学习使用 Selenium 等工具模拟浏览器行为，可以实现动态数据的抓取。

---

## 12.6.3 re 库的基本用法

### 1. re 库的导入

```
import re
```

Python 的 re 库提供了强大的正则表达式工具，对于文本处理而言极为实用。它赋予开发者通过设定精确模式的能力，以高效的方式进行搜索、匹配、替换以及分割字符串和文本数据。这一功能显著提升了 Python 在文本处理方面的灵活性和效能，简化了复杂文本操作的流程，使其变得更为直接和便捷。

**2. re 库的常见函数**　如表 12-6 所示。

表 12-6　re 库的常见函数

| 函数 | 描述 |
|------|------|
| compile() | re.compile(pattern, flags = 0)<br>生成一个正则表达式对象，供 match()、search() 等函数使用 |
| match() | re.match(pattern, string, flags = 0)<br>从字符串的起始位置开始匹配字符串 |
| search() | re.search(pattern, string, flags = 0)<br>在字符串中搜索匹配字符串 |
| findall() | re.findall(pattern, string, flags = 0)<br>查找字符串所有与正则表达式匹配的项，并返回列表 |

**3. 常见的正则表达式操作符**　如表 12-7 所示。

表 12-7　正则表达式常见操作符

| 操作符 | 描述 |
|--------|------|
| 点号(.) | 匹配除换行符以外的任何单个字符 |
| \d | 匹配任何数字，等价于[0-9] |
| \s | 匹配任何空白字符，包括空格、制表符、换页符等 |
| 字符集([...]) | 匹配方括号中的任意一个字符。[A-Z]匹配任意大写字母；[a-z]匹配任意小写字母；[A-Za-z]匹配任意字母 |
| 非字符集([^...]) | 匹配不在方括号中的任意字符 |
| 量词 | * 表示匹配前面的字符 0 次或无限次；+ 表示匹配前面的字符 1 次或无限次；?表示匹配前面的字符 0 次或 1 次；{m} 表示匹配前面的字符 m 次；{m,n} 表示匹配前面的字符至少 m 次，但不超过 n 次 |
| 边界匹配 | ^表示匹配字符串的开始位置；$ 表示匹配字符串的结束位置 |
| 选择(\|) | 匹配左右任意一个表达式 |
| 分组((...)) | 将一部分正则表达式组合起来，可以对这部分内容进行单独地获取或引用 |
| .* | 贪婪模式匹配 |
| .*? | 懒惰模式匹配 |

书网融合……

微课 1　　　　　微课 2

# 附录 A  PyCharm 集成开发环境

PyCharm 是一款流行的跨平台 Python 集成开发环境（IDE），支持 Windows、macOS 和 Linux，旨在提升 Python 开发者的编码效率。相比 Python 自带的 IDLE，更适合用于复杂的项目开发。PyCharm 提供 Communily（免费开源）和 Professional（付费）两个版本，前者已包含智能代码编辑、自动补全、语法高亮及调试等功能，能满足多数开发需求；后者则额外提供了 Web 开发、远程部署、数据库集成等高级特性。值得注意的是，PyCharm 自身不包含 Python 解释器，用户需自行安装 Python 并配置解释器后方可在 PyCharm 内运行 Python 代码。

## A.1 PyCharm 的下载安装

**1. PyCharm 下载**  访问 PyCharm 官方网站链接 https://www.jetbrains.com/pycharm/download，进入 PyCharm 的下载页面，如图 A-1 所示。

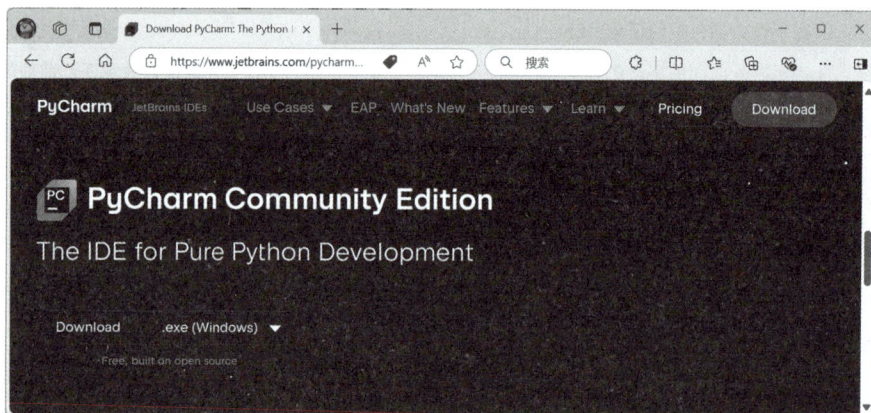

图 A-1  下载 PyCharm 页面

PyCharm 提供了 Professional 和 Community 两个版本。PyCharm Professional 是付费版本（可免费试用 30 天），提供多语言支持、Web 框架集成、数据库工具、科学计算支持、强大的调试与重构工具、版本控制集成及单元测试支持；PyCharm Community 是免费的、轻量级的 Python IDE，只支持 Python 开发，提供代码编辑、调试、测试等功能，包含基础的 IDE 特性，如语法高亮、代码补全和项目管理，适用于简单的 Python 开发任务。

**2. PyCharm Community 的安装及配置**  下载完成后，运行下载的安装程序，按安装向导提示操作即可。这里以 Windows 系统为例，安装 PyCharm 的步骤如下。

1）双击下载好的安装文件（.exe 格式），进入 PyCharm 安装界面，如图 A-2 所示。

2）点击图 A-2 所示界面的下一步按钮，进入选择安装位置界面，如图 A-3 所示。

3）点击图 A-3 所示界面的下一步按钮，进入安装选项界面，如图 A-4 所示。

4）点击图 A-4 所示界面的下一步按钮，进入选择开始菜单文件夹界面，如图 A-5 所示。

图 A-2　进入 PyCharm 安装界面

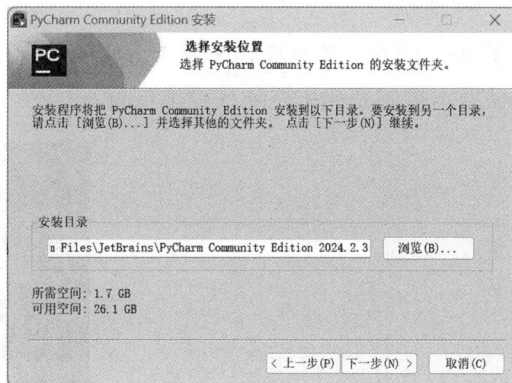

图 A-3　选择 PyCharm 的安装位置

图 A-4　安装选项界面

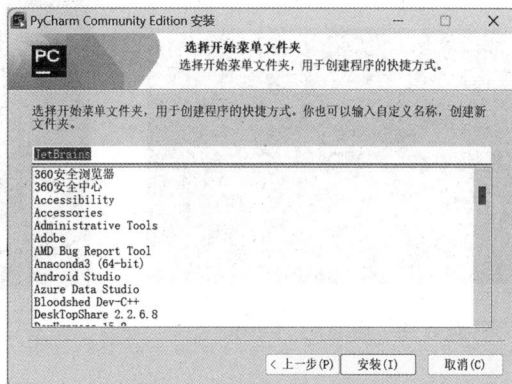

图 A-5　选择开始菜单文件夹

5）点击图 A-5 所示界面的安装按钮，开始安装 PyCharm，如图 A-6 所示。

6）安装程序执行结束后，如图 A-7 所示，点击完成按钮即可。

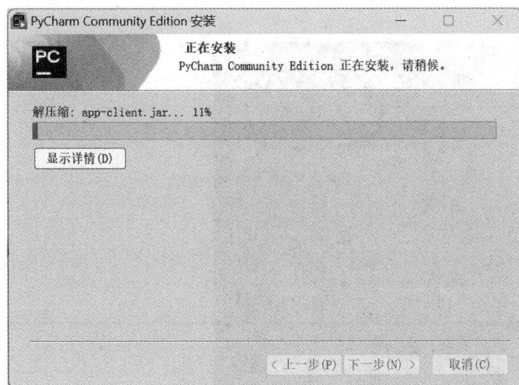

图 A-6　开始安装

图 A-7　安装完成

# A. 2 PyCharm 的使用

PyCharm 成功安装后，可以双击桌面上的 PC 图标（如果勾选了创建桌面快捷方式选项，如图 A-4 所示），或者在开始菜单中找到 JetBrains 文件夹（如果安装过程中没有修改，如图 A-5 所示）中的 Py-Charm Community Edition，进入启动 PyCharm 界面，如图 A-8 所示，接下来，进入 PyCharm 欢迎界面，如图 A-9 所示。

图 A-9 中有三个选项，New Project 用于创建新项目，Open 用于打开已经存在的项目，Get from VCS 用于从版本控制系统中克隆或检出项目。

图 A-8　启动 PyCharm

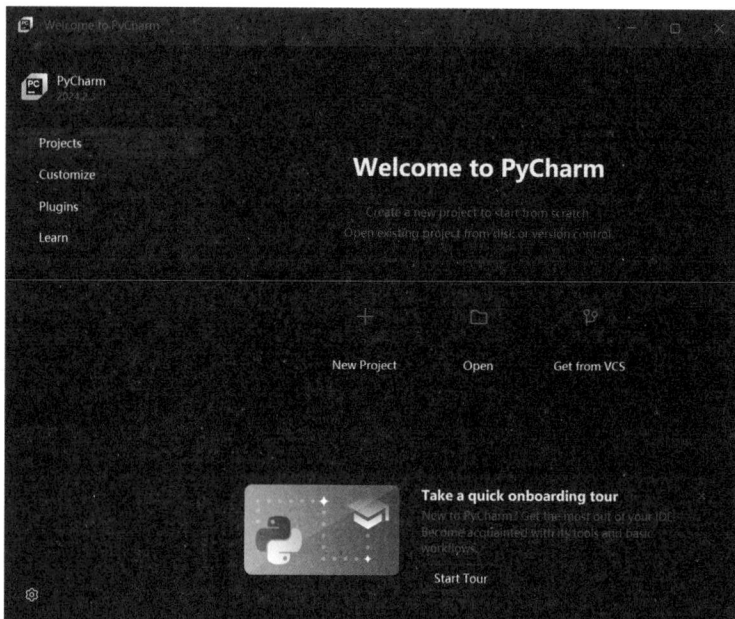

图 A-9　PyCharm 欢迎界面

点击 New Project 按钮，进入创建新项目窗口，如图 A-10 所示，其中 Name 用于命名项目的名称，将在本地文件系统中作为项目的根目录名；Location 是指定项目的存储位置，可以点击右侧文件夹图标按钮来浏览文件系统并选择一个合适的目录；Interpreter type 代表解释器类型，推荐选择 Project venv（项目虚拟环境），还可以选择基于 conda 或者自定义环境；Python version 可以从下拉列表中选择已经安装在系统中的 Python 解释器版本。

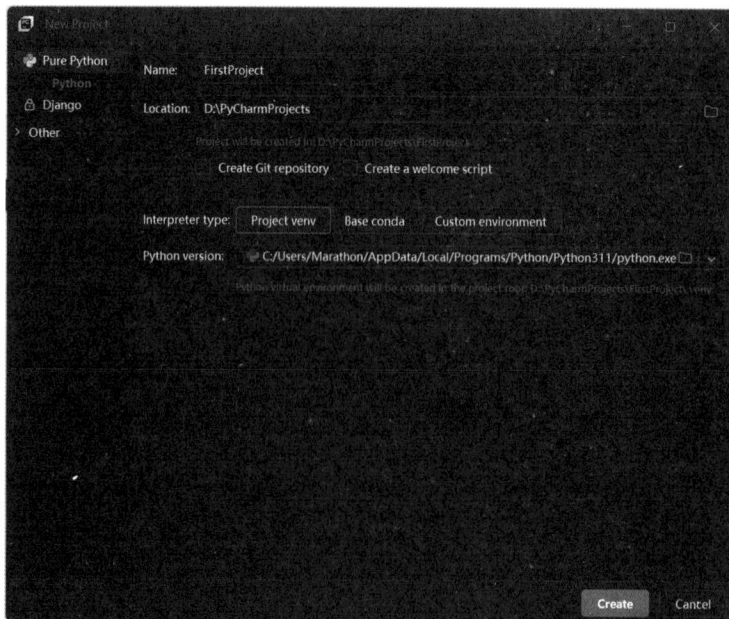

图 A-10　New Project 窗口

设置好项目相关信息后，点击 Create 按钮进入项目开发界面，如图 A-11 所示，PyCharm 会在项目的根目录下创建一个 .venv 目录，Scripts 里包含了激活虚拟环境的脚本和其他可执行文件，如 python、pip 等，Lib 里包含了 Python 标准库以及其他通过 pip install 安装的第三方库。

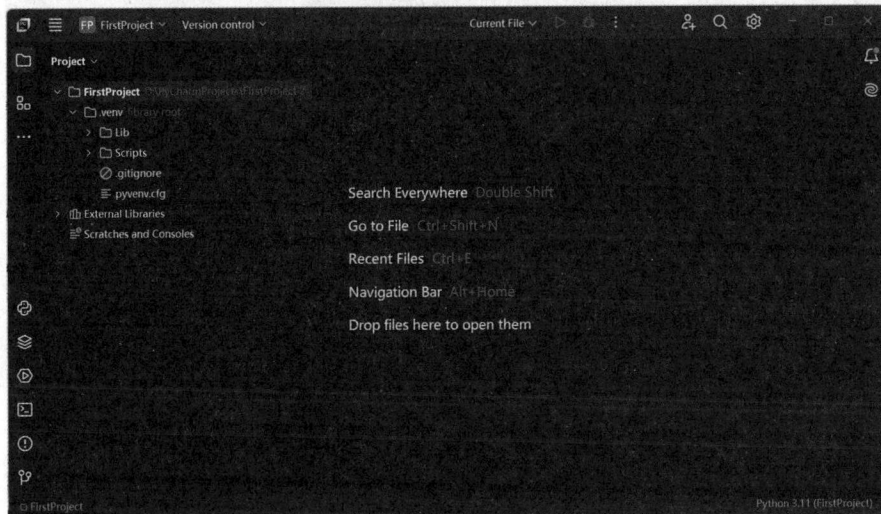

图 A-11　项目开发界面

创建好项目后，可以在项目里创建 Python 文件。在项目名称上右击，依次选择 New → Python File 命令，如图 A-12 所示。

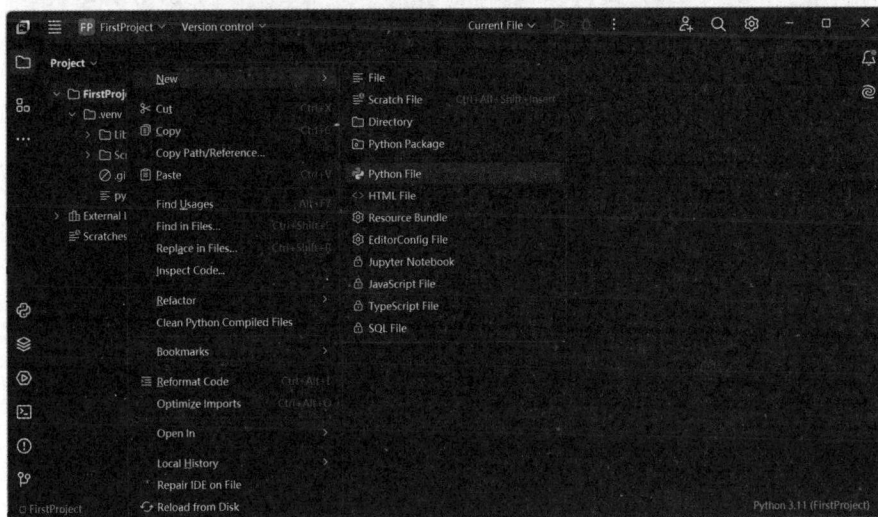

图 A-12　新建 Python 文件

创建好的 Python 文件窗口，如图 A-13 所示。

在创建好的 Python 文件中编写 Python 程序，例如，在窗口中输入代码：

```
print('This is a python program.')
```

右击 Demo 文件，选择 Run ' Demo '命令运行程序，如图 A-14 所示，或者点击顶部工具栏的三角形图标。

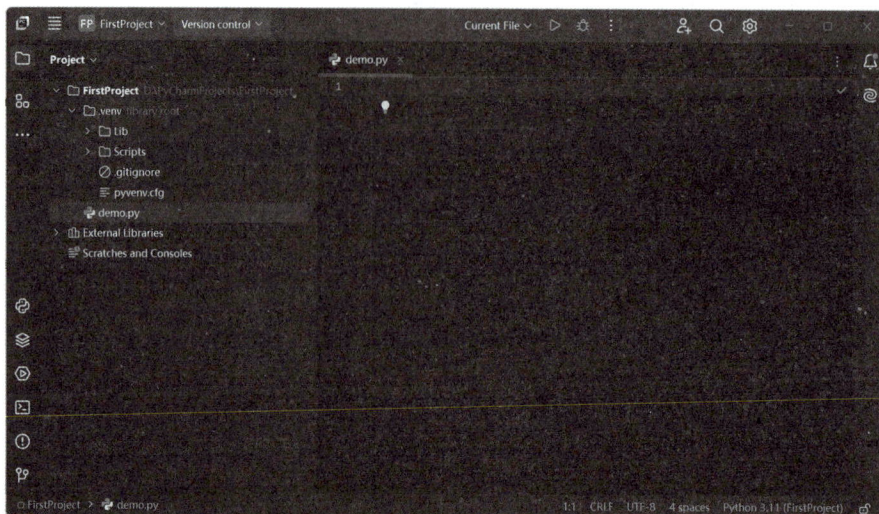

图 A-13　创建好的 Python 文件窗口

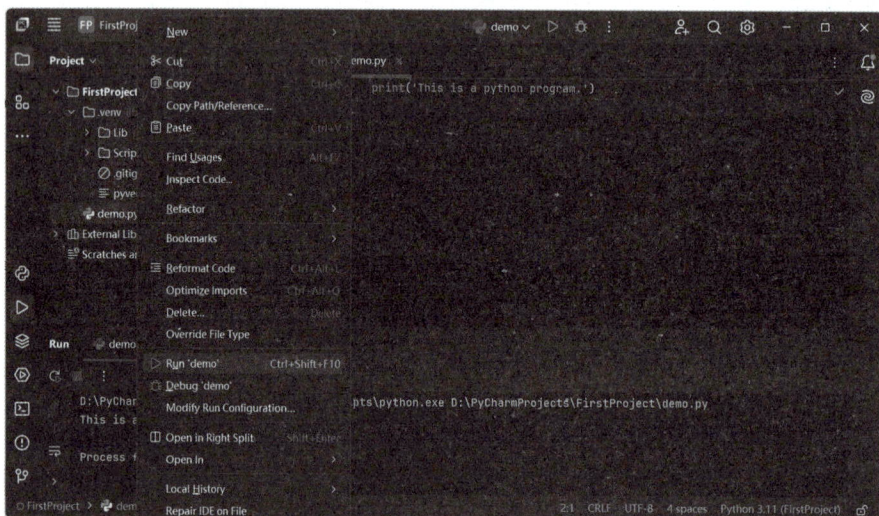

图 A-14　运行程序

# A. 3　在 PyCharm 中安装第三方库

使用 PyCharm 开发 Python 应用程序时，安装第三方库可以扩展功能、提高开发效率、解决复杂问题、保持代码简洁和可维护，并增强兼容性和互操作性。在 PyCharm 中，安装第三方库的过程简单且直接，可以通过多种方式实现。

## A. 3. 1　通过 Python Interpreter 安装

打开 PyCharm 并加载项目，点击顶部菜单栏中 Main Menu 的 File → Settings，在 Settings 窗口中，找到并点击 Project:[Your Project Name] → Python Interpreter，在弹出的窗口中，可以看到项目当前使用的 Python 解释器以及已安装的包列表，如图 A-15 所示。点击 + 按钮，进入 Avaliable Packages 搜索页面，在搜索框中输入要安装的库名称，PyCharm 会自动搜索并显示相关结果，点击 Install Package 按钮。等待安装完成，PyCharm 会自动下载并安装所需的库。

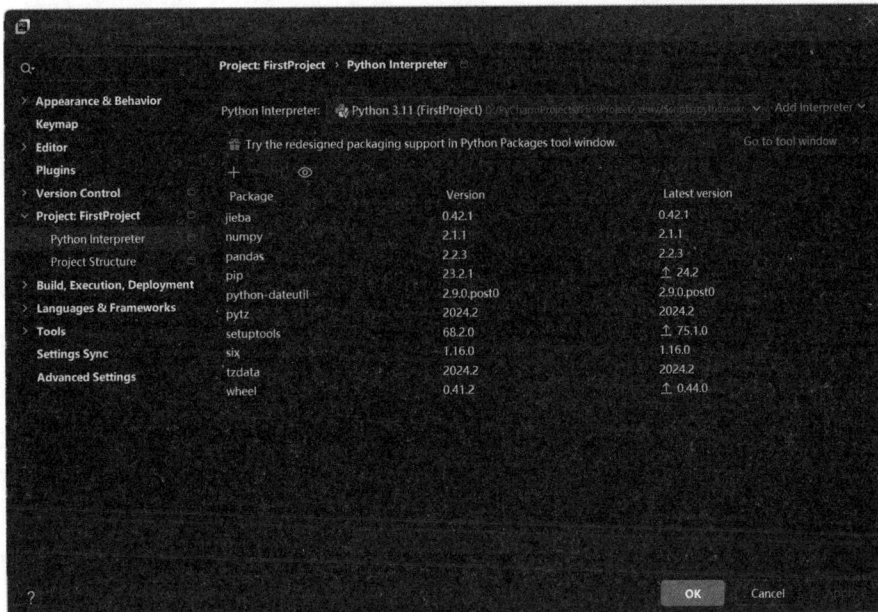

图 A-15　使用 Python Interpreter 安装第三方库

## A.3.2 通过 Python Packages 安装（推荐）

点击左侧工具栏上的 Python Packages，在搜索框中输入要安装的库名，PyCharm 会自动搜索并显示相关结果，点击要安装库右侧的 Install，等待安装完成即可，如图 A-16 所示。

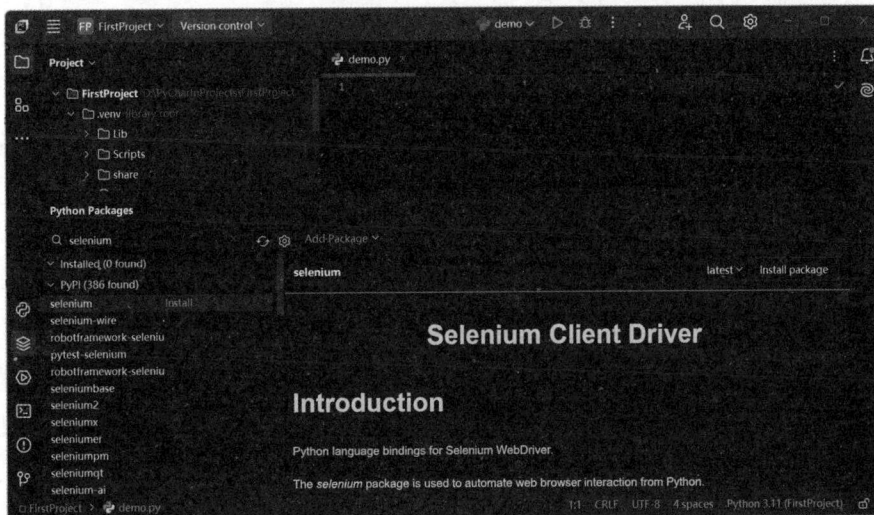

图 A-16　使用 Python Packages 安装第三方库

## A.3.3 通过内置终端使用 pip 安装

打开 PyCharm 并加载项目，点击左侧工具栏中的"Terminal"图标或者使用快捷键 Alt + F12，打开终端窗口，输入 pip install 第三方库名，按下回车键，等待安装完成，如图 A-17 所示。

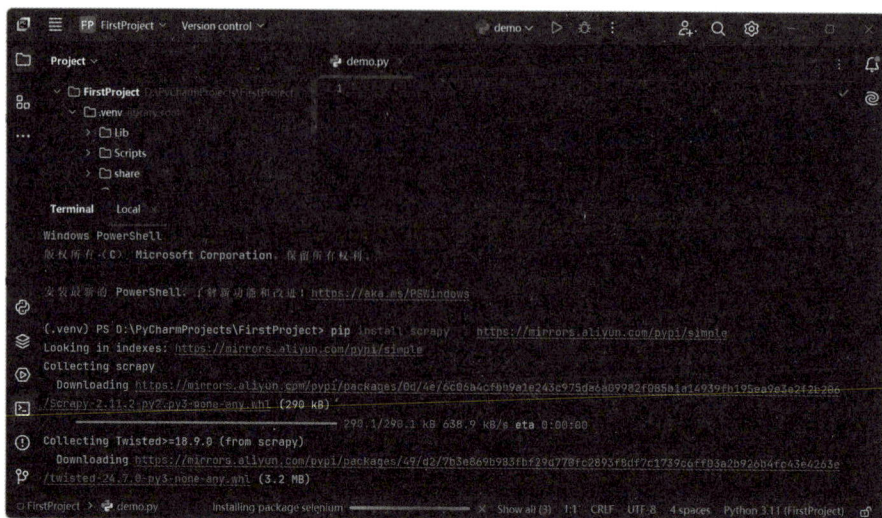

图 A–17　使用终端安装第三方库

### A. 3. 4　下载 wheel 文件手动安装

访问 PyPI 官网（https://pypi.org/）或其他可靠的第三方库下载源。在搜索框中输入要安装的库的名称，搜索到对应的库后，点击下载适合现在 Python 版本和系统架构的 wheel 文件（通常是 .whl 格式）。打开 PyCharm 的内置终端，切换到存放下载的 wheel 文件的目录。使用 pip install 文件名 .whl 命令来安装下载的 wheel 文件，按下回车键，等待安装完成。

# A. 4　断点调试

掌握 PyCharm 的断点调试功能能够显著提升编程效率。通过设置断点，开发者能够在代码执行至特定行时暂停程序，逐步审查变量值和程序状态，这有助于迅速定位并解决代码中的错误。

PyCharm 断点调试的常见操作如下。

**1. 设置断点**　在代码停止执行的行上，单击左侧的行号区域，会在行号区域显示一个圆点，表示已设置断点。

**2. Debug 调试**　在代码区域右键点击，选择"Debug"开始调试，或点击顶部工具栏的小虫子图标。

**3. 逐步执行代码**　StepOver(F8)表示执行当前行，不进入函数内部，如果当前行调用了函数，则执行该函数并返回结果，但不会进入函数内部；StepInto(F7)表示执行当前行，如果当前行调用了函数，则进入函数内部，允许逐步执行函数内部的代码；StepOut(Shift + F8)表示执行完当前函数内的剩余代码，并返回到上一层函数。

**4. 查看变量和表达式**　程序执行后，在断点处之前的变量值均会显示出来，通过 Evaluate Expression 功能还可以即时计算表达式的值。

**5. 继续执行和退出调试**　按 F9 键或点击 Debug 工具栏中的"Resume Program"图标，可以继续执行代码，直到遇到下一个断点或程序结束；点击 Debug 工具栏上的 Stop 按钮可以退出调试。

**6. 删除断点**　点击对应行的断点，即可删除断点。

# 附录 B   Python 程序的打包发布

Python 程序的打包指的是将一个 Python 程序及其所有依赖转换为一种更易于分发的形式，比如独立的可执行文件（例如 Windows 下的 .exe 文件）。这使得最终用户无需安装 Python 或处理任何依赖库，就可以直接运行程序。

## B.1 使用 pyinstaller 发布

pyinstaller 是一个将 Python 应用程序转换为独立的可执行文件的工具。它可以打包 Python 脚本，使其不需要在目标机器上安装 Python 解释器和其他依赖项即可运行，适用于 Windows、Linux 和 macOS 等多个平台。

**1. pyinstaller 的安装**   在"windows 命令提示符"窗口中输入如下命令并执行：

```
pip install pyinstaller
```

**2. pyinstaller 基本用法**   命令格式：

```
pyinstaller[options]script.py
```

在表 B-1 中，列举出了 pyinstaller 命令的一些常用选项。

表 B-1   pyinstaller 的常用选项

| 选项 | 描述 |
| --- | --- |
| -- onefile | 将所有内容打包进一个单独的可执行文件 |
| -- onedir | 生成一个包含所有文件的目录 |
| -- windowed | 创建无控制台窗口的应用程序（仅限 Windows 和 macOS） |
| -- name | 指定输出文件的名称 |
| -- icon | 设置应用程序图标 |

**3. 实践案例**   打包身份证校验程序，代码中会访问工作目录里的背景图片 BgPic.png 和区号数据文件 District.csv，工作目录结构如图 B-1 所示。

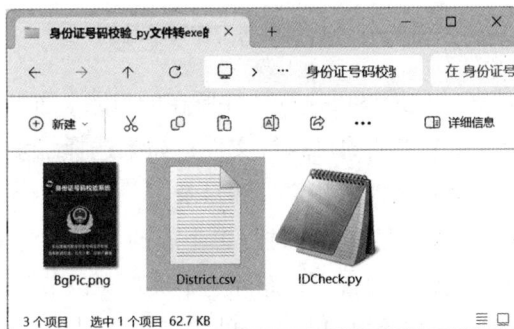

图 B-1   工作目录结构

**4. 准备工作**   在制作打包文件前，需要确认是否有附加文件，如图片、数据文件等，被打包好的

单个 . exe 文件里会包含这些附加文件，程序运行时，附加文件会被解压到一个临时目录中，不会在当前工作目录的 dist 目录中看到这些附加文件，需要在运行时通过特定的路径来访问这些文件。

为了能够正确访问单文件模式（ – – onefile）的附加文件，可以在 IDCheck. py 代码中使用 sys. _ MEIPASS获得临时目录，下面给出部分参考代码：

```
import os
def get_resource_path(relative_path):
    try:
        base_path = sys. _MEIPASS
    except Exception:
        base_path = os. path. abspath('. ')
    return os. path. join(base_path, relative_path)
#省略代码
district_csv_path = get_resource_path('District. csv')
with open(district_csv_path) as CodeFile:
#省略代码
bg_pic_path = get_resource_path('BgPic. png')
photo = tk. PhotoImage(file = bg_pic_path)
#省略代码
```

**5. 打包成单个文件**　右键工作目录空白处，选择"在终端中打开"，输入打包命令并执行：

pyinstaller – – onefile – – windowed – – add – data"BgPic. png;. " – – add – data" District. csv;. "IDCheck. py

命令执行后，工作目录里会多出 3 个文件夹和 1 个配置文件，如图 B – 2 所示。

图 B – 2　打包后的工作目录结构

（1）dist（distribution）文件夹　是最终可执行文件所在的目录。如果选择了单文件模式（ – – onefile），那么在这个文件夹中只会有一个单独的可执行文件；如果选择了多文件模式（默认情况），则这个文件夹中除了可执行文件外，还会有其他依赖文件和目录。

（2）build（building）文件夹　用于存放构建过程中生成的各种临时文件，包括但不限于编译后的字节码文件、资源文件等；构建完成后，通常可以删除这个文件夹以节省磁盘空间。

（3）_pycache_文件夹　是 Python 编译模块时生成的缓存文件夹。

（4）. spec 文件　是配置文件，包含了关于如何打包应用程序的所有信息。在第一次运行 pyinstaller 并且没有指定 . spec 文件时，pyinstaller 会自动生成一个 . spec 文件，并根据这个文件来打包程序。. spec 文件是一个 Python 脚本，可以直接编辑它来自定义打包过程。如果需要重新打包程序，可以直接执行如下命令：

```
pyinstaller IDCheck. spec
```

**6. 运行打包好的可执行程序**　打包后，进入 dist 目录，运行 IDCheck. exe 可执行程序文件，如图B-3 所示。

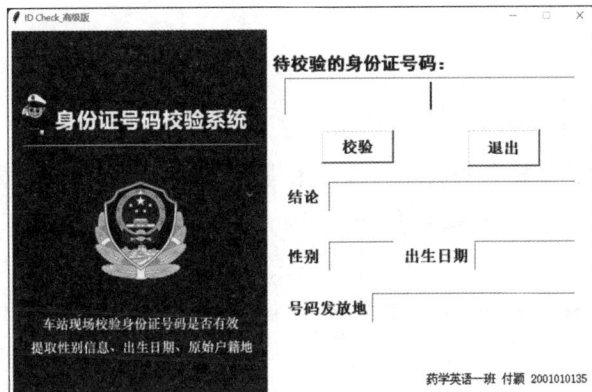

图 B-3　运行打包后的可执行程序

# B. 2 使用专业版 PyCharm 发布

**1. 创建项目**　假设已经在 PyCharm 中创建了一个项目，并且项目结构如图 B-4 所示。

**2. 配置运行/调试配置**

（1）点击 PyCharm 顶部菜单栏的 Run->Edit Configurations...。

（2）点击左上角的 + 按钮，选择 External Tool。

（3）在弹出的对话框中填写以下信息。

- Name：IDCheck
- Description：PackIDCheck script
- Program：pyinstaller（确保 pyinstaller 在你的系统路径中）
- Parameters：

图 B-4　PyCharm 中创建项目

```
-- onefile -- windowed -- add - data"BgPic. png;." -- add - data"District. csv;."IDCheck. py
```

- Working directory：$ { PROJECT_DIR }

（4）点击 OK 保存配置。

（5）在 Run 菜单中选择刚刚创建的 IDCheck 配置并运行。

**3. 查看打包结果**　运行上述命令后，在项目的根目录下会生成一个 dist 文件夹，里面包含打包好的可执行文件。

# 参考文献

［1］龚沛曾，杨志强．Python 程序设计及应用［M］．北京：高等教育出版社，2021．

［2］卢虹冰，张国鹏．大学计算机——医学计算技术进阶［M］．北京：高等教育出版社，2024．

［3］ERIC MATTHES．Python Crash Course Introduction to Programming［M］．2nd ed. America：No Starch Press，2019．

［4］MAGNUS LIE HETLAND．Beginning Python From Novice to Professional［M］．3rd ed. America：Apress，2017．

［5］Y. DANIEL LIANG．Introduction to Programming Using Python［M］．America：Pearson，2015．

［6］卢西亚诺·拉马略．流畅的 Python［M］．2 版．安道，译．北京：人民邮电出版社，2023．

［7］大卫·M. 比兹利．Python 精粹［M］．卢俊祥，译．北京：电子工业出版社，2023．

［8］约翰·策勒．Python 程序设计［M］．3 版．王海鹏，译．北京：人民邮电出版社，2018．

［9］夏敏捷，程传鹏，韩新超，等．Python 程序设计：从基础开发到数据分析［M］．2 版．北京：清华大学出版社，2022．

［10］葛东旭．Python 数据分析与数据挖掘［M］．北京：机械工业出版社，2022．

［11］于晓梅，李贞，郑向伟，等．Python 数据分析案例教程［M］．北京：清华大学出版社，2022．

［12］王恺，路明晓，于刚，等．Python 数据分析与应用［M］．北京：机械工业出版社，2021．

［13］曹洁，崔霄．Python 数据分析［M］．北京：清华大学出版社，2020．

［14］阿曼多·凡丹戈．Python 数据分析［M］．2 版．韩波，译．北京：人民邮电出版社，2018．

［15］罗攀．从零开始学 Python 数据分析［M］．北京：机械工业出版社，2018．